ERFINDUNG UND ERFINDER

VON

A. DU BOIS-REYMOND

BERLIN

VERLAG VON JULIUS SPRINGER

1906

ISBN-13: 978-3-642-93953-2   e-ISBN-13: 978-3-642-94353-9
DOI: 10.1007/978-3-642-94353-9

Vorwort.

Daß diese Arbeit außer vielleicht der zusammenhängenden Darstellung einiger bisher wenig beachteter Erscheinungen den Fachgenossen wesentlich Neues bieten kann, darf nicht erwartet werden. Aber die uns Technikern durch ihre Beschäftigung mit dem Erfinderrecht nahestehenden Juristen werden darin einige Auffassungen vertreten finden, in denen ich von dem abweiche, was sie bisher vorgetragen haben. Wenn ihre Analysen des Erfindungsbegriffs noch nicht befriedigt haben, so trifft die Schuld sicher weit weniger sie selbst, als vielmehr die Techniker. Denn die Juristen haben stets ihr Bestes gegeben, aber da ihre Erkenntnisquellen im wesentlichen auf Hörensagen und die Forderungen der Rechtspraxis beschränkt bleiben mußten, so ist ihre Arbeit notwendig ein logisches Gerippe geblieben und sie selbst haben es ja an Aufforderungen an die Techniker nicht fehlen lassen, nunmehr aus ihrer Welt der Werkstätten, der Hütten und Gruben das Leben hineinzutragen. Die wenigen Techniker, die dieser Einladung gefolgt sind, haben indessen kaum etwas Neues gebracht, wohl hauptsächlich deshalb, weil sie geglaubt haben, auf demselben Wege weiterzukommen, den jene schon gebahnt hatten, anstatt die Frage aus ihrer eigenen Stellung heraus anzugreifen. So schien mir der Versuch nicht aussichtslos, einmal die doch in Wirklichkeit nur sekundäre Frage der Patentfähigkeit aus der Betrachtung des Erfindungsbegriffs vollständig auszuscheiden, und dasjenige systematisch zusammenzustellen, was wir unmittelbar aus dem Leben lernen können.

Wenn ich als Einleitung einen kurzen Bericht über die Resultate der bisherigen Untersuchungen gegeben und meine Auffassungen dazu in einen gewissen Gegensatz gestellt habe, so haben mich dabei zwei Beweggründe geleitet. Einmal dürften die Dinge, die sich über Erfindung und Erfinder sagen lassen, auch für weitere Kreise von Interesse sein als diejenigen, die sich berufsmäßig damit zu beschäftigen haben, und für solche Leser schien es wünschenswert, daß sie in die Bedeutung und den Stand der Frage eingeführt würden. Zweitens war ich mir bewußt, daß ich mit der Zergliederung des natürlich Präexistierenden in der Erfindung neuen Boden betreten müsse und ich empfand daher das rhetorische Bedürfnis, diese nach meiner Ansicht bisher nicht genügend beachtete Seite der Frage etwas stärker zu betonen, als sonst vielleicht gerechtfertigt wäre.

Sollte also hier und da in der Darstellungsform ein Anflug von Polemik empfunden werden, so wollen mir das die Juristen zugute halten und meine Versicherung gelten lassen, daß ich dasjenige, was sich an meinen Ausführungen als brauchbar erweisen sollte, als einen Baustein meine, den ich ihnen zum Einfügen in das von ihnen bereits aufgeführte stattliche Gebäude darbringe, nicht als ein Geschoß, mit dem ich es zerstören möchte.

Potsdam, im Juni 1906.

Der Verfasser.

Inhaltsübersicht.

Erstes Kapitel

Was ist Erfindung?

Words, words, words!
Hamlet.

Als James Watt seine Erfinderlaufbahn begann, fand er in der Dampfmaschine ein Werkzeug vor, das noch ausschließlich dazu diente, die Bergwerke trocken zu pumpen, und das so unvollkommen arbeitete, daß der Mehrertrag an Kohlen, den man mit seiner Hilfe fördern konnte, zum großen Teil von der Kesselfeuerung verschlungen wurde. Er begann mit der Verbesserung des Bestehenden und machte in verhältnismäßig kurzer Zeit so gewaltige Fortschritte, daß sich sehr bald die Frage einstellte, ob man nicht die neue Arbeitsquelle auch in anderen Betrieben mit Nutzen verwenden könnte. Am dringendsten bedurften die Müller der Hilfe, denn man arbeitete damals in England nur mit Wassermühlen, und wenn die Flüsse gefroren waren, mußten die Müller feiern. Die Verbindung des Dampfzylinders mit der Pumpe hatte sich sehr einfach und natürlich ergeben, denn der eine lieferte und die andere forderte eine hin und her gehende Bewegung. Die Mühle aber wollte gedreht sein, und es galt also, zwischen den Dampfzylinder und den Mühlstein einen Mechanismus einzuschalten, der die hin- und hergehende Bewegung, die der Dampfzylinder erzeugte, in die Drehbewegung des Mühlsteins zu übersetzen vermöchte. Für uns Nachgeborene, die wir beständig an Lokomotiven, an Fahrrädern, an Nähmaschinen und vielen anderen Vorrichtungen, die zu unserem täglichen Leben gehören, das Kurbelgetriebe diese Aufgabe lösen sehen, ist es schwer, sich in eine Zeit zu versetzen, in der diese Lösung nicht als eine selbstverständliche von vornherein mit gedacht wurde, wenn man überhaupt Dampfzylinder und Maschinenwelle dachte. Und in der Tat ebenso selbstverständlich erschien die Anwendung dieses seit dem frühesten Mittelalter, vielleicht schon seit dem Altertum bekannten Getriebes dem maschinentechnisch geschulten Geiste Watts. Als er aber an die Ausführung der Lösung gehen wollte, stieß er an ein unerwartetes Hindernis. Ein findiger Spekulant hatte sich die Kombination Dampfzylinder plus Kurbelgetriebe patentieren lassen in der Hoffnung, entweder selbst den Dampfmaschinenbau für andere als Wasserhaltungszwecke zu monopolisieren oder aber zum mindesten von Watt eine Lizenzgebühr zu erpressen. Watt soll dazu geäußert haben, die Anwendung des Kurbelgetriebes sei ebensowenig eine Erfindung, wie wenn einer ein Brotmesser nähme, um Käse zu schneiden, aber seine Geschäftspolitik entsprach nicht dieser Auffassung von der Sache. Hätte er seine Ansicht zur Geltung bringen wollen, so hätte er auf dem Wege eines Prozesses die Rechtsbeständigkeit des Patents anfechten und dem Richter beweisen müssen, daß es für einen Gegenstand erteilt sei, der möglicherweise neu sei, jedenfalls aber keine Erfindung, und daß es daher nichtig sei. Als echtem Ingenieur erschien es ihm aber sehr viel leichter, sich in der Werkstatt mit Stahl und Eisen, Dampf und Feuer herumzuschlagen, als vor Gericht mit einem spitzfindigen Gegner. Er erfand einen anderen Mechanismus, der vom theoretisch mechanischen Standpunkte im wesentlichen dasselbe ist wie das Kurbelgetriebe und daher auch ungefähr dasselbe leistet, der aber in der praktischen Ausführung so erheblich davon abweicht, daß eine Patentverletzung wohl noch schwerer zu beweisen gewesen wäre, als die Nichtigkeit jenes Patents. Und so finden wir denn alle seine Maschinen aus jener Zeit an Stelle der heute allgemein gebräuchlichen Kurbel mit dem merkwürdigen Planetenräderwerk ausgestattet, dessen Anwendung für die Lösung dieser Aufgabe jedem, der die Geschichte seiner Entstehung nicht kennt, ein Lächeln des Erstaunens über die wunderlichen Umwege des Erfindergeistes abnötigt.

Das Merkwürdigste aber an diesem Vorgange ist, daß seit-

Mit dem Brotmesser Käse schneiden, Anhang (1).

dem ein Jahrhundert vergangen ist, ein Jahrhundert, in dem die Erfindung in einem beispiellosen Siegeszuge die ganze Welt erobert und sich zu der größten der Großmächte aufgeschwungen hat, und daß wir heute ebensowenig, wie damals James Watt und seine Konkurrenten, selbst dem konkreten Falle von außen ansehen können, ob er eine Erfindung ist oder nicht, geschweige denn daß wir in der Lage wären, aus allgemeinen Gesichtspunkten heraus eine für die praktischen Bedürfnisse des gewerblichen Lebens gültige Begriffsbestimmung zu entwickeln.

Liegt es daran, daß wir in dem stürmischen Wettlauf der wirtschaftlichen Entwickelung keine Zeit gefunden haben, einen Aussichtspunkt zu gewinnen und einmal Umschau zu halten, daß wir im Drange der praktischen Arbeit das Interesse für die theoretische Zergliederung des Geleisteten eingebüßt haben? Nein, daran liegt es nicht. Weder handelt es sich heute bei der Erörterung des Begriffs der Erfindung um eine philosophische oder juristische Haarspalterei, der die arbeitende Praxis keinen Geschmack abgewinnen könnte, noch hat es an scharfsinnigen Versuchen zur Lösung der Frage gefehlt. Von wie großer praktischer Bedeutung für den gewerbetreibenden Teil der Menschheit und damit für die ganze Menschheit die Frage ist, leuchtet vielleicht am besten aus der Tatsache hervor, daß heute in Deutschland allein jährlich mehr als zwanzigtausend Patente angemeldet werden, und daß bei jeder Erteilung oder Zurückweisung eines Patents vornehmlich diese Frage für den konkreten Gegenstand entschieden werden muß, auf den die Patentanmeldung gerichtet ist. Daher wird gerade von denen, die selbst an der praktischen Arbeit schaffen, das Bedürfnis nach der Beantwortung der Frage am schwersten empfunden, und von ihnen geht immer wieder das Verlangen aus, sie besser geklärt zu sehen.

Denn in ähnlicher Lage, wie am Ende des achtzehnten Jahrhunderts James Watt, befinden sich heute täglich Hunderte von Fabrikanten. Sie haben irgend eine Maschine, ein Gerät, ein Erzeugnis den Bedürfnissen des Marktes entsprechend umgestaltet und entwickelt, und noch ehe sie die Arbeit so weit gefördert haben, daß sie damit her-

1*

vortreten können, erfahren sie, daß ein anderer den Anspruch erhebt, auf denselben Gegenstand ein Patent zu erhalten, und sind also gezwungen, wenn sie ihre Arbeit nicht preisgeben wollen, ein richterliches Erkenntnis darüber herbeizuführen, ob der Gegenstand patentfähig ist oder nicht. Wenn beide Parteien ihre Interessen mit Hartnäckigkeit verfolgen, kann sich ein solcher Prozeß selbst bei dem einfachen und verhältnismäßig raschen Verfahren vor unserem Patentamte Jahr und Tag hinziehen, und die Entscheidung hängt endlich von dem „Ermessen des Richters" ab, das heißt, wenn das Für und Wider sich einigermaßen die Wage hält, kann kein Mensch, die Mitglieder des entscheidenden Kollegiums eingeschlossen, vorher erraten, wie das Urteil lauten wird. Inzwischen ist die Technik fortgeschritten und es kommt oft genug vor, daß eine solche Neuerung bereits veraltet ist, wenn der glückliche Erfinder endlich die amtliche Bestätigung in Händen hat, daß seine Arbeit wirklich eine Erfindung, nämlich „im Sinne des Gesetzes" ist. Hätten wir also die Wünschelrute, die dreimal aufklopft, wenn eine Erfindung angetroffen wird, so würde ein ungeheurer Wust von Akten, Verhandlungen, Demonstrationen und Kosten erspart werden.

Um nun eine Vorstellung davon zu erhalten, in welcher Weise die Rechtsgelehrten und Richter diese Aufgabe anfassen, müssen wir etwas weiter ausholen und einen, wenn auch flüchtigen Rückblick auf die Geschichte und Entstehung der Patente überhaupt werfen.

Schon im frühen Mittelalter taucht hier und da die Empfindung auf, daß gewerblich bedeutende Erfindungen der Gesellschaft sehr fühlbaren Nutzen bringen, und daß daher die Gesellschaft ein starkes Interesse habe, die Entstehung von Erfindungen zu begünstigen und das Wachstum gemachter Erfindungen zu pflegen. Die erste dieser Schlußfolgerungen führt zu dem Wunsche, den Erfinder unmittelbar zu belohnen, die zweite zu dem Versuch, ihn entweder durch direkte Geldspenden in seinen Arbeiten zu unterstützen, oder in der Weise, daß man ihn durch Verleihung von Sonderrechten vor seiner Konkurrenz schützt.

Aber diese Versuche bleiben zunächst ein gelegentliches unsicheres Tappen. Man ist sich in jedem Falle bewußt, daß man unter besonderen Umständen, sei es durch ein Sondergesetz, sei es durch einen landesherrlichen Erlaß einen Ausnahmezustand schafft, und diese Versuche haben sich schließlich auch nicht etwa dermaßen bewährt, daß der Wunsch entstanden wäre, sie zur Grundlage eines allgemeingültigen Rechtes zu machen. Vielmehr sind es gerade die Übelstände und Mißbräuche, die sich aus einer solchen Praxis ergaben, die endlich zu dem Schritt geführt haben, der als die Geburt des modernen Patentwesens bezeichnet werden kann, der englischen Parlamentsakte vom Jahre 1623.

Es kann dem Leser nicht zugemutet werden, sich durch den Wust von mittelalterlichem Formelkram hindurchzuarbeiten, aus dem dieses Gesetz besteht. Es genügt die Mitteilung, daß das Gesetz mit einem Satze anfängt, der aus vierhundert und einigen fünfzig Worten besteht und für den, der ihn lesen mag, die ganze Geschichte und das, was wir heute die Motive des Gesetzes nennen, enthält. Der Inhalt dieses Satzmonstrums ist eine beinahe leidenschaftliche und trotz des byzantinischen Schmuckwerks recht peremptorische Apostrophe an den König, von der Erteilung von Monopolen und Privilegien an Hoflieferanten und sonstige Günstlinge für alle Zukunft gänzlich abzusehen und anzuerkennen, daß alle derartigen Sonderrechte, die etwa zur Zeit des Erlasses noch bestehen sollten, von nun an aufgehoben sein sollen. In einem zweiten Satz von allerdings nur wenig über hundertundfünfzig Worten ist dann das neue Patentgesetz ausgedrückt, in dem bereits das Wesen der Institution so vollständig dargelegt ist, daß die ganze Entwickelung der nahezu dreihundert Jahre bis heute kaum etwas Wesentliches hat hinzutun können. Nach diesem Gesetz soll jeder Bürger das Recht auf ein Patent haben, sofern er der erste und wahre Erfinder *of any new manufactures* ist. Ein solches Patent soll nicht länger als vierzehn Jahre, gerechnet vom Tage der Erteilung an, in Kraft bleiben und die Wirkung haben, daß der Inhaber innerhalb des Königreiches ausschließlich befugt sein soll, den Gegenstand des Patents auszuüben oder herzustellen. Von diesem allgemeinen Recht sollen aber ausgenommen sein solche Gegenstände, die gegen die bestehenden Gesetze verstoßen oder sonst dem Handel oder der Wohlfahrt des Landes schädlich sind.

Die Privilegien und Monopole waren allmählich ein Auskunftsmittel der Könige geworden, sich unabhängig von dem lästigen Zwange des Bewilligungsrechtes der Volksvertretung Geldmittel zu verschaffen. Sie erteilten einem Bewerber oder Günstling das ausschließliche Recht, beispielsweise den Markt von London oder auch das ganze Königreich mit irgend einem Konsumartikel zu versorgen. Da man vorher den erreichbaren Absatz kannte, so war die Erwerbung eines solchen Monopols ein ganz sicheres Geschäft. Der Monopolinhaber mußte dabei verdienen, und es konnte ihm sehr gut zugemutet werden, dem Könige entweder eine erhebliche Summe dafür zu zahlen oder ihm eine laufende Abgabe zu versprechen. Die Konsumenten hätten nicht notwendig darunter leiden müssen, denn wenn der Monopolinhaber gewissenhaft arbeitete, konnte er, auf die Freiheit vom Konkurrenzdruck und die Sicherheit seines Absatzes vertrauend, besser und möglicherweise sogar billiger liefern, als der der freien Konkurrenz gegenüberstehende Produzent.

Tatsächlich geschah das aber keineswegs, sondern die Monopole wurden rücksichtslos dazu ausgebeutet, den hilflosen Konsumenten zur Abnahme der ärgsten Schundware und der schamlosesten Verfälschungen zu zwingen. Als einer der bösesten Fälle derartigen Mißbrauchs wird ein Monopol zitiert, das von Jacob I. an Sir Giles Mompesson und Sir Francis Mitchell für die Herstellung und den Vertrieb von goldenen und silbernen Spitzen erteilt wurde. Sie sollen ihr Vorrecht auf das gröbste mißbraucht haben, indem sie aus Kupfer und anderen unedlen Metallen Fälschungen fabrizierten und verkauften, bis schließlich so viele Klagen und Beschwerden laut wurden, daß ihnen der Prozeß gemacht und das Privilegium für nichtig erklärt wurde.

Mißbrauch der Monopole, Anhang (2).

Aber selbst bei gewissenhafter und loyaler Handhabung von seiten des Monopolinhabers mußten immer die übrigen Produzenten oder Lieferanten unter dem Monopol leiden, denen einfach gewaltsam das Geschäft aus den Händen genommen oder mindestens versperrt wurde.

Es war nun keineswegs, wie es vielleicht scheinen möchte, eine halbe Maßregel, daß das Gesetz vor dem *new manufacture* Halt machte. Das Wort hat einen doppelten Sinn; es bedeutet einmal ein Herstellungsverfahren und zweitens das Produkt eines Herstellungsverfahrens. Hierin liegt schon ein Unterschied gegenüber den abgeschafften Monopolen, denn diese hatten sich auch auf die einfache Lieferung von Waren bezogen. Die Lieferung oder die gewerbliche Ausbeutung eines *new manufacture* bedingt aber dem Wesen der Sache nach eine produktive Tätigkeit des Lieferanten. Der zweite und wichtigere Unterschied ist dann, daß auch nicht jedes *manufacture* einen Anspruch auf ein Patent bedingen soll, sondern nur ein *new manufacture*, denn diejenige produktive Tätigkeit, die neu ist, das heißt, die vor dem Erfinder noch niemand ausgeübt hat, kann auch offenbar niemand Konkurrenz machen oder wenigstens nur denen, die schlechtere Ware derselben Art auf den Markt bringen, und wenn die Erzeugnisse dieser neuen Tätigkeit selbst schlechte Ware sind, oder wenn dafür unverschämte Preise gefordert werden, so wird niemand dadurch benachteiligt, daß er darauf verzichtet, sie zu kaufen. Denn ebensogut wie die Menschen vor der Erfindung ohne die Erzeugnisse des neuen Verfahrens gelebt haben, können sie auch nachher leben. Es ist also der Natur der Sache nach ausgeschlossen, daß durch die Monopolisierung eines *new manufacture* irgend jemand in seinem tatsächlichen oder potentiellen Vermögensbesitz geschädigt werden könnte, und es gelang in glücklichster Weise dadurch, daß man die gesetzlichen Patente im Gegensatz zu den willkürlichen Monopolen auf solche Produkte und Produktionsweisen beschränkte, die neu waren, alle guten Seiten jener Institution auszunutzen, ohne ihre Mängel und Schäden mit herüberzunehmen.

Aus dieser Genesis des Erfindungspatents ergibt sich

das Wesen des praktischen Problems, die Frage nach der Patentfähigkeit oder Nichtpatentfähigkeit einer Erfindung zu beantworten. Der formelle Ausdruck aber, in den das Problem gekleidet wird, wird in der Folge nicht dem Gesetz und auch nicht der logischen Analyse der gerichtlichen Praxis entnommen, sondern dem unklaren Rechtsbewußtsein des Volkes. Diese Form der Fragestellung geht dann in die später entstehenden Patentgesetze anderer Länder über und bürgert sich allmählich dermaßen ein, daß sie heute noch immer die wissenschaftliche Literatur teilweise beherrscht und vielleicht in nicht ganz geringem Maße dazu beiträgt, eine gewisse Unklarheit auch in der Praxis der Rechtsprechung zu konservieren.

Das Patent, wie es aus den willkürlichen landesherrlichen Monopolen und Privilegien hervorgegangen war, ist ein Vertrag zwischen der Gesellschaft und dem Erfinder. Der Erfinder gibt seine Erfindung bis zu einem gewissen Grade der Gesellschaft preis, indem er sie sofort veröffentlicht und darein willigt, daß sie nach Ablauf gewisser, gesetzlich festgestellter, endlicher Fristen vollständig in den Besitz der Allgemeinheit übergehe. Die Gesellschaft unternimmt es dagegen, innerhalb dieser Fristen den Erfinder vor seiner Konkurrenz zu schützen und ihm dadurch die Möglichkeit zu gewähren, aus seiner Erfindung einen weit größeren Gewinn zu ziehen, als wenn er ohne äußere Hilfe den Kampf mit der Konkurrenz aufnehmen und durchführen müßte.

Die Gesellschaft hat nun naturgemäß an einem solchen Vertrage nur insoweit ein Interesse, als sie sich von der Einführung der Erfindung einen Nutzen oder eine Bereicherung verspricht, und von diesem Gesichtspunkt ausgehend sind es drei verschiedene Motive, welche die Patenterteilung seitens der Gesellschaft rechtfertigen. Erstens muß sie dem Erfinder, der ihr etwas bietet, eine Konzession machen oder, krasser ausgedrückt, einen Kaufpreis zahlen, denn sonst würde sie Gefahr laufen, daß er seine Erfindung einfach für sich behielte oder vielleicht auch

---

Unklarheit in der Rechtsprechung, Anhang (3).

damit in das Ausland zöge. Zweitens muß sie darauf bedacht sein, das Angebot an Erfindungen möglichst zu steigern, und das geschieht, indem sie dem Erfinder ein möglichst vorteilhaftes Geschäft sichert, also auf Erfindungen eine Belohnung aussetzt. Endlich gibt es eine sehr große Anzahl von Erfindungen, die überhaupt nicht so weit praktisch ausgebildet werden können, daß sie Nutzen abwerfen, wenn sie nicht durch ein Patent geschützt sind.

Nehmen wir beispielsweise eine Erfindung wie die Stahlfeder. Sie kann nur dann gegen die Gänsefeder aufkommen, wenn sie bei gleicher Leistung billiger ist. Sie kann nur dann billig erzeugt werden, wenn sie in großen Mengen erzeugt wird. Zur Massenerzeugung müssen Fabrikanlagen erbaut und organisiert, Fabrikationsmaschinen erdacht, erbaut, erprobt und ausgebildet werden. Der Erfinder steht dieser Aufgabe als Neuling gegenüber. Es kann nicht ausbleiben, daß er auf dem mühseligen Wege zum Erfolg viele Fehltritte machen und viele Umwege gehen wird, und wenn er schließlich am Ziele ist, wird seine Anlage das Doppelte, das Dreifache, ja oft das Zehnfache von dem gekostet haben, was sie kosten würde, wenn sie von vornherein in der Gestalt gebaut worden wäre, die sie auf Grund seiner Erfahrungen und Versuche endlich angenommen hat. Er bringt nun seine Stahlfedern auf den Markt, und die Gänsefederlieferanten beginnen den Druck seiner Konkurrenz zu fühlen. Sofort suchen sie nach einem Ausweg, der sich in der freien Nachahmung bietet. Da es erfahrungsmäßig auf die Dauer unmöglich ist, eine größere Einrichtung geheimzuhalten, wird seine Anlage kopiert, und während er genötigt ist, das ganze für Experimente verausgabte Kapital neben dem reinen Anlage- und Betriebskapital zu verzinsen, fällt diese Last für die Nachahmer fort, denen es dadurch leicht wird, ihn dermaßen zu unterbieten, daß sein Betrieb untergehen muß. Der erfahrene Geschäftsmann wird diese Entwickelung in den meisten Fällen voraussehen können und wird von vornherein davon absehen, sich auf ein solches Geschäf

---

Erfindung der Stahlfeder, Anhang (4).

einzulassen, wenn ihm nicht der Patentschutz die Möglichkeit sichert, seine Aufwendungen für die Ausbildung der Erfindung ungestört herauszuwirtschaften.

Solche Erfindungen, die in der Praxis eher die Regel als die Ausnahme bilden, würden also ebenfalls der Gesellschaft verloren gehen, wenn sie sich nicht ihrer Pflege annähme.

Wir haben erst gesehen, daß die Neuheit des *manufacture* eine wesentliche Bedingung dafür ist, daß ihr Schutz durch Patente der Gesellschaft zum Nutzen und nicht zum Schaden gereiche. Da die Gesellschaft den Vertrag mit dem Erfinder, den das Patent darstellt, nur dann wird abschließen können, wenn sie Nutzen davon hat, so hat sie zunächst die Neuheit gefordert. Im Laufe der Entwickelung des Erfindungs- und Patentwesens hat sich aber gezeigt, daß die bloße Forderung der Neuheit nicht ausreichte, denn es haben sich Fälle ergeben, bei denen die Erteilung des Patentschutzes offenbar zum Schaden der Gesellschaft beigetragen hat. Die Erteilung des Patents auf das Kurbelgetriebe hat nur die Wirkung gehabt, daß der wirkliche Wohltäter der Gesellschaft, James Watt, ganz unnötige Kosten und Arbeit hat aufwenden müssen, um jenes Patent zu umgehen. Dieser Teil seiner Arbeitskraft ist der Gesellschaft entzogen worden, und an Stelle einer vollkommneren Maschine hat sich die Gesellschaft bis zum Erlöschen jenes Patents mit einer unvollkommneren behelfen müssen.

Will also die Gesellschaft nicht den materiellen Boden, auf dem sie ihren Vertrag aufgebaut hat, unter den Füßen verlieren, so muß sie noch eine weitere Unterscheidung einführen, sie muß in jedem Falle untersuchen, ob die zur Patentierung angemeldete Erfindung außer ihrer Neuheit auch ihrem sachlichen Inhalt nach die Bedingung erfüllt, daß ihre Patentierung der Gesellschaft Nutzen verspricht oder nicht. Diese neue Unterscheidung formuliert das Rechtsbewußtsein der beteiligten Kreise, indem es für den gesetzlich aufgestellten Begriff des *„any manufacture“* den Begriff *„invention“* setzt.

Die englische Rechtsprechung folgt dieser Entwickelung nur äußerst langsam. Der Berufsjurist und insbesondere der Richter hat sich bewußt geschult, von dem unklaren Rechtsgefühl oder Rechtsbewußtsein zu abstrahieren, von dem er nicht ohne Grund annimmt, daß es von unzähligen unbestimmten und unkontrollierbaren Einflüssen abhängt, und statt dessen auf den Wortlaut und den Geist der Gesetze und älteren Entscheidungen zurückzugehen, denn nur so ist eine kontinuierliche und konsequente Entwickelung des Rechts möglich. Wo diese Methode zu greifbaren Widersprüchen mit den Bedürfnissen des Lebens führt, findet sie darin ein Korrektiv, daß die Gesetzgebung eingreifen kann, indem sie die obsolet gewordenen Gesetze aufhebt und neue schafft, die dann in derselben Weise durch die Praxis ausgestaltet und vervollkommnet werden. So findet sich in den Entscheidungen aus jener Zeit zwar gelegentlich das Wort *invention* gebraucht, aber nicht in dem Sinne, in dem es in dem oben angezogenen Ausspruch von James Watt gebraucht ist, sondern in einem Sinne, den wir heute durch die Worte „Gegenstand der Patentanmeldung" wiedergeben würden. Die Frage, die erörtert wird, ist also nicht die, welche Watt [stellt: Ist der Gegenstand der Patentanmeldung eine Erfindung? sondern sie lautet: Ist die Erfindung [ein] *manufacture ?*, wobei „Erfindung" eben für „Gegenstand der Patentanmeldung" steht. Diese Unterscheidung läßt zwei verschiedene Deutungen zu. Entweder ist *invention* [der weitere, *manufacture* der engere Begriff, oder beide Begriffe decken sich nur teilweise. Dann gibt es also *invention*, die nicht *manufacture* ist, und *manufacture*, die nicht *invention* ist, und nach der durch Watt repräsentierten Auffassung sollen Patente nur für diejenigen *manufactures* erteilt werden, die gleichzeitig *inventions* sind.

In Watts Zeit fällt nun der Erlaß des Patentgesetzes der neugegründeten Vereinigten Staaten von Nordamerika, und in diesem Gesetz finden wir diese Differentiierung des *manufacture* wieder. Der Paragraph 4886 des amerikanischen Gesetzes lautet:

„Any person who has invented or discovered any new

and useful art, machine, manufacture or composition of matter, or any new and useful improvements thereof, not known or used by others in this country and not patented or described in any printed publication in this or any foreign country, before his invention or discovery thereof, and not in public use or on sale for more than two years prior to his application, unless the same is proved to have been abandoned, may upon payment of the fees required by law, and other due proceedings had, obtain a patent therefor."

An Stelle von *manufacture* des englischen Gesetzes ist hier *art, machine, manufacture or composition of matter or improvements thereof* getreten. Dies ist aber weder eine Erweiterung noch Einschränkung des in England gültigen Begriffs, sondern nur eine erklärende Spezialisierung. In der englischen Rechtsprechung tauchen in der ersten Zeit verschiedene Zweifel auf, ob Verfahren, besonders auch chemische, als *manufactures* anzusehen sind und es mag sein, daß die amerikanischen Gesetzgeber diese Zweifel von vornherein beseitigen wollten, ohne etwas begrifflich Neues in das Gesetz hineinzutragen. Daß in dem Gesetz der Ausdruck *invention* vorkommt, ist auch keine Neuerung, denn das Wort steht hier im Sinne der Erfindungstätigkeit, nicht im Sinne der Erfindung als Ergebnis der Erfindungstätigkeit, es sagt also nichts anderes, als „*invented*" in der Einleitung des Paragraphen oder als „*the first and true inventor*", das schon im englischen Gesetz von 1623 vorkommt.

Aber die Unterscheidung des Wattschen Rechtsbewußtseins, welche diejenigen *manufactures* von der Patentierung ausgeschlossen sehen will, die nicht gleichzeitig *inventions* sind, kommt hier zum Ausdruck in dem Worte „*useful*", das sich als zweite Forderung der Gesellschaft der Forderung der bloßen Neuheit hinzugesellt hat. Nicht als ob sich der Sinn dieses Ausdrucks wirklich mit dem Wattschen Rechtsbewußtsein deckte, im Gegenteil, beide gehen von diametral einander gegenüberstehenden Standpunkten aus, aber beide nähern sich einem gemeinsamen Entwickelungsziel. Watt als Erfinder und Patentnehmer betrachtet das Patent ausschließlich als

Belohnung einer erfinderischen Leistung, und da er die Leistung, die Anwendbarkeit des bekannten Kurbelgetriebes auf die bekannte Dampfmaschine zu finden, außerordentlich niedrig anschlägt, so empört es sein Gerechtigkeitsgefühl, daß für eine solche Lumperei ein Patent gegeben wird, die er nie unternommen haben würde anzumelden, weil er damit nicht geglaubt hätte, das Recht auf die staatliche Belohnung verdient zu haben. Dem amerikanischen Gesetzgeber dagegen steht die Belohnung des Erfinders in zweiter Reihe. Ihm ist darum zu tun, daß die Patentierung auf solche Erfindungen beschränkt werde, deren Monopolisierung dem Gemeinwesen nützlich sein wird, und er glaubt dieser Forderung genügen zu können, indem er einfach die Nützlichkeit der *manufacture* usw. als Erfordernis für die Patentfähigkeit gesetzlich vorschreibt.

Eine gewisse Einschränkung des Problems wird hierdurch zweifellos erreicht werden, denn es können sofort alle diejenigen *manufactures* von der Patentierung ausgeschlossen werden, von denen der Anmelder nicht nachweisen kann, daß sie nützlich sind. Aber andererseits wird man erkennen, daß damit der eigentlichen Lösung der Schwierigkeit kaum näher gekommen wird. Ausgeschlossen werden die Zweifel nämlich dadurch nur für solche Fälle, in denen der Mangel an Nützlichkeit offenbar ist. Diejenigen Fälle dagegen, welche an der Grenze zwischen Nützlichkeit und Schädlichkeit stehen, werden sich ebensowenig an der Hand dieses Gesetzes mit Sicherheit erkennen lassen, wie an der Hand des allgemeiner gefaßten englischen Gesetzes. Prüfen wir zum Beispiel gleich an unserm Paradigma die Brauchbarkeit der amerikanischen Vorschrift, so finden wir, daß sie völlig versagt, denn daß das Kurbelgetriebe nicht nützlich sei, wird niemand behaupten wollen. Also würde Watts Konkurrent in den Vereinigten Staaten wahrscheinlich ebensowohl sein Patent erhalten und behauptet haben, wie in England. Hier bleibt in der Tat die Kunst der Rechtsgelehrten stehen, und es kann vielleicht als ein äußeres Zeichen hiervon angesehen werden, daß weder England noch die Vereinigten |Staaten an den Teilen ihrer Gesetze, die sich auf diesen Punkt beziehen, bis heute etwas geändert haben.

Nicht so die europäischen Festlandsstaaten, deren Industrie erst verhältnismäßig spät soweit entwickelt war, daß sie auf die Einführung einer gesetzlichen Regelung des Patentwesens hindrängte.

Der nächste in der Reihe ist Frankreich. Vor der Revolution hatte ein strenges Zunftwesen geherrscht, das den Erfindungen und noch mehr dem natürlichen Urheberrecht des Erfinders grundsätzlich abgeneigt war. Innerhalb der Zunft sollte niemand vor den anderen Zunftgenossen Vorrechte genießen und man betrachtete daher die Erfindungen der Zunftmitglieder als Eigentum der Zunft. Fiel eine Erfindung in ein Grenzgebiet zwischen den Arbeitsfeldern zweier oder mehrerer Zünfte, so gab es langwierige Streitigkeiten und Prozesse. Auf diesem Boden konnte sich kein Erfinderrecht entwickeln und wir finden daher die ersten Anläufe dazu erst im Jahre 1789, als die Gewerbefreiheit erklärt worden war. Das erste Patentgesetz wurde im Jahre 1791 erlassen und lehnt sich noch eng an das englische Vorbild an. In der Folge erfährt es zahlreiche Wandlungen und entwickelt sich schließlich zu dem Patentgesetz des Jahres 1844, das mit ganz unbedeutenden Änderungen noch heute in Kraft ist.

Die Paragraphen, die uns interessieren, haben folgenden Wortlaut:

„Art. 1er Toute nouvelle découverte ou invention dans tous les genres d'industrie confère à son auteur, sous les conditions et pour le temps ci-après déterminés, le droit exclusif d'exploiter à son profit ladite découverte ou invention.

„Art. 2. Seront considérées comme inventions ou découvertes nouvelles:

„L'invention de nouveaux produits industriels;

„L'invention de nouveaux moyens ou l'application nouvelle de moyens connus, pour l'obtention d'un résultat ou d'un produit industriel."

Und endlich:

„Art. 31. Ne sera pas réputée nouvelle toute découverte, invention ou application qui, en France ou à l'étranger, et

____

Zunftwesen, Anhang (5).

antérieurement à la date du dépot de la demande, aura reçu une publicité suffisante pour pouvoir être exécutée."

Zunächst sehen wir, daß die französischen Gesetzgeber hier den Amerikanern gefolgt sind, indem sie unter die patentierbaren Gegenstände nicht nur die Erfindungen, sondern auch Entdeckungen klassifizieren. Dieser Zusatz scheint aber nur einer unklaren Besorgnis entsprungen zu sein, etwas ungesagt zu lassen, das andere früher zu sagen für nötig erachtet haben, denn tatsächlich geht schon aus dem Wortlaut dieser Paragraphen selbst hervor, daß die beiden Worte hier als Synonyma behandelt werden. Im Artikel 1 stehen sie in der Einleitung nebeneinander, aber die spezifizierende Definition enthält nur das eine, *„invention"*. Auch aus dem Wesen der Sache ergibt sich die Notwendigkeit dieser Auffassung. Die gewerbliche Anwendung einer technischen Entdeckung ist eben eine Erfindung, und da das ganze Patentwesen auf weiter nichts abzielt, als die Einschränkung der gewerblichen Anwendung zugunsten des Erfinders, so sind offenbar nur diejenigen Entdeckungen patentierbar, die gleichzeitig auch Erfindungen sind.

Hier aber finden wir zum erstenmal in einem Gesetz das Wort *„invention"* als zusammenfassenden Begriff der patentierbaren Materie gebraucht. Die englische und amerikanische Rechtsprechung waren allerdings nicht etwa auf dem Standpunkt stehen geblieben, daß sie den Patentschutz tatsächlich, wie es der Wortlaut ihrer Gesetze zu fordern scheint, auf das *manufacture,* die körperliche Darstellung der Erfindung beschränkt hätten. Vielmehr war es auch da schon der rein geistige Inhalt, der Erfindungsgedanke, der wirklich geschützt wurde. Der Unterschied ist bedeutsam, denn jedes körperliche Erzeugnis ist mit allerhand Zufälligkeiten der Konstruktion und der Ausführung behaftet, die nicht notwendig mit der eigentlichen Erfindung etwas zu tun haben, deren Verkörperung das Erzeugnis oder das Verfahren ist. Es ist zum Beispiel ein gar nicht seltener Fall, daß die ersten Ausführungen einer neuen Erfindung so unvollkommen sind, daß sie überhaupt geradezu unbrauchbar erscheinen und deshalb nur einen ungenügenden oder gar keinen Absatz finden;

Es liegt aber die Möglichkeit vor, daß der Erfinder, indem er selbst mehr Erfahrungen sammelt oder vielleicht noch zusätzliche Erfindungen macht, allmählich seine Fabrikate dermaßen verbessert, daß sie schließlich einen bedeutenden Fortschritt darstellen. Wäre ihm in einem solchen Fall anfangs nur das Erzeugnis geschützt gewesen, so hätte ein anderer den Erfindungsgedanken aufgreifen und mit seiner Hilfe vielleicht schneller als der erste Erfinder jene Verbesserungen ausführen können, und hätte damit den eigentlichen Urheber der neuen Idee vom Markte verdrängt.

Die Erfindung also, nicht die körperliche Ausführung der Erfindung muß geschützt werden, denn die Erfindung umfaßt alle möglichen Ausführungsformen. Der Geist des Patentwesens fordert die Reindarstellung des Begriffs im Gegensatz zur materiellen Verwirklichung einer Ausführungsform. Diesen Unterschied aus der englischen und amerikanischen Judikatur richtig abstrahiert und ihm durch die Einführung des Wortes „*invention*" in das Gesetz Ausdruck geliehen zu haben, ist das Verdienst der französischen Gesetzgeber. Daß im folgenden Absatz des zitierten Paragraphen das Wort „*invention*" wieder durch die Worte „*produits industriels*" usw. definiert ist, tut dieser Auffassung keinen Abbruch, denn es ist ausdrücklich vermieden zu sagen: Eine neue Erfindung ist ein neues Industrie-Erzeugnis; gesagt ist vielmehr: Eine neue Erfindung ist die Erfindung eines neuen Industrie-Erzeugnisses, neuen Mittels usw.

Noch in einem anderen Punkte ergibt die Formulierung des französischen Gesetzes einen bedeutsamen Fortschritt in der Feststellung des Erfindungsbegriffs. Wenn der Richter hiernach genötigt ist, von dem körperlichen *manufacture* zu abstrahieren und lediglich zu untersuchen, ob der Gegenstand der Patentanmeldung eine Erfindung ist oder nicht, so darf er diese Frage doch nicht in dem Sinne stellen, wie sie einst James Watt stellte und beantwortete. Es steht nicht kurzab im Gesetz: Erfindungen sind patentierbar, es steht da: Neue Erfindungen sind patentierbar, und die Neuheit im Sinne des Gesetzes ist sehr wesentlich anders definiert, als im englischen und amerikanischen Gesetz.

Neu ist hier nicht mehr alles, was nicht vor dem Tage der Einreichung des Patentgesuches in veröffentlichten Druckschriften beschrieben oder im Inlande offenkundig angewendet war, sondern neu ist nur das, was weder im Inlande noch im Auslande *aura reçu une publicité suffisante pour pouvoir être exécuté.*

Folgen wir also dem französischen Gesetz, so können wir alle Erfindungen in vier Klassen teilen. Wir denken sie uns zu diesem Zweck chronologisch in eine Reihe geordnet: Zuerst kommen die Erfindungen, die wir die „absolut nicht neuen“ nennen wollen, nämlich alle diejenigen, welche bis zum gegenwärtigen Zeitpunkt beschrieben oder benutzt sind und zwar so beschrieben, daß der Inhalt der Beschreibung oder dasjenige, was benutzt ist, sich vollkommen mit der Erfindung deckt, damit identisch ist. Alsdann folgt die zweite Klasse der Erfindungen, welche wir die „gesetzlich nicht neuen“ nennen wollen. Das sind alle diejenigen, welche sich zwar nicht vollkommen mit dem decken, was schon beschrieben oder benutzt ist, die aber doch *ont reçu une publicité suffisante pour pouvoir être exécutées.*

Die dritte Klasse sind diejenigen, welche zwar näherungsweise beschrieben, in der veröffentlichten Literatur angedeutet, aber doch noch nicht derart beschrieben sind, daß sie danach benutzt werden könnten. Diese wollen wir die „gesetzlich neuen“ nennen. Endlich die vierte Klasse sind diejenigen, welche überhaupt nicht beschrieben oder benutzt sind, die „absolut neuen“ Erfindungen.

Die erste Klasse ist weitaus die zahlreichste von allen, aber sie hat für die gegenwärtige Untersuchung wenig Interesse, weil die darunter fallenden Erfindungen an einem groben, rein äußerlichen Zeichen stets eindeutig zu erkennen sind; sie macht für die Rechtsprechung keinerlei Schwierigkeit. Wenn jemand heute den magnetischen Kompaß oder das Barometer zum Patent anmelden wollte, so würde der sachverständige Beamte, der mit der Patenterteilung betraut ist, sofort wissen, wie er über den Fall zu entscheiden hat, und es würde ihm ein leichtes sein, seine Entscheidung zu begründen.

Kaum mehr Schwierigkeiten macht die vierte Klasse der absolut neuen Erfindungen. Wenn man eben überhaupt keinerlei Vorveröffentlichungen nachweisen kann, die auch nur einen Anklang an die angemeldete Erfindung enthalten, so besteht auch kein Zweifel darüber, daß die Erfindung neu ist. Aber selbst wenn diese Klasse Schwierigkeiten machte, würde sie doch für die praktische Rechtsprechung nur von sehr untergeordnetem Interesse sein, weil die Zahl solcher absolut neuer Erfindungen ganz außerordentlich klein ist. Es ist bisher keine Statistik über diejenigen Patentanmeldungen veröffentlicht worden, welche von den prüfenden Beamten ohne jede Beanstandung zur Patentierung zugelassen werden; aber ich glaube, man schätzt die Zahl hoch, wenn man annimmt, daß sie fünf Prozent aller Anmeldungen erreicht. Diese Zahl würde aber nicht nur die absolut neuen Erfindungen umfassen, sondern auch alle diejenigen, welche unzweifelhaft in die dritte Klasse der gesetzlich neuen zu rechnen sind.

Die zweite und dritte Klasse dagegen bilden das Schmerzenskind der Patentrechtsgelehrten. Es ist die fast ausnahmslose Regel, daß der Anmeldungsgegenstand in der veröffentlichten Literatur wenigstens andeutungsweise beschrieben ist und der Richter soll nun beurteilen, ob die dadurch dargestellte Publizität eine *publicité suffisante* ist oder nicht.

Diese Unterscheidung zwischen absoluter und partieller Neuheit findet sich weder im englischen noch im amerikanischen Gesetz. Wohl aber ist zur Zeit der Entstehung des französischen Gesetzes diese Unterscheidung bereits durchaus klar in den Entscheidungen beider Länder ausgebildet. Die englischen Richter haben schon seit geraumer Zeit keineswegs jede noch so geringfügige Abänderung eines bekannten *manufacture* als ausreichende Unterlage für eine Patenterteilung angesehen, sondern in jedem einzelnen Falle sorgfältig untersucht, ob der Grad der Neuheit auch ein solcher sei, daß sie als bestehend gesetzlich anzuerkennen sei. Aber das französische Gesetz scheidet zum ersten Male dieses Merkmal der genügenden Abweichung von dem Bekannten aus dem Erfindungsbegriff selbst aus und kleidet es in klare Worte. Das praktisch richtig arbeitende, aber weniger durchsichtig analysierende angelsächsische Rechtsgefühl hatte den Begriff der Neuheit als etwas Unteilbares, Starres angesehen, indem es nur die absolute Neuheit kannte oder beachtete und hatte statt dessen den Begriff des *manufacture* in zwei Unterabteilungen zerlegt, nämlich solche *manufactures*, die zwar neu aber keine Erfindungen seien und daher, trotzdem sie die Erfordernisse des Gesetzes dem Wortlaut nach erfüllen, nicht patentierbar seien und solche neuen *manufactures*, die gleichzeitig Erfindungen und daher angemessene Gegenstände für die Patentierung seien. Der französische Gesetzgeber dagegen nimmt an, daß beide Unterabteilungen sich von einander nur durch den Grad der Neuheit unterscheiden. Er unterscheidet zwischen der Handlung des Erfindens, welche die Neuheit des Erfundenen bedingt und dem Resultat des Erfindens, der Erfindung, die er von der Neuheit begrifflich unabhängig denkt. Folgerichtig hat er sich daher nicht damit begnügt, als Gegenstand des Patentes die bloße Erfindung hinzustellen, sondern er hat außerdem die Neuheit gefordert. Andererseits aber hat er keineswegs die Forderung der Praxis übersehen, die verlangt, daß ein gewisser, nicht ganz geringer Grad von Neuheit bestehen müsse, wenn man die Patentierbarkeit anerkennen soll, und er hat demnach den Neuheitsbegriff so weit eingeschränkt, daß eben dadurch die nicht genügend neuen Erfindungen ausgeschlossen werden.

Die sachliche Unterlage der Begriffe, mit denen operiert wird, ist also dieselbe geblieben, die Operation ist auch dieselbe geblieben und demnach ist auch das Problem unverändert. Es ist seiner Lösung nur insofern näher gerückt, als es aller Verschwommenheit in der Formulierung entkleidet, als es klarer und weniger mehrdeutig ausgedrückt worden ist. Die Wünschelrute, nach der wir ausschauten, um zu erfahren, ob ein Anmeldungsgegenstand eine Erfindung sei oder nicht, ist dadurch nicht gefunden, aber der französische Richter sucht sie nicht mehr, um sich sagen zu lassen, was eine Erfindung ist, sondern nur noch, um sich sagen zu lassen, ob eine Erfindung, die ihm vorliegt, gesetzlich neu ist oder nicht. Damit ist dem Begriff der Erfindung eine beschränktere Stellung im Patentwesen angewiesen, er hat die Eigenschaft der Geistererscheinung verloren, die alle sehen, die aber keiner dem andern zeigen kann, weil er immer nur das Gebilde seiner eigenen Phantasie vor sich hat, dessen Beschreibung im Geiste des Andern stets auch eine andere Vorstellung auslöst.

Die nun folgenden drei Jahrzehnte bis zum Erlass des deutschen Patentgesetzes im Jahre 1877 sind fruchtbar an Patentgesetzen, aber arm an Ereignissen, die für die Erkenntnis des Erfindungsbegriffes von Bedeutung wären. Fast alle Länder, die überhaupt ein geordnetes Staatswesen haben, folgen dem Beispiel Englands, der Vereinigten Staaten und Frankreichs und die neu geschaffenen Gesetze sind sämtlich mehr oder weniger treue Kopien der vorhandenen Vorbilder. Dabei neigen die angelsächsischen Völker dem System des Mutterlandes oder der Vereinigten Staaten zu, während die lateinischen Völker im wesentlichen Frankreich zum Muster nehmen. In Deutschland bildet die politische Zerrissenheit und der stark ausgeprägte Individualismus lange ein Hindernis, das dem Drucke der kraftvoll aufstrebenden Industrie erfolgreich widersteht, bis endlich durch die Gründung des neuen Reiches für die einheitliche Regelung und Ausgestaltung auch dieses wie so vieler anderer Rechtsgebiete der Weg geebnet wird.

So war der deutsche Gesetzgeber in der vorteilhaften Lage, auf einer gründlich durchgearbeiteten Rechtspraxis des Auslandes weiterzubauen, an der so viele unter ganz verschiedenen wirtschaftlichen und politischen Verhältnissen lebende und aus verschiedenen Rassen zusammengesetzte Völker mitgearbeitet hatten, daß man wohl imstande war, die allen gemeinsamen Grundzüge von individuellen Eigenartigkeiten zu scheiden. Dieser Umstand war aber auch schon vielen der Vorgänger Deutschlands zugute gekommen; was in höherem Grade dem deutschen Patentgesetz eine gewisse epochemachende Bedeutung verliehen hat, ist die Zeit industriellen und politischen Aufschwungs, in der es geboren wurde. Je mehr Anteil eine Nation an der Versorgung des Weltmarktes mit Industrie-Erzeugnissen nimmt, desto mehr zwingt sie die Erfinder aller übrigen Länder, auch bei ihr für ihre Erfindungen Schutz zu suchen, weil das Heimatspatent nur die Konkurrenz der Heimat ausschließt. Auf der anderen Seite erforderte das überaus rasche und kräftige Anwachsen der deutschen Industrie im Inlande eine entsprechende Entwickelung und Durchbildung der mit dem Erwerbsleben verknüpften Rechtsgebiete und so konnte es nicht fehlen, daß die deutschen Rechtsgelehrten und Richter sich mit besonderer Liebe der neu erwachsenden Aufgabe annahmen und in wenigen Jahren eine Fachliteratur und eine Sammlung von Entscheidungen schufen, die an Umfang, Vielseitigkeit und Gründlichkeit der Vertiefung in die Materie unübertroffen dasteht.

Soweit der Erfindungsbegriff in Betracht kommt, schließt sich Deutschland eng an die französische Formulierung an. Die betreffenden Stellen des deutschen Gesetzes lauten:

„Patente werden erteilt für neue Erfindungen, welche eine gewerbliche Verwertung gestatten," und:

„Eine Erfindung gilt nicht als neu, wenn sie zur Zeit der auf Grund dieses Gesetzes erfolgten Anmeldung in öffentlichen Druckschriften bereits derart beschrieben, oder im Inlande bereits so offenkundig benutzt ist, daß danach die Benutzung durch andere Sachverständige möglich erscheint."

Auch Deutschland beschränkt also nicht den Patentschutz, wie die angelsächsischen Länder, auf neue gewerbliche Erzeugnisse und Erzeugungsmittel, sondern erstreckt ihn auf Erfindungen. Für die Bestimmung des Begriffs der Erfindung scheint außerdem zu folgen, daß der Gesetzgeber, ebenso wie der französische, angenommen hat, daß die Neuheit kein Merkmal der Erfindung selbst ist. Auch der Begriff der gesetzlichen Neuheit im Gegensatz zur absoluten ist dem französischen Gesetz entlehnt. Man hat aber versucht, in diesem Punkt die Entscheidungen dadurch zu erleichtern, daß man sich nicht darauf beschränkt hat, allgemein von einer ausreichenden Öffentlichkeit zu sprechen, sondern hat bestimmte Merkmale der Öffentlichkeit aufgezählt, deren Nichtvorhandensein von vornherein ein sicheres Kriterium für die Beurteilung des Neuheitscharakters gewähren soll. Auch ist der Begriff selbst erweitert. Offenkundige Benutzung soll nur dann eine Erfindung von der Patentierung ausschließen, wenn sie im Inlande geschehen ist. Eine formelle Einschränkung dagegen enthält der Ausdruck „andere Sachverständige", denn damit ist ausgesprochen, daß eine Öffentlichkeit, die zwar für den ungeschulten, allgemeinen, gesunden Menschenverstand vielleicht noch nicht ausreichen würde, dennoch zur Verurteilung der Erfindung führen soll, wenn es nur für einen Sachverständigen möglich ist, nach der veröffentlichten Beschreibung oder Benutzung den Gegenstand der Erfindung zu konstruieren. Diese Einschränkung ist aber nur scheinbar, denn wenn beispielsweise eine Erfindung zwar vorbenutzt wäre, es wäre aber nachgewiesen, daß nur solche Personen davon Kenntnis erhalten hätten, die nach ihrer Veranlagung und Ausbildung außerstande wären, die Erfindung zu verstehen, geschweige denn nachzubilden, so würde das auch schon nach dem französischen Gesetz eben keine *publicité suffisante* sein. Da die Bestimmung „*suffisante pour pouvoir être exécutée*" keine Personenbezeichnung enthält, schließt sie alle Personen und somit auch die Sachverständigen ein. Immerhin ist durch diese Spezialisierung die praktische Rechtsprechung erleichtert, denn es ist der Weg gewiesen, um durch Entscheidungen ganze Klassen von Menschen als Sachverständige oder Nichtsachverständige zu kennzeichnen, so dass in vielen Fällen von vornherein über diesen Punkt nicht zu diskutieren sein würde.

Aber die eigentliche Schwierigkeit ist nicht beseitigt und es ist auch kein Versuch gemacht, sie zu beseitigen. Selbst wenn man weiß, wer sachverständig ist, so weiß man darum noch nicht, ob die Veröffentlichung derart ist, daß danach die Benutzung möglich erscheint, und hier haben wir also den alten Streit zwischen Watt und Steed sachlich unverändert, wenn auch begrifflich präzisiert. Hier hat also im praktischen Falle der Richter immer noch nach freiem Ermessen zu urteilen, und hier hat die wissenschaftliche

Forschung einzusetzen, wenn sie das freie Ermessen des Richters einschränken will.

Während wir aber schon zu erkennen glaubten, daß diese praktische Frage eigentlich nichts mehr mit dem Begriff der Erfindung selbst zu tun hat, wird es sich zeigen, daß die Versuche, sei es der Lösung der Aufgabe näher zu kommen, sei es auch nur ihr Wesen zu erörtern, in Bezug auf diese Punkte eine retrograde Richtung annehmen, die bis in die neueste Zeit fortdauert. Die Anfänge dieser Entwickelung lassen sich bis in die ersten Kommentare zum deutschen Patentgesetz zurückverfolgen, die zu einer Zeit entstehen, in der den Kommentatoren noch keinerlei praktische Entscheidungen zu Gebote stehen, und die Quelle ist vielleicht zum Teil in der charakteristisch juristischen Denkweise zu suchen, die überall eine gewisse Scheu erkennen läßt, dem eigenen, auf bloßem, allgemeinem gesunden Menschenverstand beruhenden Urteil zuviel zu vertrauen und es daher vorzieht, nach einer möglichst mechanischen Methode den Stoff bis ins einzelne zu zergliedern und auch nicht das Kleinste als selbstverständlich anzusehen. Dadurch wird man der Gefahr entgehen, das Recht durch die Unklarheiten und Inkonsequenzen des ungeschulten Rechtsgefühls zu korrumpieren, aber man verfällt leicht in den entgegengesetzten Fehler, der rein logischen Methode zuviel zuzumuten und Gebäude aufzuführen, die kein sicheres Fundament haben und daher über kurz oder lang vor den Forderungen des Lebens fallen müssen. Am größten ist diese Gefahr auf solchen Gebieten, die nach ihrem sachlichen Inhalte dem Bildungsgebiete des Juristen fern liegen, die er nicht aus praktischer Anschauung kennt.

So wird denn ausgeführt, daß der erste Paragraph des deutschen Patentgesetzes für die Patentfähigkeit drei verschiedene Bedingungen aufstelle, nämlich erstens, daß der Gegenstand des Patents eine Erfindung sei, zweitens, daß die Erfindung neu sei und drittens, daß sie eine gewerbliche Verwertung gestatte.

Drei Bedingungen der Patentfähigkeit, Anhang (6).

Der Laie, der die Worte liest: „Patente werden erteilt für neue Erfindungen, welche eine gewerbliche Verwertung gestatten", wird schwerlich auf diese Einteilung verfallen. Es wird ihm einleuchtend scheinen, daß das Gesetz die Erfüllung zweier Bedingungen fordert, nämlich der Neuheit und der gewerblichen Verwertbarkeit. Daß Patente nur für Erfindungen erteilt werden, wird er für selbstverständlich ansehen, er wird empfinden, daß soviel schon in dem Worte „Patente" liegt, das in seinen Gedanken begrifflich mit „Erfindung" eng verwachsen ist. Da er außerdem glaubt, daß ihm der Begriff Erfindung geläufig ist, so wird er gar nicht auf den Gedanken kommen, daß ein Bedürfnis vorliegen könnte, diesem Punkte besondere Aufmerksamkeit zuzuwenden.

Beide werden recht uud beide werden unrecht haben.

Es ist klar, daß, wenn das Gesetz sagt, daß Patente für Erfindungen erteilt werden, man nicht annehmen darf, daß ein Patent für eine Kirche, für ein Gedicht, für einen Schmetterling oder für eine Nordpolexpedition erteilt werden könne, also ist zweifellos eine Bedingung für die Erteilung eines Patentes, daß eine Erfindung vorhanden sei, also hat der Jurist mit seiner Analyse recht. Stellt man aber die drei Bedingungen: Erfindung, Neuheit und gewerbliche Verwertbarkeit unvermittelt nebeneinander, so bezeichnet man sie dadurch mindestens äußerlich als gleichwertig, und das ist jedenfalls falsch. Erstens besteht nicht nur grammatisch, sondern auch rein sachlich eine unzertrennliche Abhängigkeit zwischen dem Begriffe der Erfindung und den beiden Begriffen der Neuheit und der gewerblichen Verwertbarkeit. Es wäre sinnlos, die beiden Unterbegriffe absolut und vom Erfindungsbegriffe losgetrennt verstehen zu wollen. Die Neuheit eines Rockes ist etwas ganz anderes, als die Neuheit einer Erfindung, und die gewerbliche Verwertbarkeit eines Grundstückes, eines Flusses, eines Haustieres deckt sich ebensowenig mit der gewerblichen Verwertbarkeit einer Erfindung.

Zweitens aber sind die drei Begriffe auch dann keineswegs gleichwertig, wenn man sie daraufhin untersucht, ob ihr Vorhandensein oder Nichtvorhandensein in jedem praktischen Falle mit größerer oder geringerer Sicherheit erkannt werden kann. Ob überhaupt eine Erfindung vorliegt oder nicht, wird kaum jemals oder wenigstens nur in einer verschwindenden Minderzahl aller Fälle zweifelhaft sein können; ob die vorliegende Erfindung gewerblich verwertbar ist, wird in einem kleinen Prozentsatze aller Fälle besonders zu diskutieren sein, aber daß eine nennenswerte praktische Schwierigkeit der Entscheidung dieser Frage bestehe, wird niemand behaupten; ob die vorliegende Erfindung neu ist, das heißt neu im Sinne des Gesetzes, also weder derart beschrieben, noch derart benutzt, daß danach die Benutzung durch andere Sachverständige möglich erscheint, ist überhaupt nicht an der Hand irgendwelcher mechanischen Regel zu entscheiden. Diese Frage zu beantworten ist notwendig Aufgabe des subjektiven richterlichen Ermessens. Eine Empfindung davon, daß man mit dieser Konstruktion dreier gleichwertiger Bedingungen der Grammatik und dem gemeinen Sinne des Gesetzes etwas Gewalt antut, ist indessen nicht ausgeblieben, aber man beruhigte wohl sein Gewissen mit dem Gedanken, daß diese Konstruktion sich viel besser der dem Juristen besonders kongenialen Methode der Bearbeitung des praktischen Problems anpaßt.

Das praktische Problem ist folgendes: Ist der Gegenstand einer gegebenen Patentanmeldung patentierbar oder ist er es nicht? Man wird also damit anfangen müssen, zu untersuchen, was Gegenstand der Anmeldung ist. Der Praktiker würde vielleicht geneigt sein, zu diesem Zwecke die Beschreibung zu lesen, sich möglichst eingehend in den Gegenstand zu vertiefen, den Gedankengang des Erfinders, so gut wie er kann, nachzudenken und sich so zunächst ganz unbefangen ein möglichst vollständiges und richtiges Bild von dem Erfindungsgegenstand zu konstruieren. Der reine Logiker empfindet aber eine gewisse Scheu, sich auf das schlüpfrige Gebiet des sachlichen Studiums hinauszuwagen, denn er sagt sich, daß, selbst wenn es ihm gelingen

---

Ob eine Erfindung vorliegt oder nicht —, Anhang (7).

sollte, so weit in die Materie einzudringen, daß er glaubt, sie zu beherrschen, möglicherweise dieser Eindruck ein ganz falscher sein könnte, möglicherweise ihm nachher mit Recht gesagt werden könnte, er habe diesen oder jenen Nebenumstand völlig übersehen, er habe Wichtiges und Unwichtiges quantitativ falsch eingeschätzt und sei so zu einem ganz verkehrten Bilde gelangt. Er sucht also das Vertiefen in das Sachliche solange wie möglich von sich abzuschieben und sich zunächst auf dem sicheren Grunde der rein logischen Methode dem Kerne der Untersuchung zu nähern.

Er läßt die unsichere Erfindungsfrage vorläufig ganz beiseite und sagt sich: Gegenstand des Patentes kann unter keinen Umständen etwas Nichtneues sein. Zerlegen wir also das Vorgebrachte und scheiden wir alles Nichtneue aus. Nicht neu ist die Dampfmaschine, nicht neu ist Kurbel und Pleuelstange. Was bleibt übrig? Die Verbindung von beiden. Soweit scheint unsere Gedankenfolge unangreifbar, und wenn sie unangreifbar ist, so wird die Methode noch mindestens um einen Schritt weiterhelfen, ehe wir zum freien Ermessen greifen müssen. Wenn es richtig ist, daß der Gegenstand des Patentes jedenfalls nichts Nichtneues sein kann, — und das steht ja doch im Gesetz — dann ist also das, was nach Ausscheidung des Nichtneuen noch übrig bleibt, der Gegenstand der Anmeldung und es bleibt folgerichtig nur die Frage übrig: Ist dieser Gegenstand eine Erfindung oder nicht?

Wenn man dieses Ergebnis bei Lichte besieht, so gelangt man zu dem Geständnis, daß es der alten Formel von James Watt so ähnlich sieht, wie ein Ei dem anderen. Das also ist die Frucht der Entwickelung eines Jahrhunderts. Wir müssen denjenigen, als deren Repräsentanten wir James Watt erwählt haben, zugute halten, daß sie nicht genügend juristisch geschult waren, um eine wirklich klare Zergliederung und logisch strenge Darstellung des Stoffs zu geben, und bemerken nun auf der anderen Seite, daß es dem geschulten Juristen auch keineswegs sofort gelingt, sich soweit in die naturwissenschaftliche und gar in die technische Denkweise einzuleben, daß er mit Sicherheit imstande wäre, aus einer so schwierigen und verwickelten Materie die richtigen Prämissen auszuscheiden, welche die unerläßliche Vorbedingung für die Anwendbarkeit des Rüstzeuges der reinen Logik sind, wenn sie nicht auf Abwege führen soll.

Falsch ist zweifellos die Prämisse, daß der Gegenstand der Anmeldung nichts Nichtneues sein könne, zum mindesten in der absoluten Form und Bedeutung, in der sie nach diesem Schema angewendet wurde. Der Gegenstand des Patents soll vor allen anderen Dingen eine Erfindung sein, und eine Erfindung kann allerdings absolut neu sein und wird dann nichts Nichtneues umfassen, aber solche Fälle können für diese Betrachtung füglich ganz ausscheiden, weil solche Erfindungen in der Regel nicht vorkommen. Ist aber die Erfindung, die den Gegenstand des Patents bildet, nicht absolut neu, so umfaßt sie immer und notwendigerweise Nichtneues. Man kann also den Gegenstand der Anmeldung nicht rein darstellen, indem man das Nichtneue ausscheidet und zusieht, was übrig bleibt. Eine Dampfmaschine ist eben kein Additionsexempel, das sich säuberlich in seine Summanden zerlegen läßt. Es ist auch eine Täuschung, wenn man etwa glaubt, daß man den Begriff der Verbindung einer Dampfmaschine mit einem Kurbelgetriebe abgelöst von dem Kurbelgetriebe und der Dampfmaschine denken könne. Man kann wohl allgemein den Begriff der Verbindung zweier an sich bekannter Maschinenteile rein dargestellt denken, aber Gegenstand des Patents ist hier nicht dieser Begriff, sondern ein spezieller Fall davon, welcher eben die Dampfmaschine und das Kurbelgetriebe, also das Nichtneue als unabtrennbare, integrierende Bestandteile enthält. Also der Gegenstand der Anmeldung ist aus Neuem und Nichtneuem zusammengesetzt und untrennbar vermischt. Scheidet man gewaltsam das Nichtneue aus, so hat man eben nicht mehr den Gegenstand der Anmeldung, sondern etwas Unvollständiges, in den meisten Fällen ganz Undenkbares ausgeschieden. Nimmt man aber den Gegenstand der Anmeldung vollständig, also die neue Verbindung der nicht neuen Dampfmaschine mit dem nichtneuen Kurbelgetriebe, so kann gar kein Zweifel mehr bestehen, daß dieser

---

Eine Dampfmaschine ist kein Additionsexempel, Anhang (8).

Gegenstand eine Erfindung ist, denn wie sollten wohl die unzweifelhafte Erfindung der Dampfmaschine und die gleichfalls unzweifelhafte Erfindung des Kurbelgetriebes auf einmal ihren Erfindungscharakter verlieren, bloß dadurch, daß sie kombiniert werden?

Und nun sehen wir, wie der erste Sündenfall fortzeugend Böses gebiert. Das Bestreben, sich zunächst nicht von dem Boden der logischen Methode zu entfernen, verführt den Juristen dazu, dem Wortlaut und Inhalt des Gesetzes selbst Gewalt anzutun. Er hat sich unbemerkt dazu drängen lassen, an Stelle des Begriffes der gesetzlichen Nichtneuheit, den das Gesetz mit klaren Worten definiert, den Begriff der absoluten Nichtneuheit zu setzen, der nur noch in den Gesetzen angelsächsischer Observanz vorkommt. Die Bestimmung des „derart, daß danach die Benutzung durch andere Sachverständige möglich erscheint", ist einfach fallen gelassen oder richtiger, diese Bestimmung ist von dem Begriff der Erfindung aufgesogen worden.

Hierbei ist aber zu beachten, daß die eine oder andere logische Form, in die das Problem gekleidet wird, auf die Lösung des Problems selbst nur von geringem Einfluß ist. Ob man das freie richterliche Ermessen an einer oder der anderen Stelle der Gedankenfolge einfügt, ist für das Endergebnis im einzelnen Falle im Grunde genommen gleichgültig. Abschätzen, ob zu dem Schritte vom Bekannten zum Anmeldungsgegenstand ein „Geistesblitz", eine „erfinderische Tätigkeit" im Gegensatz zur „handwerksmäßigen Gepflogenheit" oder der „fachmännischen Maßnahme" und was der gebräuchlichen Umschreibungen mehr sein mögen, erforderlich war, oder abschätzen, ob nicht die Benutzung der angemeldeten Erfindung nach den veröffentlichten Beschreibungen oder Vorbenutzungen durch einen Sachverständigen möglich war, kommt im wesentlichen auf dasselbe hinaus, sobald es sich eben um denselben Gegenstand und um dieselben Veröffentlichungen handelt. In jedem Falle ist es mehr das Gefühl und der Takt des Richters, als der logisch

---

Absolute Nichtneuheit an Stelle der gesetzlichen, Anhang (9).

zergliedernde Verstand, der entscheiden muß. In der Praxis wird es darauf ankommen, dies Gefühl derart zu schulen, daß allmählich eine gewisse Konstanz der Rechtsprechung erzielt wird. Es genügt allerdings nicht, bloß Konstanz zu erzielen, sondern es ist auch nötig, daß die Grenze zwischen patentfähigen und nicht patentfähigen Erfindungen so gezogen werde, daß die Institution der Erfindungspatente den erreich bar größten Segen stiftet und dieser Aufgabe kann wieder nicht durch Befolgung gewisser Regeln oder durch Berücksichtigung theoretisch aufgestellter Postulate genügt werden, sondern nur durch eine langdauernde und allmählich einem Gleichgewichtszustand zustrebende Wechselwirkung zwischen der entscheidenden Behörde und den interessierten Kreisen des Publikums.

Dieser Vorgang spielt sich ungefähr folgendermaßen ab. Das beteiligte Publikum spaltet sich im allgemeinen in zwei Parteien, von denen die eine für eine „milde" und die andere für eine „strenge" Praxis in der Beurteilung der Patentfähigkeit der angemeldeten Erfindungen eintritt, das heißt, die Verteidiger der milden Praxis wünschen, daß möglichst viele Patente für verhältnismäßig auch noch so unbedeutende Neuerungen erteilt werden und die Vertreter der strengen Praxis, daß für geringfügige Neuerungen eine möglichst weitgehende Freiheit bestehe, daß der Patentschutz nur dann verliehen werde, wenn ein bedeutender technischer Fortschritt vorliegt. Es scheint, daß die Verhältnisse der Industrie es mit sich bringen, daß die erstere Partei sich hauptsächlich aus den Reihen der Mechaniker, die letztere aus den Reihen der Chemiker rekrutiert. Da man im Großen und Ganzen wird annehmen dürfen, daß die Industriellen selbst am besten wissen, wo sie der Schuh drückt, so wird es zunächst die Aufgabe des Patentamts sein, nach Möglichkeit die Mitte zwischen diesen widerstreitenden Wünschen zu treffen. Zeigt sich dann nach einer gewissen Zeit, in welcher die Praxis des Patentamts ungefähr konstant geblieben ist, daß die Klagen der einen oder der anderen Partei wachsen, so muß das Patentamt allmählich seine Praxis in dem Sinne ändern, wie er von der klagenden Partei verlangt wird, und wenn es dabei über das Ziel hinausschießt, so wird die Gegenpartei sehr schnell mit Gegenklagen auftreten, durch die dann das Patentamt wieder in eine mittlere Bahn zurückgedrängt wird. Daß die Entwickelung, die sich so ergibt, einem Zustand zudrängen könnte, in welchem einseitig die Interessen der Produzenten im Gegensatz zu den Konsumenten bevorzugt werden, ist auf dem Gebiet der Erfindungen kaum zu befürchten, denn es handelt sich nicht um die Versorgung des Publikums mit notwendigen Gebrauchsgegenständen, sondern immer nur um die Anbringung von neuen Erzeugnissen, bei denen eine Überteuerung nur dem Produzenten schaden kann.

Es gibt nun für die Strenge oder Milde des Patentamts in der Beurteilung des Neuheitsgrades einen recht guten Maßstab, nämlich das Verhältnis zwischen der Gesamtzahl der Anmeldungen zu der Gesamtzahl der Erteilungen. Man wird annehmen dürfen, daß die Qualität der angemeldeten Erfindungen ungefähr konstant sein wird, wenn man eine hinreichend große Zahl, oder, was dasselbe ist, einen hinreichend langen Zeitabschnitt der Betrachtung zugrunde legt. Gefälscht wird das Ergebnis nur durch die absolut neuen und nicht neuen Erfindungen, die sich unter den Anmeldungen befinden. Da aber ihre Zahl verschwindend klein ist, so wird es statthaft sein, ihren Einfluß zu vernachlässigen. Berechnet man diesen Prozentsatz nach den amtlichen Veröffentlichungen des deutschen Patentamts, so erhält man die hierneben dargestellte Übersicht.

Die dargestellten Werte sind insofern nicht ganz richtig, als immer nur die Zahlen der Anmeldungen und derjenigen Erteilungen angegeben sind, die in denselben Zeitabschnitt fallen. Da nun zwischen Anmeldung und Erteilung eines Patents immer einige Monate vergehen, so beziehen sich die Erteilungen eines Jahres auch immer zum größten Teil auf die Anmeldungen des Vorjahres, und da ferner die Frequenz der Anmeldungen von Jahr zu Jahr wächst, so kommt immer ein etwas zu niedriger Prozentsatz heraus, wenn man einfach den Quotienten zwischen Erteilungen und Anmeldungen eines gegebenen Jahres darstellt. Da aber einmal dieser Fehler nicht groß ist und zweitens auch dadurch die Schwankungen in der Strenge nicht beeinflußt werden, so können wir ihn füglich vernachlässigen.

Der geschilderte Vorgang zeigt sich deutlich an dieser Kurve. In die Jahre 1889 und 1898 fallen die Maxima der Strenge, die sich durch Minima der Patenterteilungen zu erkennen geben. Dazwischen liegt 1892 ein Maximum der Erteilungen, demgemäß also ein Minimum der Strenge. Ein zweites solches Maximum durchläuft die Kurve im Jahre 1900 und, indem wir zur Gegenwart vorrücken, stellt

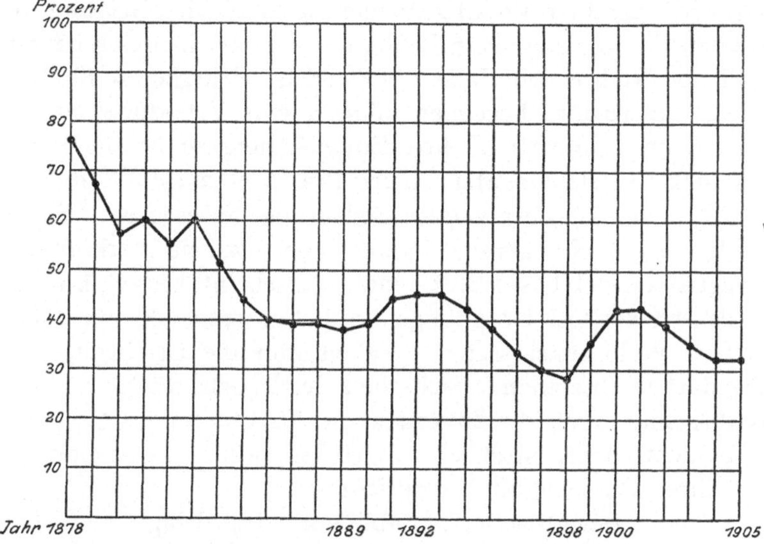

In Deutschland auf je 100 Anmeldungen erteilte Patente.

sich von neuem ein Minimum ein, das wir soeben zu überschreiten im Begriff sind.

Wenn nun diese Entwickelung zwar im allgemeinen als normal bezeichnet werden kann, und sofern man annehmen darf, daß sie einem annähernd konstanten Mittelwert zustrebt, auch als gesund, so ist die Entwickelung der ersten Jahre des Patentgesetzes, wie sie durch diese Kurve ausgedrückt wird, entschieden abnorm. Im Laufe von sieben Jahren fällt der Prozentsatz der Erteilungen von 76 bis auf einen Wert, der zwischen 35 und 40 schwankt. Diese ersten

---

Annähernd konstanter Mittelwert, Anhang (10).

sieben Jahre können aber als die Lehrjahre der prüfenden Beamten angesehen werden, in denen sie teils mit stetig wachsender Vollständigkeit die Veröffentlichungen aufdecken, die der Erteilung von Patenten auf die angemeldeten Erfindungen im Wege stehen, teils aber auch den Begriff der gesetzlichen Neuheit allmählich durchdringen, vertiefen und verarbeiten, so daß seine Auslegung zunächst eine Entwickelung im Sinne beständig zunehmender Strenge erfährt. Diese Entwickelung ist, qualitativ betrachtet, zweifellos auch gesund. Es wird nämlich im allgemeinen anfangs die Neigung bestehen, die angemeldeten Erfindungen zu hoch einzuschätzen, weil der Richter im Falle des Zweifels naturgemäß fürchten wird, daß es ihm begegnen könnte, eine Erfindung zu verwerfen und dadurch in ihrer Entwickelung zu hemmen, von der sich vielleicht später in der Praxis herausstellt, daß sie wirklich von hervorragender Bedeutung gewesen ist. Solche Fälle sind nicht gerade häufig, aber wo sie vorkommen, erregen sie viel böses Blut, und es erscheint besser, hundert praktisch wertlose Erfindungen zu patentieren, als eine solche seltene Perle zu zertreten. Indem nun die Erfahrung und die daraus entstehende Sicherheit des Urteils wächst, wächst naturgemäß auch die Zuversicht der Richter und sie scheuen sich nicht mehr, strenger zu urteilen, wenn ein solches Urteil ihrer Überzeugung entspricht.

In das Bewußtsein des Publikums aber dringt die Kenntnis dieses allmählichen Fortschreitens nicht in Form des Gefühls zunehmender Rechtssicherheit ein, sondern in Form oft bitterer, praktischer Erfahrungen. Ein Erfinder hat in einem Jahr ein Patent bekommen und wird im folgenden Jahre in einem seiner Meinung nach und auch vielleicht in Wirklichkeit ganz analogen Fall belehrt, daß der Gegenstand seiner Anmeldung aus den und den Gründen nicht als patentfähig anzusehen sei. Der umgekehrte Fall muß notwendig in der ersten Zeit auch gelegentlich aufgetreten sein, denn da die Abteilungen des Patentamts gegenseitig von ihren Entscheidungen bei der starken Belastung mit Arbeit unmöglich im einzelnen Kenntnis nehmen können, werden sich Verschiedenheiten in der Abmessung des Neuheitsbegriffs erst verhältnismäßig langsam ausgleichen lassen. So entwickelt sich in diesen ersten sieben Jahren der Praxis des deutschen Patentamts ein steigender Unwille des beteiligten Publikums, ein Gefühl unerträglicher Rechtsunsicherheit, die dadurch verschuldet sei, daß bei der Erteilung von Patenten dem freien Ermessen der prüfenden Beamten ein zu weiter Spielraum gelassen sei. Da nun das Problem der Rechtfindung im Erteilungsverfahren sowohl in der amtlichen Sprache, wie in der Sprache und den Ausführungen fast aller Kommentatoren stets mit dem Problem identifiziert wird, zu erkennen, ob der Anmeldungsgegenstand eine „Erfindung" sei oder nicht, so wird der Ruf nach einer klaren und allgemein verständlichen Definition des Begriffs der Erfindung immer lauter und verknüpft sich mit dem Verlangen, daß eine solche Definition in den Wortlaut des Gesetzes aufgenommen werde, damit man aus dem Gesetz selber im voraus mit Sicherheit herauslesen könne, ob irgend ein Gegenstand von der Patentierung auszuschließen sei oder nicht. Andere Klagen, teils über die Geschäftsordnung des Amts, teils über angebliche und wirkliche Mängel des Patentgesetzes kommen hinzu und eine Anzahl von einflußreichen Vereinen bemächtigt sich der Leitung der Bewegung und organisiert eine planmäßige Agitation für die Reform des Patentgesetzes. Die Regierung sieht sich veranlaßt, die Forderungen zu prüfen und sich ihre Befriedigung zur Aufgabe zu machen und beginnt diese Arbeit, indem sie eine Kommission der namhaftesten Sachverständigen des Reichs zusammenruft und über eine Anzahl der wichtigsten Fragen beraten läßt, und gleich die erste dieser Fragen lautet:

„Hat das Fehlen einer gesetzlichen Begriffsbestimmung der Erfindung erhebliche praktische Nachteile mit sich gebracht und lassen sich diese durch die Aufnahme einer Begriffsbestimmung in das Gesetz verhüten? Wenn ja, welche Definition wäre dann in Vorschlag zu bringen?"

Hierdurch wurde also mit der ganzen Autorität einer von höchster Stelle ausgehenden amtlichen Kundgebung die bisherige Praxis kodifiziert, welche das subjektive Ermessen des Richters aus dem Neuheitsbegriff, in dem er nach dem

Wortlaut des Gesetzes stand, heraus und in den Erfindungsbegriff hinein interpretiert hatte. Was bisher nur in den Kommentaren und den Entscheidungen mehr zwischen als auf den Zeilen gestanden hatte, wurde jetzt zur bestimmt vorgezeichneten Richtschnur der gesetzgebenden Körperschaften erhoben.

Die Wirkung tritt deutlich in der Fachliteratur jener Zeit hervor. Während vor der Einberufung der EnquêteKommission einzelne Kommentatoren und Rechtstheoretiker mehr der Vollständigkeit der Erörterung halber, als in dem Glauben, damit eine praktische Richtschnur für die Rechtsprechung zu schaffen, Definitionen des Erfindungsbegriffs vorgeschlagen hatten, fühlte sich jetzt jeder, welcher der Reform des Patentgesetzes tätiges Interesse entgegenbrachte, berufen, sein Scherflein zu der Lösung der großen Frage beizutragen. Wir finden, daß nicht nur diejenigen Mitglieder der Kommission selbst, welche die erste Frage zu bejahen geneigt waren, sondern auch zahlreiche außerhalb stehende Freiwillige mit Definitionen hervortreten, so daß schon die große Zahl und die Buntscheckigkeit der vorgeschlagenen Formulierungen den Verdacht erwecken muß, daß irgend ein Radikalfehler die ganze Bewegung beherrscht. Denn wenn eine große Anzahl von geschulten und sachverständigen Denkern ein und denselben Begriff definieren, sollte man doch füglich erwarten dürfen, daß sie alle oder zum größten Teil zu ungefähr derselben Formulierung gelangen sollten.

Eine Empfindung hiervon bemächtigt sich denn auch eines jeden Schriftstellers, der sich mit dieser Periode befaßt und der Fehler wird hier und da gesucht und in verschiedener Weise gekennzeichnet. Die Auffassung, die hier angedeutet worden ist, daß es falsch sei, die Begriffe der Erfindung und der Neuheit miteinander zu verquicken, hat bisher wenig Anhänger gefunden. Sie scheint sich aber neuerdings in der Formulierung Geltung zu verschaffen, daß man den Fehler in einer Verwechselung der Begriffe des Erfindens mit dem Begriffe des Erfundenen sucht, Begriffe, die beide dem Sprachgebrauch nach von dem Worte Erfindung gedeckt seien. Wie weit diese Auffassung das Richtige trifft, wird der Leser an der Hand einer Auswahl dieser Definitionen selbst ermessen können.

Wir dürfen erwarten, am vollständigsten die Anschauungen jener Zeit über den Erfindungsbegriff in dem Bericht der Enquête-Kommission selbst wiedergespiegelt zu finden, da ihr ein ungewöhnlich reiches Material bei seiner Abfassung zur Verfügung stand. Dort wird ausgeführt:

„Es gibt für den Begriff der Erfindung kein objektives Kriterium, welches für die Subsumption aller Spezialfälle einen festen Anhalt gewährte. Zutreffend ist in der Enquête jener Begriff mit demjenigen eines Kunstwerks verglichen worden. Man ist einverstanden, daß nicht jede geringfügige Neuerung in den Formen, in den Konstruktionen, in dem Verfahren, in der Wirkung eine Erfindung involviert. Vielmehr ist es das Maß des Abweichens von dem Bekannten, von welchem die Anerkennung des Vorhandenseins einer Erfindung abhängig gemacht werden muß. Das ist aber ein Moment ideeller Natur, welches sich nicht nach irgend einem mechanischen Maßstabe, sondern nur nach dem vernünftigen, die Umstände des Einzelfalles zusammenfassenden Ermessen bestimmen läßt. Die dafür wohl substituierten Ausdrücke: Erfindungsgedanke im Gegensatz zur bloßen Anwendung gewerbsmäßiger Geschicklichkeit, zu bloß konstruktiven Änderungen usw. enthalten nur Umschreibungen, Gesichtspunkte, welche eine bestimmte Richtung bezeichnen, deren Anwendbarkeit aber, wie die der Analogien im Einzelfalle, stets von einem durch richtigen Takt geleiteten Abwägen abhängig zu machen ist."

Also als Hauptmerkmal des Erfindungsbegriffes erscheint der Enquête-Kommission das Maß des Abweichens vom Bekannten oder mit dem von uns gewählten Ausdruck bezeichnet, die gesetzliche Neuheit. Die Enquête-Kommission hat ganz richtig festgestellt, wo die Schwierigkeit in der Abmessung der Patentfähigkeit zu suchen ist, aber indem sie davon ausgeht, daß die Neuheit eine inhärente Eigenschaft der Erfindung selbst sei, behandelt sie mit einer Selbstver-

---

Enquête-Kommission, Anhang (11).

ständlichkeit, als ob keine andere Auffassung möglich wäre, das Problem so, als ob Neuheit und Erfindung Synonyma seien.

Genau derselben Auffassung begegnen wir denn auch fast ausnahmslos in denjenigen Definitionen, die in der Fachliteratur am meisten zitiert werden.

Klostermann (1877): „Erfindung ist ein Geisteserzeugnis, welches entweder in *einem neuen Gegenstande des Gebrauchs oder in einem neuen Hilfsmittel* zur Herstellung von Gebrauchsgegenständen besteht.“

Dambach (1877): „Erfindung ist die Schaffung und Hervorbringung eines *neuen, noch nicht vorhandenen* Gegenstandes oder Produktionsmittels zu materiellen Gebrauchszwecken.“

Quenstedt (1880): „Erfindung ist die Ermittelung eines Verfahrens, wodurch die Herstellung eines Gebrauchsgegenstandes mit weniger oder *anderer, als der bisher notwendigen Arbeit oder eines bisher ganz oder teilweise nicht bekannten Gebrauchsgegenstandes* ermöglicht wird.“

Reuleaux (1886): „Erfindung ist eine Einrichtung oder ein Erzeugnis auf gewerblichem Gebiete, welches bezüglich eines Stoffes oder eines Werkzeuges oder eines Verfahrens oder der Zusammensetzung der zur technischen Wirkung vereinigten Teile *von bestehenden Einrichtungen und Erzeugnissen durch weitergehende Wirkung abweicht.*“

Hartig (1886): „Erfindung ist die Lösung eines technischen Problems, die *nach ihrem technologischen Begriffe neu* und nach der Art ihrer Verwirklichung in mindestens einer Ausführungsform vollständig dargelegt ist.“

Knoop (1886): „Erfindungen sind gewerblich verwertbare Erzeugnisse und Verfahren, durch welche *eine neue technische Wirkung oder eine bekannte technische Wirkung auf neue Weise* angestrebt wird.“

Staub (1888): „Erfindung ist die auf Erkenntnis beruhende Erzeugung *einer neuen Wirkung* der Naturkräfte.“

In allen diesen Zitaten findet sich immer wieder diese Verquickung des Erfindungsbegriffs mit dem Neuheitsbegriff. Um dem Leser zu Hilfe zu kommen, sind diejenigen Worte in den einzelnen Zitaten, die den Neuheitsbegriff enthalten, durch Kursivschrift kenntlich gemacht worden. Die gegebene

Liste könnte noch bedeutend vermehrt werden und der Eindruck der Hilflosigkeit, den sie macht, würde alsdann noch verstärkt werden.

In der Rechtspraxis findet derselbe Gedanke einen ähnlichen Ausdruck. Besonders das Reichsgericht zeigt die Neigung, in seinen Entscheidungen Regeln von allgemeiner Tragweite auszusprechen und sie dann auf den gerade vorliegenden konkreten Gegenstand anzuwenden, und auch in den Reichsgerichtsentscheidungen finden sich bei solchen Gelegenheiten in der Regel die Begriffe der Neuheit und der Erfindung einfach als Synonyma gebraucht. Es sei hier nur eine Stelle von vielen im Wortlaut wiedergegeben, in welcher der Verfasser viermal abwechselnd die beiden Worte für dieselbe Sache braucht. Die Trennung in vier Absätze und die Kursivschrift findet sich im Urtext nicht.

„Auf dem Gebiete der mechanischen Industrie gibt es eine ganze Anzahl von Fällen, in denen es anzuerkennen ist, daß die Anwendung eines bekannten Verfahrens auf einen Fall, auf welchen dasselbe bis dahin nicht angewendet wurde, eine überraschende *Erfindung* darstellt.

„Man darf also patentrechtlich nicht schlechthin und allgemein den Satz aussprechen, daß ein Verfahren darum nicht *neu* sei, weil es bereits in Anwendung auf andere Fälle bekannt gewesen sei.

„Wendet man diese Gedanken auf das Gebiet der chemischen Industrie an, so ist freilich der Satz zu beanstanden, daß in jeder Herstellung eines neuen chemischen Körpers unter Anwendung einer bekannten Methode, zumal wenn diese Methode bereits auf analoge Fälle angewendet, für diese erfunden und veröffentlicht ist, eine *Erfindung* zu erblicken sei.

„Wenn aber der Chemiker durch Anwendung der Methode auf einen Fall, auf welchen sie noch nicht angewendet ist, neue Bahnen erschließt, so hat er patentrechtlich ein *neues Verfahren* erfunden."

Während die wissenschaftlichen Arbeiten das Gesetz verleugnen, muß sich die Praxis damit abfinden und man gelangt

---

Neuheit und Erfindung Synonyma, Anhang (12).

zu der Regel, daß beide Prüfungen auf das Vorhandensein von Erfindung und auf das Vorhandensein von Neuheit *uno actu* zu erfolgen hätten. Damit wird allerdings über die oben dargestellte Analyse des Prüfungsverfahrens der Stab gebrochen, aber daß positiv etwas Besseres an deren Stelle gesetzt wäre, läßt sich nicht erkennen. Die neueste Literatur nimmt dementsprechend teilweise eine nur zusammenfassende und historisch berichtende Haltung ein, teilweise sucht sie nach einer Erklärung für den resignierten Standpunkt, den die siegesgewissen Fehlgriffe der Vorgänger ihr aufgenötigt haben.

So schreibt Seligsohn in der zweiten Auflage seines Kommentars zum Patentgesetz, 1901:

„Bei dieser Relativität des Erfindungsbegriffes ist es unmöglich, ihn in eine allgemeine Formel zu bannen; vielmehr kann allein die Praxis im einzelnen Falle die Grenze ziehen, welche ihn von der patentunfähigen Neuerung scheidet. Man wird deshalb der Behörde, welche bei der Patenterteilung über den Erfindungscharakter zu befinden hat, eine gewisse Freiheit bei ihrer Entscheidung zugestehen müssen.

„Will man dies Moment in der Definition berücksichtigen, so verzichtet man damit auf eine eigentliche Definition. Man könnte dann allenfalls eine Erfindung im Sinne des Patentgesetzes umschreiben als eine durch Benutzung der Naturkräfte hergestellte Schöpfung, *welche gegenüber dem bisherigen Zustande einen wesentlichen Fortschritt darstellt* und ein menschliches Bedürfnis befriedigt."

Ein Zweiter, der noch in der letzten Zeit mit einer Definition hervortritt, obgleich auch er in einer Fußnote ausführt, daß Definitionen in der Rechtswissenschaft im allgemeinen nicht den praktischen Nutzen haben können, den die Agitatoren für die Reform des Patentgesetzes davon erhofften, ist Kohler, der in seinem Handbuch des Deutschen Patentrechts (Zweite Auflage, 1900) folgendes ausführt:

„Der Begriff der Erfindung umfaßt ein Doppeltes: 1. die Tatsache des Erfindens, 2. das Resultat des Erfindens, das

---

uno actu, Anhang (13).

Erfundene. Die vielen Streitigkeiten über den Erfindungsbegriff beruhen zum Teil auf der Verwechselung dieser beiden Seiten des Problems, welche beide durch den Begriff Erfindung gedeckt sind. Im folgenden soll zunächst von der Erfindung als dem Erfundenen die Rede sein; später ist auf den Vorgang des Erfindens selbst einzugehen.

„Erfindung im objektiven Sinn ist eine zum technischen Ausdruck gebrachte Ideenschöpfung des Menschengeistes, *die der Natur eine neue Seite abgewinnt* und hierbei mit Erfolg darauf abzielt, durch Benützung von Naturkräften menschliche Postulate zu erfüllen."

Auch Seligsohn hebt an anderer Stelle den Unterschied zwischen dem Erfinden und dem Erfundenen hervor, die beide im Begriff der Erfindung sprachlich verquickt sind und in dieser Trennung dürfen wir einen Fortschritt begrüßen. Während man aber hätte erwarten dürfen, daß die Erkenntnis dieses Unterschiedes dazu führen sollte, daß man nun zunächst den Versuch machen würde, den einen Begriff getrennt von dem anderen zu erklären, sehen wir, daß beide Autoren ihre Definitionsformeln in so unbestimmte Worte gekleidet haben, daß wieder beide Begriffe der Tätigkeit des Erfindens und des Resultats jener Tätigkeit untrennbar darin enthalten sind. Auch Schöpfung umfaßt die Tätigkeit des Schaffens und das Erschaffene, und die Wahl der verbalen Form zur näheren Bestimmung der Schöpfung verstärkt den Eindruck, daß trotz der vorausgehenden Ableugnung hier wieder nur das Erfinden an Stelle des Erfundenen definiert wird.

Die durch Kursivschrift hervorgehobenen Worte in der Kohlerschen Formel haben aber, abgesehen davon, daß sie den Neuheitsbegriff ausdrücken, noch eine weitere Bedeutung, die, im Lichte der nachfolgenden Betrachtungen gesehen, erkennen lassen wird, daß Kohler eine wichtige Eigenschaft des Erfindungsbegriffs hier wenigstens angedeutet hat, die in den sonstigen Definitionsformeln mit einer Ausnahme nicht mit gleicher Deutlichkeit zum Ausdruck gekommen ist. Diese Ausnahme ist die Definition von Gareis (1877), die in der

---

Gareis, Anhang (14).

vorstehenden Liste übergangen worden ist, weil sie an dieser Stelle mit der Kohlerschen Formel zusammengestellt werden sollte. Sie lautet:

„Erfindung ist Entdeckung *einer vorher noch nicht bekannten Tatsache*, daß durch eine konkrete technische Einwirkung auf einen Stoff der Außenwelt ein der Wiederholung an sich unterziehbarer Erfolg erzielt wird."

Gareis sagt also unverhohlen, daß Erfindung die Auffindung von etwas Vorhandenem, der „bisher unbekannten Tatsache" ist, und Kohler nimmt nach nunmehr dreiundzwanzig Jahren denselben Gedanken, der anderwärts viel Anfechtung erfahren hat, wieder auf, indem er durch das Erfinden der Natur, also der objektiv vorhandenen Außenwelt, eine neue Seite abgewinnen läßt. Neu kann hier nichts anderes bedeuten, als vorher noch nicht bekannt, denn Kohler täuscht sich natürlich nicht darüber, daß wir im gewöhnlichen Sinne die Natur weder mit neuen noch mit alten Seiten ausgestattet denken können, da die Annahme ihrer Konstanz eine notwendige Voraussetzung alles Naturerkennens ist.

Das Streben der beiden zitierten neueren Autoren, nicht mehr, wie ihre Vorgänger, eine praktische Regel für die Rechtsprechung, sondern nur das Resultat einer wissenschaftlichen Erkenntnis des definierten Begriffs in ihrer Formel auszudrücken, könnte als eine bedeutungsvolle Neuerung in der Methode angesprochen werden, wenn man es so auffassen wollte, als hätten sie sich gesagt, die praktische Aufgabe zerfiele in zwei Unteraufgaben, nämlich erstens zu definieren, was Erfindung an sich ist, und zweitens eine praktische Regel aufzustellen, durch die der definierte Begriff in jedem einzelnen Falle als solcher und kein anderer erkannt werden könne. Die gleichzeitige Lösung beider Seiten der Aufgabe sei den Vorgängern mißglückt, es wäre also zu versuchen, ob man nicht weiter kommt, indem man zunächst die Rechtspraxis ganz aus dem Spiel läßt und nur das Wesen des Begriffs möglichst vollständig zu umschreiben sucht. Sei erst diese Aufgabe gelöst, so werde sich mit weit größerer Sicherheit,

---

Anderwärts viel Anfechtung, Anhang (15).

als *a priori* zu erreichen sei, erkennen lassen, entweder, daß und warum die zweite Aufgabe unlösbar ist, oder aber in welcher Richtung weitergearbeitet werden müsse, um nun auch der Lösung der zweiten Aufgabe näher zu kommen. Die Worte, mit denen Seligsohn seine Formel einführt und die ersten Worte der Kohlerschen Formel, „Erfindung im objektiven Sinne", lassen sich in diesem Sinne lesen. Aber aus dem Zusammenhang und besonders, wenn man die Formeln selbst daraufhin prüft, wird man vielmehr zu der Auffassung gelangen, daß beide Autoren damit nur einen resignierten Standpunkt in dem Sinne einnehmen, daß sie an eine Definition des Erfindungsbegriffs eben keine praktischen Hoffnungen geknüpft sehen wollen.

Die so skizzierte Entwickelung des Erfindungsbegriffs hat die Rechtsgelehrten in eine ganz eigentümliche Lage gedrängt. Auf der einen Seite haben sie mit der Tatsache zu rechnen, daß alle in der Gesetzgebung schöpferisch auftretenden Völker es für notwendig erachtet haben, als vornehmste Bedingung für die Patentfähigkeit von dem Gegenstand der Anmeldung neben dem Charakter der Erfindung auch den Charakter der Neuheit zu verlangen. Auf der anderen Seite führt sie die Analyse des Erfindungsbegriffs zu der Auffassung, daß Neuheit bereits als ein integrierendes Merkmal im Begriff Erfindung enthalten sei. Dieser Zustand ist offenbar mit den Forderungen der gemeinen Logik nicht ohne weiteres vereinbar, und es fragte sich also, welcher Ausweg gefunden werden könne, um den Widerspruch zu beseitigen.

Das Nächstliegende war vielleicht, sich darauf zu besinnen, daß der Gesetzgeber nicht unfehlbar ist, und anzunehmen, daß er eine Tautologie in die Gesetzesformulierung aufgenommen habe. Dagegen ist an und für sich nichts einzuwenden, aber wenn man die Formulierung des Gesetzes für falsch erklärt, muß man bereit sein, eine andere an ihre Stelle zu setzen, und es entsteht die Aufgabe, eine Formulierung zu finden, die nicht allein die abstrakte Logik befriedigt, sondern auch den Forderungen der praktischen Rechtsprechung genügt. Mit anderen Worten, es ist die Frage, ob nicht für die praktische Rechtsprechung erhebliche Übelstände entstehen würden, wenn die Neuheitsforderung aus dem Gesetz gestrichen würde. Sobald man den Versuch macht, zeigt es sich in der Tat, daß die praktischen und auch die logischen Schwierigkeiten eher wachsen, als abnehmen. Es ist eine notwendige Forderung der Rechtspraxis, daß der Neuheitsbegriff beschränkt sei, denn sonst würden sich die Diskussionen über die Neuheitsfrage in der Mehrzahl der konkreten Fälle ins Uferlose verlieren. Setzt man aber voraus, daß Neuheit allgemein ein integrierendes Merkmal des Erfindungsbegriffs ist, so würde man nicht selten in der Praxis auf Fälle stoßen, die zwar der allgemeinen Neuheit entbehren, die gesetzlich beschränkte Neuheit aber besitzen, und es würde die schwierige Frage entstehen, ob solche Fälle patentierbar sind oder nicht. Patentiert man sie, so patentiert man etwas, das keine Erfindung ist, patentiert man sie nicht, so hebt man damit praktisch die gesetzliche Beschränkung der Neuheit auf.

Ein anderer Ausweg ist vielen gangbarer erschienen. Setzt man voraus, daß der allgemeine Begriff der Neuheit mehrere wesensungleiche Unterbegriffe enthält, so ist die Annahme zulässig, daß der Gesetzgeber bei der Benutzung des Wortes „Erfindung" eine Unterart der Neuheit meint, und bei der Benutzung des Wortes „neu" eine andere Unterart der Neuheit. Alsdann wäre der Widerspruch gehoben.

Man kann nun ungezwungen den allgemeinen Neuheitsbegriff in die Unterbegriffe der subjektiven Neuheit und der objektiven Neuheit zerlegen. Wer etwas erfindet, für den ist notwendigerweise das Erfundene subjektiv neu, denn sonst hätte er es eben nicht erfunden, sondern nur dem Wissensschatz der Allgemeinheit oder anderer entnommen. Das Gesetz dagegen kann sich mit dieser subjektiven Neuheit nicht begnügen, denn es kommt beständig vor, daß von neuem erfunden wird, was ohne Kenntnis des Erfinders bereits veröffentlicht war. Folglich muß das Gesetz außer der subjektiven Neuheit, die der Erfindungsbegriff involviert, noch objektive Neuheit als eine weitere Bedingung für |die Patentfähigkeit verlangen.

Hiergegen wird von anderer Seite folgendes eingewendet. Wäre diese Theorie richtig, so würde das Gesetz erstens implicite subjektive Neuheit als integrierendes Merkmal der Erfindung und zweitens explicite objektive Neuheit fordern. Das tut aber das Gesetz nicht. Es ist dem Gesetz ganz gleichgültig, woher der Anmelder die Erfindung genommen hat, ob er sie erfunden hat, ob sie überhaupt erfunden worden ist oder nicht. Würde jemand einen Papyrus ausgraben und darin eine Erfindung lesen, so würde er ohne weiteres dafür ein Patent erhalten, auch dann, wenn er aus dem Ursprung seiner Erfindung gar kein Hehl machte. Ja selbst wenn er die Erfindung durch offenkundige Ausführungen im Auslande kennen gelernt hätte, würde er das Patent erhalten. Wer also den Neuheitsbegriff so teilt, kommt vor dasselbe Dilemma. Er patentiert entweder, was keine Erfindung ist, oder er weigert sich, eine Erfindung zu patentieren, die nach dem klaren Wortlaut des Gesetzes neu ist.

Man hat daher nach anderweitigen Unterteilungen des Neuheitsbegriffs gesucht und ist so weit gegangen, nicht weniger als vier Unterarten der Neuheit aufzustellen. Aber wenn es mit Hilfe solcher Unterscheidungen auch gelingt, den Wortlaut des Gesetzes und die Praxis der Rechtsprechung mit den Forderungen der Logik einigermaßen zu vereinigen, so können sie andererseits dem Vorwurf nicht entgehen, gar zu subtil zu erscheinen. Es leuchtet ein, daß es recht unwahrscheinlich ist, daß der Gesetzgeber, der im Jahre 1844 das französische Patentgesetz formulierte und der Gesetzgeber, der im Jahre 1877 das deutsche Patentgesetz nachbildete und im Jahre 1886 revidierte, solche Kunstprodukte der späteren Auslegung vorausgeahnt habe. Er hat verhältnismäßig naiv formuliert und glaubte der Logik zu genügen. Will man ihn also richtig verstehen, so würde nichts übrig bleiben, als eine Erklärung für den Erfindungsbegriff zu finden, durch die er der Neuheit entkleidet wird, und hier stoßen die Rechtsgelehrten auf eine andere Klippe. Kurz umschrieben läßt sich die Schwierigkeit folgendermaßen kennzeichnen.

Einwand von anderer Seite, Anhang (16).
Vier Unterarten der Neuheit, Anhang (17).

Man ist darüber einig, daß die Erfindung sich als eine Schöpfung des Menschengeistes darstellt. Charakteristisch für das Geschaffene ist es aber, daß es erst mit dem Schöpfungsakt seinen Anfang nimmt. Vor dem Zeitpunkt des Schöpfungsakts existiert es nicht. Nach diesem Zeitpunkt existiert es. Der Schöpfungsakt ist der Zeit unterworfen, folglich ist auch das Geschaffene, die Erfindung der Zeit unterworfen. Wollte man sie unabhängig von der Zeit denken, so wäre man genötigt, sie entweder auch vor dem Schöpfungsakt für existent zu erklären und dann verschwindet der Schöpfungsakt als solcher, oder man wäre genötigt etwas zu denken, das nicht existiert. Die Auffassung, daß die Erfindung ohne Neuheit gedacht werden könne, wird daher nur von sehr wenigen Schriftstellern und immer mit einer gewissen Schüchternheit vorgetragen.

Scheinbar ganz unabhängig von den in Deutschland veröffentlichten Versuchen dieses Problem zu lösen, hat sich endlich ein amerikanischer Rechtsgelehrter, Robinson, damit beschäftigt. In der Einleitung seines dreibändigen Werkes, in dem das Patentrecht der Vereinigten Staaten behandelt wird, führt er aus, daß die von ihm niedergelegten Sätze nicht seine eigenen Konstruktionen seien, sondern daß er sie durch ein kritisches Studium aller Entscheidungen aus diesen abstrahiert habe, und er gelangt zu ungefähr folgender Auffassung.

Auch für ihn involviert der Erfindungsakt stets schöpferische Geistestätigkeit. Er setzt sich aus drei verschiedenen Tätigkeiten zusammen, nämlich der Perzeption, der Konzeption und der Konstruktion. Unter Perzeption versteht Robinson das Aufnehmen des Bekannten, die geistige Assimilierung alles dessen, was außer dem Erfinder auch jeder andere durch einen einfachen Lernakt zu erwerben imstande wäre.

Unter Konzeption versteht er das Erkennen einer durch die Perzeption nicht offenbarten physischen Möglichkeit, irgend ein technisches Problem zu lösen. Unter Konstruk-

---

Robinson, Anhang (18).

tion versteht er die Aufstellung der physischen Bedingungen, unter denen die Lösung zustande kommt.

Diejenige Konstruktion, welche einen integrierenden Bestandteil jedes wahren Erfindungsakts darstellt, unterscheidet sich aber in nichts von der Konstruktion eines bekannten Werkzeugs oder Verfahrens. Der einfache Konstrukteur, der sein Reißbrett zur Hand nimmt, und eine Taschenuhr oder eine Dampfmaschine entwirft, tut weiter nichts, als daß er nötigenfalls mit kritischer Auswahl aus dem Schatz des Bekannten, ihm Überlieferten schöpft und die ausgewählten Elemente in bekannter Anordnung zusammenstellt. Diese Tätigkeit setzt sich nur aus Perzeption und Konstruktion zusammen.

Der Erfinder dagegen begnügt sich nicht mit dem Ergebnis, das sich durch Zusammenstellung bloß perzipierter Elemente erreichen läßt. Er fügt zu den perzipierten Elementen noch andere hinzu, die er selbst konzipiert hat und konstruiert aus dem Gemisch beider die Erfindung.

Der Akt der Konstruktion ist aber in beiden Fällen identisch. Beide Konstruktionen unterscheiden sich nur durch das Material, das dabei verarbeitet wird.

Die beiden Tätigkeiten der Perzeption und der Konzeption müssen also der Tätigkeit der Konstruktion vorausgehen, und insofern die letztere nicht möglich wäre, wenn das Konzipierte nicht den von der Natur gegebenen Eigenschaften der bearbeiteten Materie entspräche, diese Eigenschaften aber vor dem Akt der Konzeption durch den Erfinder unbekannt sind, konstituieren die Akte der Perzeption und der Konzeption zusammen einen Entdeckungsakt. Jede Erfindung involviert also eine vorhergehende Entdeckung der von Natur gegebenen Möglichkeiten, die alsdann durch die Konstruktion so geleitet werden, daß die Lösung des Problems zustande kommt.

Als das Ergebnis der Lösung eines technischen Problems gilt Robinson die Befriedigung irgend eines menschlichen Bedürfnisses. Das Vorhandensein dieses Bedürfnisses geht daher dem Erfindungsakt ebenfalls voraus, es ist mindestens einer Anzahl von Mitgliedern der Gesellschaft bekannt, denn sonst würde es nicht als Bedürfnis empfunden werden und somit auch kein Bedürfnis sein. Das Erkennen des Bedürfnisses subsumiert sich also der Tätigkeit der Perzeption.

Denkt man aber das Bedürfnis, so denkt man notwendig auch dessen ideale Lösung. Sie ist einfach die Antithese des Bedürfnisses. Man kann nicht das menschliche Bedürfnis zu fliegen denken, ohne sich vorzustellen, daß Menschen in der einen oder anderen Form flögen. Also auch die ideale Wirkung oder der Zweck der Erfindung subsumiert sich dem Begriffe der Perzeption.

Endlich die physische Wirkung der Erfindung, also um bei dem gewählten Beispiel zu bleiben, das durch eine erfundene Flugmaschine tatsächlich erreichte Fliegen ist auch unabhängig von der Geistestätigkeit des Erfinders, denn es ist einfach eine naturgesetzliche Konsequenz einer technischen Ausführung der auf Perzeption und Konzeption aufgebauten Konstruktion. Also auch die tatsächliche Wirkung der Erfindung gehört nicht zu dem Begriff des Erfundenen.

Hiernach gelangt Robinson zu einer Definition des Begriffes des Erfundenen, welche in deutscher Sprache etwa folgendermaßen wiedergegeben werden kann:

„Scheiden wir also aus dem Erfindungsbegriff aus erstens das Naturgesetz oder die Naturkraft, durch deren Anwendung die Erfindung ermöglicht wird, ferner die Leistung, welche ihr Ergebnis ist, und endlich ihre physische Wirkung, so sehen wir, daß das vollständige Resultat des Erfindungsakts die Idee eines Mittels ist, die sich in irgend einem Werkzeug oder Verfahren verkörpert und mit dem zugehörigen Objekt zusammengebracht fähig ist, gewisse Leistungen auszuführen und dadurch am Objekt gewisse Wirkungen hervorzurufen."

Diese Theorie läßt an Subtilität der Analyse und an Konsequenz nichts zu wünschen übrig. Man kann sich aber schwer des Eindrucks erwehren, daß der Erfindungsbegriff, nachdem wir ihn in seinen letzten Schlupfwinkel verfolgt haben, unter unseren Händen zu einem Nichts zerronnen zu sein scheint. Es ist doch recht zweifelhaft, ob es Denker gibt, die sich eine wirkliche Vorstellung von der Robinsonschen abstrakten Lösungsidee bilden können, wenn sie ehrlich jeden Erdenrest davon abgestreift haben, und wenn sie es können, ob sie imstande sind, mit einem solchen Schemen mit irgend einem greifbaren Nutzen zu operieren.

Zweites Kapitel.

Das Inventat.

Die Frage: Was ist Erfindung? läßt zwei Auslegungen zu. Sie ist einmal gleichbedeutend mit der Frage: Was versteht der Sprachgebrauch unter dem Worte Erfindung? Und zweitens mit der Frage: Was sind die gemeinsamen und kennzeichnenden Eigenschaften aller derjenigen objektiven Dinge, die mit dem Worte Erfindung bezeichnet werden? Will man also eine Antwort suchen, so muß man sich zuerst darüber klar werden, welcher von beiden Auslegungen man den Vorzug geben will. Die beiden Fragen decken sich durchaus nicht. Die eine verweist auf eine philologische, die andere auf eine technologische Untersuchung.

Indem das Volk die Sprache bildete, fand es eine Gruppe von Erscheinungen vor, die in irgend einem Sinne, sei es nach ihrer Entstehung sei es nach ihren Wirkungen, sei es nach anderen Eigenschaften, gleichartig zu sein schienen und es bildete für diese Gruppe ein gemeinsames Wort, das Wort Erfindung. Im Lauf der Zeit wuchs die Zahl der Mitglieder der Gruppe, es bildeten sich verwandte Erscheinungen und der tägliche Gebrauch des Wortes gewann ganz allmählich eine Abgrenzung, die gerade so scharf war, daß sie den Bedürfnissen der betreffenden Zeit genügte. Diese Entwickelung war vollständig befriedigend, bis das Recht anfing, sich des Begriffes zu bemächtigen. Der Gesetzgeber hatte keine Besorgnis irgendwelcher Zweifel empfunden, als er das Wort anwendete, denn sein eigenes Sprachgefühl sagte ihm, daß jedermann wisse, was eine Erfindung sei, aber sobald nun der Richter auf zweifelhafte

Fälle stieß, mußte er mit Recht fragen, was der Sprachgebrauch unter dem Worte eigentlich verstehe, denn das Gesetz
war von der Gesellschaft und für die Gesellschaft gemacht
und jedes Mitglied der Gesellschaft hatte offenbar ein Recht,
nach der Bedeutung des Wortes gerichtet zu werden.

Nun wird der Sprachgebrauch unter die Lupe genommen,
und was ist das Ergebnis? Die Wurzel des Wortes Erfindung
weist auf die Tätigkeit hin, der das Erfundene seine Entstehung verdankt. Durch die Tätigkeit der Erzeugung einer
Erfindung hat das sprachbildende Volk den Gegenstand der
Erfindung selbst bezeichnet. Offenbar kann man also nicht zu
einer Erkenntnis dessen vordringen, was so bezeichnet ist,
wenn man nicht erst die Erzeugungstätigkeit erforscht hat.
Bei diesem Versuch, sich dem Ziel zu nähern, wird aber eins
übersehen. Jede menschliche Tätigkeit, die sich mit materiellen
Dingen befaßt, wird notwendig durch die Eigenartigkeiten
des Arbeitsstoffes beeinflußt. Der Bildhauer arbeitet anders,
wenn er sein Werk aus Holz, anders wenn er es aus Marmor
formt. Die Formgebung ist nicht allein eine Folge der Meißelführung, sondern die Meißelführung muß sich dem Material
anpassen und die Formgebung muß wieder von beiden abhängen, und derjenige, welcher die Meißelführung zum Ausgang seines Studiums von dem ganzen Vorgange nehmen
wollte, ohne vorher etwas von der Natur des Stoffes zu wissen,
den der Meißel formen soll, würde notwendig zu einem schiefen
Bilde gelangen.

Nicht anders ist es mit der Erfindung. Es ist richtig,
daß der Rechtsgelehrte gehalten ist, von dem Sprachgebrauch
auszugehen, wenn er erkennen will, wie er in jedem Falle zu
richten hat. Aber ebenso richtig ist es, daß der Sprachgebrauch ihn in die Irre führen muß, wenn er nach rein sach-
licher Erkenntnis strebt, denn der Sprachgebrauch zwingt ihn,
das Erfundene durch das Erfinden zu definieren, und das Erfinden kann wieder nur an der Hand des Erfundenen verstanden werden.

Will man aus diesem Kreise heraus, so muß man damit
anfangen, daß man von dem Rechtsbegriff der Erfindung
völlig absieht und sich der anderen Auffassung der Frage zu-

wendet. Man lasse den Sprachgebrauch ganz aus dem Spie
und studiere die Erfindung an den realen Erfindungen, die
uns auf allen Seiten umgeben. Hat man erst die Natur des
Rohstoffes ergründet, den der Erfinder verarbeitet, so wird
seine Tätigkeit auch in einem anderen und klareren Lichte
erscheinen.

Aber ist es nicht eine Täuschung, daß es möglich sein
soll, sich auf so einfache Weise aus dem Garn des Sprachgebrauchs zu befreien? Woher wissen wir denn, welche Gegenstände wir zu untersuchen haben anders als dadurch, daß sie
nach dem Sprachgebrauch unter den Begriff der Erfindung
subsumiert werden? Ist also der Sprachgebrauch kein klassischer
Zeuge dafür, daß das, was wir untersuchen sollen, wirklich
eine Erfindung ist, woran soll sie dann erkannt werden? Denn
es ist klar, daß die Liste gemeinsamer Eigenschaften, die wir
Definition nennen, ganz anders ausfallen muß, je nachdem
man die Gruppe von Gegenständen begrenzt, deren gemeinsame Eigenschaften man aufzählt.

In Wirklichkeit bringt aber diese Gefahr ihr eigenes
Gegenmittel mit sich. Man kann ohne Furcht, auf einem
Umwege wieder unter die Herrschaft des Sprachgebrauchs
gebeugt zu werden, eine Näherungsmethode anwenden, die,
wenn nicht sofort, doch mit Sicherheit im Lauf der Untersuchung den Einfluß des Sprachgebrauchs auf ein beliebig
kleines Maß zurückdrängt. Man akzeptiert zunächst den vom
Sprachgebrauch vorgeschriebenen Umfang der Erscheinungs-
gruppe und untersucht, ob es gelingen will, eine Liste von
Eigenschaften aufzustellen, die allen Mitgliedern der Gruppe
gemeinsam sind und keiner außerhalb der sprachgebräuchlichen Grenzen der Gruppe liegenden Erscheinung zukommen.
Dann sind zwei Fälle möglich. Entweder es gelingt ohne
weiteres eine solche Liste aufzustellen, dann wäre damit die
Aufgabe gelöst und es wäre gleichzeitig erwiesen, daß der
Sprachgebrauch in diesem Falle das Richtige getroffen hat.
Oder aber die Gruppe, die sich durch Aufstellen einer
Liste von gemeinsamen Eigenschaften bilden läßt, deckt sich
nur partiell mit der sprachgebräuchlichen Begrenzung. Füge
ich eine Eigenschaft zur Liste hinzu, so wird meine Gruppe

enger, als die sprachgebräuchliche, nehme ich eine Eigenschaft hinweg, so wird sie weiter. Dann habe ich zwei reale Dinge definiert, die beide nicht mit dem identisch sind, was der Sprachgebrauch ausdrücken wollte und habe gleichzeitig festgestellt, daß die sprachgebräuchliche Begrenzung eine fließende ist, welche indessen die durch meine Definitionen gekennzeichnete obere und untere Linie nicht überschreitet. Es wird schwerlich gelingen, die Gesellschaft zu bewegen, von dem derart als fehlerhaft erkannten Sprachgebrauch abzulassen, aber zweierlei kann gelingen: Für die Wissenschaft kann man ein neues Kunstwort oder nach Bedarf mehrere einführen, welche der Definition genügen und auch die Rechtsprechung oder das Gesetz kann sich die Definition zu eigen machen und den Sprachgebrauch „im Sinne des Gesetzes" erweitert oder beschränkt auslegen, je nachdem die angenommene Definition das verlangt.

Für die Zwecke einer Abhandlung der Eigenschaften des Erfindungsbegriffes ist es aber auch noch von einem anderen Gesichtspunkt gesehen wünschenswert, vorläufig das sprachlich allgemein gebräuchliche Wort Erfindung zu umgehen. Es ist schon erkannt worden, daß der sprachliche Begriff in mehrere Unterbegriffe zerfällt. Würde man also das allgemeine Wort anwenden, so würde man damit niemals den betreffenden Unterbegriff ausdrücken können, der gerade gemeint ist, sondern es würde immer unbestimmt bleiben, welchen man meint oder ob man sie nicht alle meint.

Solcher Unterbegriffe sind nun schon zwei gebildet und allgemein anerkannt worden: Tätigkeit des Erfindens und Resultat des Erfindens. Indem wir also das bisher Gewonnene zunächst akzeptieren und zu verwerten suchen, werden wir vorläufig zwei neue Worte zu bilden haben. Ob sie im Lichte der nachfolgenden begrifflichen Untersuchung dieselbe Bedeutung werden beibehalten können, wird sich zeigen.

Es bieten sich die Worte: Invention und Inventat.

Die Invention ist der Akt des Erfindens. Worin er besteht, ob er ein rein geistiger, ein rein körperlicher Akt ist oder eine Vermischung von beiden, ob das geistige

4*

Element oder das körperliche darin überwiegt und wie die relativen Werte beider Elemente zu einander einzuschätzen sind, das sind Fragen, die zu erörtern sein werden, wenn nach dem aufgestellten Plan das Wesen des Rohstoffes erforscht sein wird, mit dem der Erfindungsakt sich befaßt.

Das Inventat ist dieser Rohstoff. Ist vorläufig angenommen worden, daß der zweite Unterbegriff des allgemeinen Erfindungsbegriffes das Resultat des Erfindens sei, so ist das nur geschehen, um zunächst den älteren Forschungen auf diesem Gebiet zu folgen. Ob aber diese Einteilung der aufgestellten Forderung genügen kann, daß die Erkenntnis des Inventats über das Wesen der Invention aufklären soll, wird erst zu untersuchen sein.

Die Erfindung verhält sich nicht etwa wie ein Gedichtstoff, dem keine anderen Schranken gesetzt sind, als die, welche die geistigen Fähigkeiten seines Urhebers vorzeichnen. Sie bewegt sich niemals auf rein geistigem Gebiet, sondern ist an die Materie gebunden, deren Bearbeitung in der einen oder anderen Form ihre Aufgabe und ihr Zweck ist. Wollte man die Theorie und Praxis des Begriffs „Schuß‘, entwickeln, so könnte man auch so unterscheiden, daß man sagte: Der Schuß zerfällt in die Tätigkeit des Schießens und in das Resultat des Schießens. Dann besteht die Tätigkeit des Schießens darin, so abzudrücken, daß der Hase getroffen wird, und das Resultat des Schießens darin, daß der Hase tot ist. Damit aber beides zustande kommt, muß erst ein Hase da sein. Die Wichtigkeit seiner Rolle bei dem ganzen Vorgang wird niemand bestreiten. Dies Element des Hasen hat aber in der gegebenen Einteilung des Begriffes noch keinen Platz gefunden und gerade die Natur des Hasen wird man verstehen müssen, wenn man in die Theorie des Hasenschießens eindringen will. Ist er erst tot, das heißt, ist das Resultat des Schießens vollendet, so wird man wenig oder nichts mehr aus diesem Resultat für die Erkenntnis des Schießaktes lernen können.

Also nicht das Resultat des Schießens interessiert in erster Linie, sondern das, was der Hase selbst ist, nämlich das Objekt des Schießens. Wie der Schießakt ist auch der

Erfindungsakt ein transitiver Akt, also wird man annehmen dürfen, daß auch der Erfindungsakt ein Objekt fordert, das im ganzen Vorgang eine ebenso wichtige Rolle spielt, wie der Hase beim Schuß. Das Objekt der Invention, nicht das Resultat der Invention soll daher im folgenden mit dem Kunstworte „Inventat" bezeichnet werden. Seine Eigenschaften müssen aufgesucht und erörtert werden.

Wenn jemand feierlich die Behauptung aufstellen wollte, die Planeten hätten schon vor Newton der Gravitation gehorcht, so würde er sich dem Vorwurf aussetzen, daß er sich mit einer so selbstverständlichen Behauptung lächerlich mache. Würde derselbe Mann aber behaupten, daß die Dynamomaschine schon vor Werner Siemens existiert habe, so würde er sich zweifellos dem entgegengesetzten Vorwurf aussetzen, ein Paradoxon aufgestellt zu haben. Und doch ist beides richtig verstanden, dieselbe Behauptung. Das wird einleuchten, sobald wir den Mann seine zweite Behauptung in eine etwas andere Form kleiden lassen.

Nehmen wir an, Archimedes oder Leonardo da Vinci oder auch Wieland der Schmied hätte Eisen, Kupfer, Glimmer und anderes Isolationsmaterial und was sonst dazu gehört, in denselben Formen und in derselben Anordnung zusammengestellt, wie es heute die Fabrikanten von Dynamomaschinen tun und hätte das Ding in Drehung versetzt, und fragen wir: Würde es dann wohl Strom gegeben haben? Wie würde dann die Antwort lauten? Ich glaube, es fände sich niemand, der daran zweifelte. Denn die Frage verneinen, hieße die Konstanz der Natur verneinen, die wir eben im Falle der Gravitation für selbstverständlich erklärt haben.

Wenn heute durch irgend eine Katastrophe sämtliche Dynamomaschinen der Welt vernichtet würden, würde damit die Dynamomaschine als solche vernichtet sein? Keineswegs. In allen Fabriken, Hochschulen, Lehrbüchern würden zahllose Zeichnungen und Beschreibungen übrig bleiben, nach denen es ein Leichtes sein würde, den verlorenen Bestand an Dynamomaschinen binnen kurzem wieder herzustellen. Wenn aber durch eine zweite Katastrophe auch alle diese Pläne und Beschreibungen vernichtet würden?

Dann würde dennoch die Dynamomaschine in den Köpfen einer großen Zahl von Technikern und Gelehrten fortleben und es würde auch ohne Zeichnungen diesen ein Leichtes sein, den Bestand wieder herzustellen.

Was ist also eigentlich die Dynamomaschine?

Die Gesamtzahl ihrer körperlichen Repräsentanten, der in Eisen und Kupfer und Isolationsmasse ausgeführten Exemplare ist sie nicht, denn diese können zerstört werden, ohne daß sie untergeht. Die Pläne und Beschreibungen erst recht nicht, denn sie sind nur Symbole für die praktischen Ausführungen. Nachdem wir auch diese Symbole zerstört haben, bleibt also nichts übrig, als erstens die natürlichen Eigenschaften des Eisens, des Kupfers und des Isolationsmaterials, die darin bestehen, daß sie in bestimmten Formen und in bestimmter Anordnung zusammengestellt, eine Dynamo-Maschine bilden und zweitens die Kenntnis dieser Eigenschaften des Materials in den Köpfen einer Anzahl von Menschen.

Die Eigenschaften jener Körper sind konstant und unabhängig von der Zeit, nur die Kenntnis dieser Eigenschaften ist zu einer bestimmten Zeit erworben worden. Sie vergeht für das Individuum mit dem Untergang des Individuums und kann nur durch Überlieferung fortgepflanzt werden.

Nicht anders ist es aber mit der Gravitation. Sie ist eine Eigenschaft der Materie, die von der Zeit unabhängig zu denken ist, die vor Newton gewesen ist und nach uns sein wird, deren Kenntnis wir aber nicht vor Newton besessen haben und deren Kenntnis mit uns zugrunde gehen würde, wenn wir nicht dafür Sorge trügen, sie unseren Kindern zu überliefern. Die Kenntnis, die wir überliefern, ist aber nicht die Gravitation selber und die Kenntnis der Dynamomaschine, die unsere Techniker besitzen, ist ebensowenig die Dynamomaschine selber. Was sie konstituiert, ist demnach das einzige Übrigbleibende, die natürlichen Eigenschaften der Materie, welche ihre Herstellung ermöglichen.

Offenbar ist diese Betrachtung nicht von dem Beispiel

abhängig, an dem sie durchgeführt worden ist. Was von der Dynamomaschine gesagt worden ist, kann man mit genau demselben Rechte von dem Hinterladergeschütz, der Druckerpresse, dem Kompaß, der Lokomotive, kurz von jeder beliebigen Erfindung sagen. Soweit also die bisher erörterten Eigenschaften des Inventats in Frage kommen, unterscheidet es sich überhaupt nicht von einer beliebigen naturwissenschaftlichen Entdeckung. Gerade hieraus folgt aber, daß die erörterten Eigenschaften des Inventats dessen Wesen nicht erschöpfen können, denn sonst wäre nicht verständlich, warum wir die Behauptung dieser Eigenschaften im einen Fall als Gemeinplatz, im anderen Fall als Paradoxon ansprechen. Auf diesen Unterschied kommt es aber zunächst nicht an. Als wesentliches Resultat der Betrachtung ist zu verzeichnen, daß wir eine positive Eigenschaft des Inventats festgestellt haben, die übrigen Eigenschaften bis zur erschöpfenden Vervollständigung der Definition aufzusuchen, wird eine weitere Aufgabe sein.

Das Inventat ist von der Zeit unabhängig. Alle Erfindungen, deren Wirkungen wir heute genießen, haben zu allen Zeiten bestanden. Alle Erfindungen, die unsere frühesten Vorfahren gemacht haben und die heute vielleicht längst vergessen sind, bestehen trotzdem noch heute, und was vielleicht noch viel paradoxer klingen mag, alle Erfindungen, die unsere Nachkommen machen werden, bestehen schon heute. Wem diese Sätze, in so krasser Form aufgestellt, nicht einleuchten wollen, der braucht nur an konkrete Fälle zu denken und er wird finden, daß die aufgestellten Sätze nur aus der durch Erfahrung gewonnenen allgemeinen Überzeugung von dem Wesen der Dinge, nur aus der Erfahrung selbst, abgeleitet sind. Niemand empfindet die Angabe als paradox, daß die Chinesen schon einige hundert Jahre vor Berthold Schwarz das Schießpulver besessen haben. Aber diese Angabe impliziert offenbar die Präexistenz des Inventats, denn da die chinesische Kultur von der europäischen bis in die neueste Zeit vollständig getrennt war, so war zu jener Zeit der Zustand für Europa in Bezug auf das Schießpulver genau derselbe, wie etwa zur Zeit Friedrichs des Großen oder Caesars mit Bezug auf die

Dynamomaschine, und doch führt in diesem Falle die Geschichte der Chinesen den Beweis von der sogar konkreten Existenz des Schießpulvers zu jener Zeit.

Wenn unsere Geigenbauer nach dem Geheimnis der Straduario und Amati suchen, geschieht das etwa, obgleich sie die Möglichkeit annehmen, daß Tannenholz und Darmsaiten heute andere physikalische Eigenschaften hätten, als vor dreihundert Jahren? Keineswegs. Sie sind der Überzeugung, daß auch wir können, was jene gekonnt haben, wenn wir nur den richtigen Weg finden. Die Hypothese, daß zur Herstellung einer solchen Geige eben gehört, daß sie dreihundert Jahre gespielt werde, macht dies Beispiel nicht weniger zutreffend, denn diejenigen, welche das Geheimnis suchen, tun es offenbar in dem Glauben, daß es nicht im bloßen Alter, sondern in einer anderen heute noch ebenso wie damals gültigen technischen Möglichkeit zu suchen ist. Dieser Glaube ist aber nichts anderes als der Glaube an die Postexistenz des Inventats. Beide Fälle zusammengenommen implizieren die Überzeugung von der Unabhängigkeit des Inventats von der Zeit.

Es ergibt sich also als ein Kennzeichen des Begriffs Inventat, daß er zu gewissen konstanten Eigenschaften der Materie in naher Beziehung steht, andererseits aber ergibt sich, daß er mit der Summe dieser Eigenschaften oder auch mit dem abstrakten Begriff dieser Eigenschaften nicht identisch sein kann. Es lassen sich allerdings zahlreiche Beispiele finden, die man mit gleichem Recht als wissenschaftliche Entdeckungen, wie als technische Erfindungen bezeichnen kann. Es sind das im Großen und Ganzen alle diejenigen Erfindungen, die darin bestehen, daß eine zunächst rein wissenschaftliche Erkenntnis für technische Zwecke verwertet wird. Vorzugsweise fallen solche Fälle unter diese Kategorie, bei denen die Anwendung der neu entdeckten wissenschaftlichen Erkenntnis keine neuen technischen Mittel erfordert, so daß die Art und Weise ihrer Übersetzung in das praktische Leben für den Techniker ohne weiteres als selbstverständlich erscheint.

Ein solches Beispiel bildet etwa der Kompaß. Hat

man einmal wissenschaftlich ermittelt, daß der Magnet von der Erde nach bestimmten Gesetzen gerichtet wird, so kann man unmittelbar denselben Apparat, mit dessen Hilfe diese Erkenntnis gewonnen worden ist, an Bord eines Schiffes bringen und danach steuern. Die Erkenntnis des Erdmagnetismus und seiner richtenden Kraft ist in Bezug auf die Erfindung des Schiffskompasses das Inventat, sie ist aber gleichzeitig eine rein wissenschaftliche Naturerkenntnis.

Ähnlich verhält es sich mit der großen Zahl von chemischen Erfindungen, die in der technischen Anwendung irgendwelcher neu entdeckten Reaktion bestehen. Auch in diesen Fällen deckt sich der Begriff des Inventats mit dem Begriff der wissenschaftlichen Erkenntnis.

Etwas anders, aber auch nah verwandt, sind solche Fälle, in denen der erfundene Apparat nicht allein dazu gedient hat, um die wissenschaftliche Entdeckung zu machen, sondern auch, nachdem sie gemacht ist, keinen anderen Zweck erfüllt, als die entdeckte Naturerscheinung fortlaufend zu studieren. So beispielsweise das Barometer. Als Torricelli sein Quecksilberrohr umkehrte und die Leere entstehen sah, hatte er den Luftdruck entdeckt und hatte gleichzeitig das Werkzeug zum Messen des Luftdrucks erfunden. Es war nur eine geistige und körperliche Handlung und doch klassifizieren wir sie verschieden, je nachdem wir den Vorgang von verschiedenen Seiten betrachten.

Aber mögen diese Beispiele, die das Grenzgebiet zwischen der reinen Naturerscheinung und dem Inventat bevölkern, auch noch so zahlreich sein, einerseits sind sie doch der Gesamtzahl der Erfindungen und Entdeckungen gegenüber weitaus in der Minderzahl, andererseits sind gerade sie es, die wir vermeiden müssen, wenn wir nach den Merkmalen suchen, die beide Begriffe unterscheiden. Das Inventat wird sich uns reiner darstellen in Beispielen, bei denen Erfindung völlig abgetrennt von wissenschaftlicher Entdeckung auftritt und gleichermaßen werden wir mehr Nutzen für die Erkenntnis des Inventats aus der Betrachtung solcher Naturerscheinungen ziehen, die nichts mit Erfindung zu tun haben. Das Vorhandensein gewisser Merkmale auf der einen Seite, das

Fehlen derselben Merkmale auf der anderen Seite muß sich aus dieser Betrachtung mit Sicherheit ergeben und muß uns dadurch auf diese Merkmale als integrierende Bestandteile unseres Begriffes hinweisen.

Von dem Gravitationsgesetz sind wir ausgegangen. Demgegenüber stellten wir die Dynamomaschine. Das Beispiel ist aber nicht rein genug, denn die Dynamomaschine beruht auf der Erkenntnis der Möglichkeit der Selbsterregung, die sehr wohl als eine rein wissenschaftliche angesprochen werden kann. Wir werden daher besser ein Beispiel aus dem täglichen Leben nehmen, etwa die Erfindung des Regenschirms. Leider ist, wie nur zu oft, auch in diesem Fall versäumt worden, den Urheber dieses nützlichen Werkzeugs rechtzeitig unter die Götter zu versetzen und wir können uns daher nur durch allgemeine Wahrscheinlichkeits- und Analogieschlüsse leiten lassen, indem wir uns den Werdegang des Regenschirmes zu vergegenwärtigen suchen. Soviel steht aber fest, sowohl die Eigenschaften des Holzes — oder war es vielleicht Bambus — aus dem die Stäbe des ersten Schirms gemacht wurden, wie des Gewebes, mit dem er bespannt wurde, waren zur Zeit seiner Erfindung schon Allgemeingut der Naturerkenntnis und der Technik. Der Erfinder tat nichts weiter, als daß er diese bekannten Eigenschaften in zweckmäßiger Weise kombinierte. Trotzdem gehörte die Erkenntnis dieser Eigenschaften, also der Steifigkeit der Stäbe und der Regendichtigkeit des Überzugstoffes dazu, um diese Kombination auszuführen. Ein Teil der Handlung, deren Resultat der Regenschirm ist, war also nicht von dem Erfinder, sondern von seinen Vorfahren gemacht worden. Dadurch unterscheidet sich seine Tätigkeit wesentlich von der Toricellis, welcher selbst sowohl die zugrunde liegende Naturerscheinung, wie die Kombination der Mittel zu deren Erforschung auffand. Trotzdem bezeichnen wir unbedenklich sowohl das Barometer wie den Schirm als eine Erfindung und dessen unbekannten Urheber als seinen Erfinder.

Es zeigt sich also, daß der Akt des Erfindens zwar die Entdeckung bis dahin unbekannter Naturerscheinungen einbegreifen kann, aber nicht notwendig einbegreift. Auf der anderen Seite zeigt sich aber auch, daß das Objekt dieses Akts, das gesuchte Inventat, die Naturerscheinungen oder richtiger die zugrunde liegenden Eigenschaften der Materie, also im einen Fall die Endlichkeit des Luftdrucks, im anderen Fall die Steifigkeit der Stäbe und die Regendichtigkeit des Überzugstoffes einbegreift. Diese mußte nämlich der Erfinder erkennen, um seine Erfindung zustande zu bringen.

Es bleibt also als Ergebnis übrig, daß das Vorbekanntsein oder Unbekanntsein der zugrunde liegenden Eigenschaften der Materie keinen Anteil an dem Wesen des Inventats hat. Vielmehr muß es eine andere Eigenschaft dieser Eigenschaften der Materie sein, die für das Wesen des Inventats bestimmend ist. Teilen wir hiernach alle Eigenschaften aller Materie ein, so können wir sie in zwei Klassen zerfallend denken, die wir als inventatbildende und nichtinventatbildende bezeichnen können. Als ein Beispiel einer inventatbildenden Gruppe von Eigenschaften haben wir die Steifigkeit der Schirmstäbe und die Regendichtigkeit des Ueberzugstoffes erkannt, als ein Beispiel einer nichtinventatbildenden Eigenschaftengruppe haben wir die Gravitation erkannt, als ein Beispiel, das beiden Klassen gemeinsam ist, die Endlichkeit des Luftdrucks.

Es liegt nun ohne weiteres auf der Oberfläche, daß der Begriff der Erfindung stets zu der menschlichen Gesellschaft in einer ganz bestimmten Beziehung steht. Die Erfindung soll immer rein menschlichen, also vom Standpunkt der ganzen Menschheit betrachtet, subjektiven Zwecken dienen. Also ist es naheliegend, anzunehmen, daß von diesem wichtigen, wenn nicht wichtigsten Merkmal des Erfindungsbegriffs auch im Objekt des Erfindens, im Inventat, ein Anteil steckt und diese Annahme erweist sich als fruchtbar, sobald wir sie auf den entwickelten Gedankengang anwenden.

Es findet sich nämlich, daß wir ohne weiteres die Beziehung zum Menschen als Unterscheidungsmerkmal für die Klassifizierung der Eigenschaften der Materie einsetzen können und eine scharfe und klare Grenze zwischen inventatbildenden und nichtinventatbildenden Eigenschaften-Kombinationen erhalten. Die inventatbildenden Eigenschaften müssen so beschaffen sein, daß ihre Kombination ein menschliches Postulat erfüllt. Der Schirm dient uns dazu, uns vor dem Regen zu schützen, das Barometer, den Luftdruck zu messen, die Gravitation ist eine reine Erkenntnis.

Das Inventat ist also nicht die Endlichkeit des Luftdrucks und auch nicht die Steifigkeit der Stäbe und die Regendichtigkeit des Überzugstoffes, sondern das Inventat ist die Eigenschaft dieser Eigenschaften der Materie, daß sie die Möglichkeit gewähren, in solche Kombinationen gebracht zu werden, welche ein menschliches Bedürfnis befriedigen.

Aufgabe einer besonderen Betrachtung wird es sein müssen, zu ermitteln, ob das menschliche Bedürfnis etwas Absolutes, Konstantes ist oder ob es einer Entwickelung unterworfen ist, und von welchen Faktoren diese Entwickelung abhängt. Für den Augenblick mag es genügen, es als eine konstante Summe von Eigenschaften der Menschheit aufzufassen, die in demselben Grade absolut ist, wie zum Beispiel die Härten der Metalle, die mittlere Lufttemperatur an der Erdoberfläche oder dergleichen. Diese Eigenschaft oder diese Summe von Eigenschaften der Menschheit bildet die Grundlage für eine ganz bestimmte und endliche, wenn auch sehr große und verwickelte Gruppe von Bedingungen, von denen stets einige erfüllt sein müssen, damit eine Gruppe von Eigenschaften der Materie irgend ein menschliches Postulat erfüllt. Die Anzahl der Menschen ist endlich. Die Anzahl aller Eigenschaften aller Menschen ist ebenfalls endlich. Aus der Summe oder aus beliebigen Teilsummen dieser Eigenschaften leiten sich die Bedingungsgruppen ab, die erfüllt sein müssen, damit ein menschliches Bedürfnis befriedigt werde. Folglich ist auch die Zahl dieser Bedingungen oder Bedingungsgruppen endlich.

Man könnte sich also eine konkrete Liste denken, in der alle diese Bedingungen und Bedingungsgruppen namentlich aufgeführt wären. Eine solche Liste würde sehr lang und für unser Fassungsvermögen wenig übersichtlich sein, aber sie würde ein Ende haben. Es ist wichtig, sich mit dieser Vorstellung vertraut zu machen, denn sie impliziert, daß die Summe von Bedingungen, wenigstens für den Zeitpunkt, für den die Liste richtig und vollständig ist, etwas Konstantes und Absolutes ist. Wird das aber zugegeben, so kommt man notwendig auch zu dem Schluß, auf den es hier ankommt, nämlich daß die Erfüllung einer solchen Bedingungsgruppe eine natürliche Eigenschaft jener Gruppe von Eigenschaften der Materie ist, deren Kombination zur Erfüllung des Bedürfnisses führt, mithin eine natürliche Eigenschaft der Materie selbst.

In gleicher Weise kann man nun eine zweite Liste zusammengestellt denken, in der alle Eigenschaften oder Eigenschaften-Kombinationen der Materie aufgezählt sind. Dann haben wir also zwei ungeheuer große, aber endliche Gruppen, auf der einen Seite die Gruppe, welche alle Eigenschaften der Materie umfaßt, auf der anderen Seite die Gruppe, welche alle die bedürfnisbildenden Eigenschaften der Menschen umfaßt. Im Inventat treten Einzelgruppen aus beiden Gesamtgruppen in eine Wechselbeziehung zu einander, aber absolut betrachtet, haben beide Gruppen nichts mit einander zu schaffen.

Unsere Bedürfnisse, richtiger vielleicht unsere Wünsche, sind fast völlig unabhängig von den Eigenschaften der Materie. Ja, wenn wir unseren subjektiven Empfindungen vertrauen dürfen, so stehen sie sogar meistens in einem gewissen Gegensatz dazu. Wie leicht wünscht man sich an einen anderen Ort, wünscht man sich, daß man ein Haus oder einen Berg versetzen könnte, wünscht man sich eine Unterhaltung mit den Marsbewohnern oder einen Nachmittagsausflug über die benachbarten Provinzen, und wie mühselig und umständlich ist nicht die materielle Erfüllung solcher Wünsche, wenn sie überhaupt gelingt! Man spricht mit Recht davon, daß der Erfinder der Natur ihre Geheimnisse abringt und doch sehen wir gerade in unserer Zeit, wie dasjenige, was bei den Vätern noch als das *non plus ultra* des Fortschritts galt, bei den Söhnen schon eine elementare Formel geworden ist, die in allen Schulen gelehrt wird. Was gestern noch ein Helmholtz auf wunderlich verschlungenen Umwegen mit unsäglicher, peinlich exakter Arbeit errechnete oder herausexperimentierte, das finden wir morgen als Spielzeug auf dem Weihnachtsmarkt wieder. Die Schwierigkeit des Erwerbes, das Ringen um die verborgenen Schätze ist plötzlich in ein Nichts zusammengeschmolzen, nachdem einmal der richtige Weg zu ihnen gefunden und beschritten worden war. Worin besteht also dieser Widerstand, den die Natur dem Erfinder entgegensetzt, der ihm ein starker Baum ist, den er mit einzelnen Axthieben mühselig fällen muß und jedem Nachfolger nur ein dünnes Rohr, das er mit dem Finger abknickt? Die Erscheinung wird ohne weiteres verständlich, wenn man das Zusammenwirken der beiden oben entwickelten Faktoren ins Auge faßt, die gewaltige, für unser menschliches Fassungsvermögen praktisch unendliche Größe der beiden Gruppen, Eigenschaften der Materie und menschliche Bedürfnisse auf der einen Seite und die völlige, natürliche Unabhängigkeit der beiden Gruppen von einander auf der anderen Seite. Ist die Lösung einmal gefunden, so ist ihre Erkenntnis und ihre Anwendung meist ganz einfach, aber bevor man sie gefunden hat, ist sie die Nadel im Heuschober.

Gäbe es eine bestimmte hinreichend einfache Beziehung zwischen der Bedürfnisgruppe und der Möglichkeitengruppe, so wäre es ein Rechenexempel, Erfindungen zu machen. Man brauchte sich nur irgend ein Bedürfnis auszuwählen und durch die Operationen, die jene Beziehung vorschriebe, diejenigen Mitglieder der Möglichkeiten-Gruppe aufzusuchen, deren Kombination das Bedürfnis befriedigt. Statt dessen existiert keine solche Beziehung. Man kann sagen: Die Natur hat nicht das allergeringste Interesse daran, unsere Bedürfnisse zu befriedigen. Die Natur geht einfach ihren Weg. Sie hat die Materie mit gewissen Eigenschaften ausgestattet und sie läßt die Welt nach ihren Regeln ablaufen, wie eine Uhr abläuft. Wie jene Tag und Nacht die Zeit verkündet, ohne davon berührt zu werden, ob die Hausbewohner ein Interesse daran haben oder auch nur sie abzulesen verstehen, so stehen durch alle Zeiten die Eigenschaften der Materie zur Verfügung für den, der sie benutzen will oder kann, so gut wie für den, der nichts davon versteht oder dem sie gleichgültig sind. Dies ist ein Fall, in dem es berechtigt erscheint, von Zufall zu sprechen. Es ist reiner, blinder Zufall, ob ein Mitglied

der Eigenschaftengruppe zu einem Mitglied der Bedürfnisgruppe paßt oder nicht.

Man kann sich die Beziehung zwischen den durch die
Eigenschaften der Materie gegebenen natürlichen Möglichkeiten und den durch die Eigenschaften der Menschen und
ihren jeweiligen sozialen Zustand gegebenen menschlichen
Postulaten durch folgendes Gleichnis veranschaulichen.
Denken wir uns einen sehr großen Bogen Papier mit unzähligen größeren und kleineren Nadelstichen durchlöchert,
die unregelmäßig verstreut sind, etwa wie die Sterne am
Himmel. Jede Gruppe von Löchern soll ihrer Größe und
gegenseitigen Stellung nach irgend eine Kombination von
Eigenschaften der Materie vorstellen. Auf einem zweiten
Bogen Papier sollen dann in gleicher Weise die menschlichen Eigenschaften durch entsprechend anders angeordnete
Löcher dargestellt sein, so daß auf diesem Bogen jede Gruppe
von Löchern nach Stellung und Größe dasjenige menschliche Bedürfnis graphisch veranschaulicht, welches die Folge
jener Eigenschaften-Kombination ist.

Die Aufgabe, die der Erfinder löst, besteht darin, daß
er die beiden Bogen aufeinander legt und so gegeneinander
verschiebt, daß er eine möglichst vollständige Deckung zwischen
einer Eigenschaftengruppe der Materie und einer Eigenschaftengruppe der Menschen herbeiführt, also mit anderen Worten,
zwischen einer technischen Möglichkeit und einem menschlichen Postulat.

Es wird viele Gruppen materieller Eigenschaften geben,
die überhaupt auf dem Bedürfnisbogen kein Widerpart finden. Das sind die nichtinventatbildenden Eigenschaften der
Natur, deren Erkenntnis ausschließlich Aufgabe der wissenschaftlichen Forschung ist. Es wird hier und da eine Gruppe
im ersten Bogen geben, die im zweiten eine gute oder leid-
liche Deckung findet. Das sind die wertvollen Erfindungen.
Es wird eine sehr große Zahl von Gruppen geben, die mit
Bedürfnisgruppen zusammengebracht etwas Licht durch-
scheinen lassen, aber bei denen von einer guten Deckung
nicht die Rede ist. Das ist die große Zahl von mittelmäßigen Erfindungen. Es wird endlich aber auch eine ge-

wisse Anzahl von Lochgruppen in dem Bedürfnisbogen geben, die im Möglichkeitsbogen überhaupt kein Widerpart finden. Das sind die unlösbaren Aufgaben, die unerfüllten und unerfüllbaren Wünsche der Menschen, für die in der Schöpfung kein Kraut gewachsen ist.

Das Schema, das wir so aus dem allgemeinen Wesen unserer Welt abstrahiert haben, läßt sich also in die Formel zusammenfassen: Diejenigen Kombinationen von Eigenschaften der Materie, welche technische Möglichkeiten konstituieren, gehen neben denjenigen Kombinationen von Eigenschaften der Menschen, welche deren Bedürfnisse konstituieren, völlig unabhängig einher und jedes Inventat ist eine rein zufällige Koinzidenz einer technischen Möglichkeit mit einem menschlichen Postulat.

Die Invention ist die Entdeckung eines solchen Inventates.

Im Rückblick auf die bisherige Literatur über den Erfindungsbegriff ist schon angedeutet worden, daß besonders in älterer Zeit eine gewisse Unsicherheit über die Frage hervortrat, ob Entdeckung immer ein notwendiger Bestandteil der Erfindung sei. In den älteren Gesetzen sind beide als Synonyma gebraucht. Spätere Forscher glaubten dann erkannt zu haben, daß Erfindung sehr wohl ohne Entdeckung bestehen könne, indem ihnen solche Fälle vorschwebten, wie die Erfindung des Regenschirms, bei der die gesamte technische und naturwissenschaftliche Kenntnis, die nötig war, dem Erfinder schon fertig zu Gebote stand.

An der Hand des entwickelten Schemas können wir nun ohne weiteres diesen Zwiespalt aufklären. Während Robinson noch annimmt, daß zur Erfindung notwendig Entdeckung der von Natur gegebenen Möglichkeiten gehört, während Kohler sich mit einem unbestimmten Ausdruck über die Schwierigkeit hinweghilft, indem er davon spricht, daß der Erfinder der Natur eine neue Seite abgewinnt, erkennen wir jetzt, daß zur Erfindung zwar immer Entdeckung gehört, aber nicht die Entdeckung der natürlichen Lösungsmöglichkeit selbst, sondern vielmehr die Entdeckung einer Koinzidenz zwischen der vielleicht schon bekannten technischen

Möglichkeit und dem in den meisten Fällen ebenfalls bekannten menschlichen Postulat.

Definieren wir also, wie wir es getan haben, das Inventat als diese Koinzidenz, so ist in der Tat Erfindung im Sinne von Invention immer die Entdeckung eines Inventats. Es wird nicht die Naturerscheinung entdeckt, sondern deren mehr oder minder vollkommene Deckung mit unseren praktischen Lebensbedürfnissen. Andererseits wird aber das Wesen des Erfindungsbegriffs keineswegs verschoben, wenn wir ihm auch solche Fälle subsumieren, in denen die koinzidierende materielle Eigenschaftengruppe ebenfalls zuerst entdeckt werden muß, bevor ihre Koinzidenz erkannt wird. Ja, es ist nicht einmal nötig, wie zum Beispiel Robinson annimmt, daß auch das menschliche Bedürfnis vorbekannt sei. Auch das kann Gegenstand einer besonderen Entdeckung sein, denn die Bedürfnisse sind ohne Zahl, die wir heute erst als eine Folge der Entwickelung der Technik empfinden, von denen aber unsere Väter noch nichts gewußt haben. In solchem Fall also involviert die Tätigkeit der Invention nicht bloß eine, sondern sogar drei Entdeckungen, nämlich erstens die Entdeckung der technischen Möglichkeit, zweitens die Entdeckung des menschlichen Bedürfnisses und endlich drittens die Entdeckung der Koinzidenz zwischen beiden.

Der Regenschirm war unser Beispiel für die erste Gruppe. Die Dynamomaschine ist ein Vertreter der zweiten, denn die natürliche Möglichkeit der Selbsterregung mußte erst entdeckt werden, um das bekannte Bedürfnis der Umsetzung mechanischer Leistung in elektrische zu befriedigen. Das Barometer fällt unter die dritte Gruppe, denn sowohl die Möglichkeit, wie das Bedürfnis, den Luftdruck zu messen, wurden beide erst von Torricelli entdeckt.

Diese Unabhängigkeit der menschlichen Bedürfnisse von den vorhandenen Möglichkeiten, diese Zufälligkeit ihrer gelegentlichen und partiellen Deckung ist eine der interessantesten Seiten des Erfindungsbegriffes, die merkwürdigerweise bisher völlig übersehen worden zu sein scheint. Da wird immer davon gesprochen, daß die Erfindungen Schöpfungen des Menschengeistes seien. Das Wort erweckt in uns die Vorstellung von der biblischen Schöpfung und das soll es auch. Die es gebrauchen, wollen damit ihrer Anerkennung der Leistungen der Erfinder, ihrer Bewunderung für sie einen gebührenden Ausdruck leihen. Diese Anerkennung ist auch wohl verdient, aber der Ausdruck ist mindestens irreleitend, wenn er die Tätigkeit des Erfinders kennzeichnen soll. Mit Recht sprechen wir von einem Gedicht als der Schöpfung des Dichtergeistes, denn er schafft es frei aus sich und aus sich allein heraus. Es ist ein reiner Ausdruck seines Genies, denn den einzigen Zwang der Form hat er sich selbst nach freier Wahl auferlegt. Aber der Schaffung eines Gedichts vergleicht sich das Erfinden nicht. Wollen wir vielmehr einen Vergleich durchführen, so vergleicht es sich sehr gut dem Auffinden eines Reims. Denn gerade so wie die Natur blind und interesselos rein zufällige Koinzidenzen zwischen den technischen Möglichkeiten und den menschlichen Postulaten schafft, so schafft auch die Sprache ohne jede Rücksicht auf den Sinn der Worte die Reime. Das Gedicht fordert aber Worte bestimmter Bedeutung und des Dichters Aufgabe ist es, die Koinzidenzen zwischen den vorhandenen Reimen und den Forderungen des Sinnes aufzusuchen.

Mit gutem Recht auch können wir noch sagen, das Straßburger Münster sei eine Schöpfung Erwin von Steinbachs, denn in der Formgebung, in der Wahl der Abmessungen, in der Durchbildung und Vervollkommnung des Stils liegt das eigentliche Werk, einem Gebiet, auf dem der Baumeister nahezu ebenso frei ist, wie der Dichter.

Aber ehe man von der Expansionsdampfmaschine als von einer Schöpfung Watts spricht, sollte man sich vergegenwärtigen, daß die beste Dampfmaschine ungefähr 86 Prozent der verbrannten Kohle nutzlos vergeudet. Was würde man wohl von einem Baumeister sagen, der bei der Ausführung eines Wirtschaftsgebäudes eine ähnliche Verschwendung mit der verfügbaren Bodenfläche triebe? Diese Verschwendung fällt natürlich nicht Watt zur Last. Um zu würdigen, was er getan hat, muß man vielmehr berücksichtigen, wieviel Kohlen für gleiche Leistungen die alte Newcomen-Maschine vor ihm verschwendete. Aber so vollkommen auch die mo-

derne Dampfmaschine erscheint, wenn man ihre Leistungen
mit denen ihrer Vorgänger aus dem Ende des achtzehnten
Jahrhunderts vergleicht, so unvollkommen ist wirklich hier
die Deckung zwischen unserem Postulat und der von der
Natur gewährten Möglichkeit. Die Schätze, welche die Natur
bot, hat Watt mit einer erstaunlichen Vollständigkeit gefördert, aber schaffen im eigentlichen Sinne konnte er nichts.

Überhaupt neigen wir dazu, bei der Beurteilung von
Erfindungen immer von dem Zustand auszugehen, der vor
ihrer Entstehung herrschte. Wir gelangen so sicher zu einer
gerechten Schätzung der Verdienste des Erfinders, aber wir
erhalten ein ganz falsches Bild von der Vollkommenheit der
technischen Lösungen nach absolutem Maßstabe gemessen,
das heißt von der Vollkommenheit der Deckung zwischen
der gefundenen technischen Möglichkeit und dem Postulat,
das sie befriedigen sollte.

Wir haben das Bedürfnis, unsere Mitmenschen umzu-
bringen. Kann es etwas Vollkommeneres geben, als das moderne Rohrrücklaufgeschütz, mit dessen Hilfe ein einziger
Kanonier von seinem Sitze aus, ohne nennenswerte Anstrengung auf eine Entfernung von einigen Kilometern einer
ganzen Kompagnie eine kleine Hölle bereiten kann? So
fragen wir, indem wir unwillkürlich in Gedanken den müh-
samen Entwickelungsgang des modernen Geschützes durchmessen und die letzte Errungenschaft mit den ersten schwerfälligen, gußeisernen oder ehernen Vorderladerrohren des
Mittelalters vergleichen.

Aber reißen wir uns einmal von den Fesseln der Wirklichkeit los, so macht es uns gar keine Schwierigkeit, Vollkommeneres zu denken. Wie herrlich wäre es, wenn unsere
Geschütze, anstatt zwanzig Kilometer zu tragen, gestatten
würden, von Cöln bis Paris zu schießen und wenn die Feuer-
wirkung, anstatt sich auf das Durchlöchern einiger Gebäude
zu beschränken, darin bestünde, daß ganz Paris mit allen
seinen Einwohnern durch einen Schuß in einen einzigen
Trümmerhaufen verwandelt würde. Gäbe es eine so vollkommene Deckung, so wäre ein Krieg zwischen Deutschland
und Frankreich unmöglich und wir könnten unsere Landes-

verteidigung darauf beschränken, ein solches Geschütz schuß-
bereit aufzustellen, und statt unserer Armee einen tüchtigen
Kanonier zu unterhalten.

Aber wir kleben noch immer an dem Erdenrest. Wäre
das Geschütz wirklich gut, so würde es nach dem Märchen-
motiv arbeiten: „Alle Köpfe 'runter, nur meiner nicht!" Es
würde etwa alle Nichtkombattanten und ihren Besitz, soweit
er nicht Kriegskontrebande ist, schonen und würde alles
andere vernichten. Ferner ist nicht einzusehen, warum wir
unser Bedürfnis auf die Entfernung Cöln-Paris beschränken
sollten und so fort. Kurz wir sehen, daß das moderne Geschütz nur ein sehr minderwertiger Ersatz für eine wirkliche
Befriedigung unseres Mordbedürfnisses ist.

So das Telephon: Vergleichen wir es mit den Verkehrs-
mitteln auch nur aus der Zeit unserer Großväter, so erscheint
es als das *non plus ultra* der Vollkommenheit, aber doch ist
es eben nur ein gewaltiger Fortschritt. Warum können wir
nicht mit London, geschweige denn mit New York oder
Sydney sprechen? Warum muß man das Ding an das Ohr
klemmen und die Anwesenden bitten, keinen Lärm zu machen,
damit man überhaupt verstehen kann? Warum ist es manchmal so schwer, eine Verbindung zu bekommen, oder bei Ge-
witter gar unmöglich? Und wenn wir nach Frankreich oder
nach Rußland oder nach Italien sprechen, warum übersetzt
es nicht selbsttätig in die betreffenden Sprachen? Also auch
das Telephon deckt durchaus nicht unser Bedürfnis, sondern nur einen Teil davon.

So die Eisenbahnen, so die Druckerpresse, so das Fahrrad, so die Schreibmaschine. Man mag die Liste beliebig
verlängern, überall bleiben nicht nur unbedeutende Reste,
sondern sehr greifbare und oft wirtschaftlich sehr bedeutende
Teilbedürfnisse unbefriedigt.

Wollen wir einigermaßen vollkommene Deckungen finden,
so müssen wir schon unsere Anforderungen etwas beschei-
dener bemessen. Wo wir einfache, unbedeutende Bedürfnisse
aus dem täglichen Leben nehmen, finden wir sie oft sehr
vollkommen befriedigt. Mit welcher erstaunlichen Ausdauer tut
zum Beispiel nicht ein gutes Taschenmesser seinen bescheidenen

aber unendlich vielseitigen Dienst. Wie vortrefflich sind die meisten Handwerkszeuge jedes seiner besonderen Aufgabe angepaßt, der sie vollkommen genügen, wenn man nur die Aufgabe eng genug faßt. Aber auch hier tritt die Ohnmacht des Geistes hervor, etwas zu schaffen im eigentlichen Sinne. Am Hobel, an der Säge, am Meißel, am Hammer, an der Zange, am Bohrer haben Tausende von Generationen ihren Scharfsinn geübt, so daß man überzeugt sein darf, daß alles, was an Verbesserungen an diesen Werkzeugen zu schaffen war, auch geschafft worden ist, und doch haben alle ihre sehr greifbaren Unvollkommenheiten. Sie zerbrechen, sie verschleißen, stumpfen ab, werden bei Überanstrengungen heiß und verlieren ihre Härte, sie rosten, die Holzteile verquellen. Wären sie wirklich Schöpfungen des Geistes und nicht vielmehr Schöpfungen der Natur, die der Geist nur unter Tausenden von weniger guten Formen als die besten ausgesucht hat, sie würden alle diese Unvollkommenheiten längst nicht mehr aufweisen, nachdem sie einmal als solche erkannt wären.

Wo wir hinschauen mögen, immer begegnet uns dieselbe Erscheinung, die immer wieder auf dieselbe einfache Annahme hinweist, daß die Natur eben nicht nach unseren Wünschen schafft, sondern nach ihren eigenen Gesetzen, so daß das Geschaffene sich nur gelegentlich und immer nur teilweise mit unseren Bedürfnissen deckt.

Auch die letzte Klasse in der oben aufgestellten Liste der verschiedenen Deckungsmöglichkeiten fehlt im Leben keineswegs, der Fall, in dem nur ein Postulat vorhanden ist, aber keine Lösungsmöglichkeit von der Natur dafür geboten wird. Wir brauchen gar nicht in die Märchenwelt hinüberzugreifen und uns an die Tarnkappe, die Wünschelrute oder den Knüttel-aus-dem-Sack zu erinnern; noch im nicht allzufernen Mittelalter spielen solche Fälle im täglichen Ernst des Wirtschaftslebens eine hervorragende Rolle.

Vielleicht an erster Stelle wäre zu nennen die Aufgabe, Gold aus Blei zu machen. Daß es nicht an Geistern gefehlt hat, die imstande gewesen wären, das erlösende Verfahren zu schaffen, beweist zur Genüge die große Zahl von glän zenden Entdeckungen, die dem Suchen nach diesem Geheimnis entsprungen sind. Die allerneuesten Ausläufer der chemischen Wissenschaft, deren Anfänge auf diese Arbeiten zurückgehen, lassen ja die Auffassung zu, daß die gesuchte Koinzidenz vielleicht doch nur noch verborgen und nicht eine bloße Chimäre ist. Aber die Alchemisten verfolgten ihre Forschungen aus rein subjektiven Gesichtspunkten heraus. Sie trieb einzig das eigene Bedürfnis nach Gold, und die Erfahrung bis heute wenigstens lehrt, daß für dieses Bedürfnis keine Möglichkeitenkoinzidenz vorhanden ist.

Heute ist das Interesse an diesem Problem fast völlig erloschen, wohl hauptsächlich deshalb, weil es seine wirtschaftliche Bedeutung zum größten Teil eingebüßt hat. Um so größer ist das Interesse an einem ähnlich ungelösten Problem, das ebenso alt ist, dem lenkbaren Luftschiff. Der Fall liegt ähnlich. Die neuesten Arbeiten auf diesem Gebiet deuten ebenfalls auf die Wahrscheinlichkeit hin, daß die gesuchte Koinzidenz vorhanden ist, aber die Wahrscheinlichkeit ist heute noch keine Gewißheit. Die bisherige Kenntnis von der Mechanik des Vogelflugs gestattet den Schluß, daß sich Maschinen bauen lassen, welche die Aufgabe lösen würden, aber dieser Schluß hat vorläufig keine andere praktische Bedeutung als die, daß wir es als wissenschaftlich berechtigt ansehen dürfen, nach Lösungen zu suchen.

Anders steht es mit dem *perpetuum mobile*. Es bildet einen ganz reinen Fall, denn daß hier die Koinzidenz wirklich vollständig fehlt, läßt sich aus dem Dogma von der Erhaltung der Energie zwingend ableiten. Nur der Glaube an die Richtigkeit dieses Dogmas hat das Interesse an der Lösung der Aufgabe unterdrückt, denn seine wirtschaftliche Bedeutung wäre heute weit größer als je in einer früheren Zeit. Und dafür, daß dieses Bedürfnis auch tatsächlich empfunden wird, ist ein sicheres Zeichen die bekannte Erscheinung, daß die Zahl der noch jährlich hervortretenden Lösungsversuche keineswegs gering ist und daß diese Versuche durchaus nicht in der Mehrzahl der Fälle bloß von Narren und Geisteskranken ausgehen, sondern meist eben nur von solchen, deren Schulbildung nicht ausreicht, um sie zu dem Verständnis des Unmöglichkeitsbeweises durchdringen zu lassen.

Ebenso steht es mit der Quadratur des Zirkels, nur daß ihre wirtschaftliche Bedeutung heute verschwunden ist, aber für die Zeit, in der das Bedürfnis noch existierte, gehört dieser Fall in unsere Liste.

Wem diese Beispiele nicht behagen, weil sie in eine Zeit zurückreichen, in der die naturwissenschaftliche Weltanschauung noch gar zu sehr in den Kinderschuhen steckte, der sehe sich in der allerneuesten Technik um und er wird Beispiele genug für das Fehlen von Koinzidenzen finden.

Seit dem Entstehen der Eisenbahnen quälen sich die Erfinder damit ab, einen wirklich guten Schienenstoß zu schaffen. Da die Schienen im Jahreswechsel ziemlich große Temperaturschwankungen durchmachen, so müssen ihre Enden frei gelassen werden, sich einander zu nähern und von einander zu entfernen. Andererseits sollen sie aber der plötzlich auf sie wirkenden Belastung des darüberfahrenden Zuges eine gleiche Starrheit entgegensetzen, wie die übrigen Teile der Schiene, und diese beiden Bedingungen scheinen mit einander in einem unvereinbaren Widerspruch zu stehen. Man fängt jetzt mehr und mehr an, das Problem als hoffnungslos aufzugeben und sucht es dadurch zu umgehen, daß man die Wagen so lang baut, daß der Stoß beim Überfahren der Schienenenden möglichst wenig empfunden wird.

Das Problem der vollständigen oder wenigstens näherungsweise vollständigen Umsetzung von Wärme in mechanische Arbeit ist ferner ein typisches Beispiel dieser Kategorie. Die besten Dampfmaschinen ergeben unter den günstigsten Bedingungen ungefähr 17 Prozent derjenigen mechanischen Leistung, welche der Wärmemenge äquivalent ist, die durch Verbrennung von Heizstoffen darin erzeugt wird. Die ungeheure Wichtigkeit, die jedem, auch dem kleinsten Fortschritt auf diesem Gebiet zukommt, ist genugsam aller Welt bekannt, denn er bedeutet ja Ersparnis an Kohlen. Seit die Dampfmaschine in das Gewerbe eingeführt worden ist, sind nunmehr über hundert Jahre vergangen und man hat die Erfahrungen, die man an ihr gewonnen hatte, bei der

Ausbildung zahlreicher anderer Typen von Wärmemotoren verwerten können. Bei den Motoren mit innerer Verbrennung ist es in der Tat gelungen, den Wirkungsgrad bis auf 25 Prozent oder auch wohl ein wenig höher zu steigern. Aber darüber hat man bisher nicht hinausgekonnt.

Seit der Erfindung der Dynamomaschine tritt dasselbe Problem auch noch in einer anderen Form auf. Da die Dynamomaschine ein Mittel darstellt, die im elektrischen Strom verkörperte Leistung fast vollständig in mechanische umzusetzen, so würde die Verwandlung von Wärme in elektrischen Strom dieselben Dienste leisten. Mit Hilfe der sogenannten Thermosäulen kann man auch unmittelbar Wärme in elektrischen Strom verwandeln, aber auch der Wirkungsgrad der besten Thermosäulen erhebt sich nicht über 15 Prozent. Andererseits gelingt es, die Verbrennungsenergie zahlreicher Körper in elektrolytischen Zellen fast vollständig in Form von nutzbarem elektrischen Strom wiederzugewinnen, aber merkwürdigerweise sind das stets Körper, wie zum Beispiel das Zink, die viel zu teuer sind, um gewerbsmäßig als Brennmaterial in Frage zu kommen.

Es ist kein zwingender Grund bekannt, der die Annahme unzulässig erscheinen ließe, daß hier nur der richtige Weg bisher noch verborgen geblieben ist und über kurz oder lang noch gefunden werden kann. Da aber der tierische Organismus seine mechanische Leistung auch im wesentlichen durch Verbrennung von Kohle bestreitet und auch keinen erheblich höheren Wirkungsgrad erzielt, ist man vorläufig jedenfalls berechtigt, von einem Fehlen der gesuchten Koinzidenz zu sprechen.

Klarer liegt das Fehlen der Koinzidenz zutage bei dem Problem der Unipolarmaschine mit hintereinandergeschalteten Spulen. Die Lösung der Aufgabe der Verwandlung mechanischer Leistung in elektrische, die den Ausgangspunkt unserer ganzen Starkstrom-Elektrotechnik bildet, beruht darauf, daß in einem geschlossenen Drahtring ein Strom entsteht, wenn man ihn in einem magnetischen Felde um eine Axe dreht,

---

Wirkungsgrad des tierischen Organismus, Anhang (19).

die in der Ebene des Ringes liegt. Wird der Ring an einer Stelle aufgeschnitten, und werden die beiden so gewonnenen freien Enden an die beiden freien Enden eines außerhalb des magnetischen Feldes in Ruhe befindlichen zweiten Drahtes angelegt, so verläuft der Strom durch diesen äußeren Draht und kann hier zu beliebigen Dienstleistungen benutzt werden. Der Strom aber, den man auf diese Weise erhält, ist stets ein Wechselstrom, und stellt man sich die Aufgabe, im äußeren Stromkreis Gleichstrom zu erhalten, so muß man zwischen die Enden des ruhenden und des rotierenden Ringes einen Kommutator einschalten, der nach jeder halben Umdrehung die berührenden Enden mit einander vertauscht.

Um die Wirkung der Einrichtung zu erhöhen, kann man endlich eine beliebig große Anzahl von solchen Ringen gleichzeitig in einem Felde umlaufen lassen und ihre sämtlichen Enden mit dem Kommutator verbinden. Man erhält dann im äußeren Stromkreis einen nahezu konstanten Strom von einer Spannung, welche die Summe aller elektromotorischer Kräfte ist, die in jedem einzelnen der umlaufenden Ringe durch seine Bewegung im Felde erzeugt werden. Das ist in großen Zügen die heute allgemein gebräuchliche Gleichstrommaschine.

Nun bringt die Einrichtung des Kommutators allerhand Betriebsschwierigkeiten und Übelstände mit sich und es lag daher der Gedanke nahe, an Stelle der Drehung um eine senkrecht zum magnetischen Felde gerichtete Axe eine andere Bewegung zu setzen, die nicht Wechselströme, sondern unmittelbar Gleichstrom liefern würde. Gelänge das, so könnte man offenbar den Kommutator mit allen seinen Übelständen vermeiden. Nun hatte Faraday gezeigt, daß in der Tat eine solche Bewegung möglich ist. Sie läßt sich kurz so beschreiben, daß man anstatt eines Ringes ein geradliniges Leiterstück um eine dazu senkrechte Achse rotieren läßt, welche zu der Richtung des magnetischen Feldes parallel steht. Die beiden Enden des rotierenden Leiterstückes können dann mit Hilfe von schleifenden Kontakten durch einen beliebigen ruhenden Stromkreis geschlossen werden. In diesem Stromkreis entsteht dann Gleichstrom und die Maschine würde sehr viel vollkommener sein, als die gewöhnliche Kommutatormaschine, wenn sich noch die eine Bedingung erfüllen ließe, daß man, ebenso wie bei jener, mehrere solche Leiterteile gleichzeitig in demselben Felde rotieren lassen und ihre einzelnen elektromotorischen Kräfte summieren könnte.

Da läßt uns aber die Natur plötzlich im Stich und das Beispiel ist ein reiner Fall des totalen Fehlens der gesuchten Koinzidenz, denn es läßt sich beweisen, daß eine solche Schaltung unmöglich ist. Die Lehrbücher übergehen diesen Beweis gewöhnlich, und das ist vielleicht ein Grund dafür, daß noch heutzutage fast jeder angehende Elektrotechniker in irgend einem Stadium seiner Ausbildung eine Unipolarmaschine erfindet. Jedenfalls ist diese Erscheinung wieder ein Zeichen dafür, daß ein Bedürfnis danach empfunden wird.

Hier haben wir also ein typisches Beispiel der völlig fehlenden Deckung zwischen den natürlichen Möglichkeiten und einem sehr fühlbaren und durchaus ernsthaften, wirtschaftlich bedeutenden Bedürfnis und gleichzeitig den mathematischen Beweis, daß das Glied zur Vervollständigung der Lösung in der Natur fehlt. Wieder ist es nicht der Geist, an dem es mangelt, denn setzten wir einen Newton oder einen Helmholtz an das Problem, so würde die einzige Wirkung sein, daß sie wahrscheinlich schneller als andere die Unmöglichkeit der Erfüllung erkennen würden.

Nicht anders steht es mit der Aufgabe, einen Wechselstrom-Gleichstrom-Induktions-Transformator ohne bewegte Teile herzustellen. Die sekundäre elektromotorische Kraft in einem Induktions-Transformator ist proportional der Änderung des magnetischen Feldes. Um im sekundären Kreise einen Gleichstrom zu erhalten, müßte die sekundäre elektromotorische Kraft, mithin auch die Änderung [des Feldes konstant sein. Eine konstante Änderung des Feldes könnte aber nur dadurch zustande kommen, daß es beständig abnimmt oder zunimmt. Beides ist nicht möglich, denn die beständige Abnahme würde sofort dazu führen, daß es gleich Null wird, und die beständige Zunahme findet ebenso schnell eine Grenze in der Sättigung.

Es wäre noch ein dritter Weg denkbar, nämlich daß

das Feld von Null bis in die Nähe der Sättigung linear zunähme, dann sprungweise auf Null zurückginge und dann wieder ebenso zunähme und so fort. Diese Lösungsmöglichkeit ist aber nur in Gedanken zu konstruieren, denn der plötzliche Abfall des Feldes von dem Zustand der Sättigung bis auf Null würde eine entsprechende plötzliche Umkehrung und Steigerung der induzierten elektromotorischen Kraft zur Folge haben und je schneller der Sprung ausgeführt würde, desto größer würde diese Abweichung von dem erstrebten Resultat der Konstanz der induzierten Spannung ausfallen müssen. Also wieder eine unübersteigliche Schranke, welche durch die natürlichen Eigenschaften der Materie der Befriedigung eines sehr stark empfundenen menschlichen Bedürfnisses vorgeschoben ist.

In Wirklichkeit besteht in einem ganz anderen als dem oben erwähnten Sinne eine Analogie zwischen der menschlichen Erfindung und der natürlichen Schöpfung. Indem nämlich die Natur allmählich die höheren Organismen aus den niederen entwickelt, ist auch sie darauf angewiesen, sich an die Mittel zu halten, die ihre eigene ursprüngliche Ordnung darbietet. Daher die vielfach bemerkten Unvollkommenheiten der Schöpfung. Zur Veranschaulichung diene ein Beispiel. In der Technik ist die drehbare Welle und das zugehörige Lager eines derjenigen Elemente, die vielleicht am allerhäufigsten vorkommen. In der ganzen natürlichen Schöpfung findet sich kein einziges Organ, das eine fortgesetzte Umdrehung um sich selbst gestattet. Daß bei dem Aufbau der außerordentlich verwickelten Mechanismen, welche die höheren Tiere darstellen, ein Bedürfnis für die Verwendung dieses Maschinenelements nicht vorläge, wird kein Mechaniker behaupten wollen. Der Grund für sein Fehlen dürfte vielmehr in dem Umstand zu suchen sein, daß es eine Grundbedingung für die Lebensfähigkeit eines natürlichen Organismus ist, daß er alle seine Teile aus sich selbst heraus ernähren könne. Ein frei drehbarer Teil kann aber mit den übrigen Teilen der Maschine keine Verbindung haben, also muß die Natur auf seine Anwendung verzichten.

Entspricht nun die Beziehung zwischen den Postulaten

und den Lösungsmöglichkeiten, die wir angenommen haben,
der Wirklichkeit, so müssen sich noch anders geartete Fälle
ergeben, als die betrachteten. Zunächst wird es offenbar
eine große Seltenheit sein, wenn sich zwischen den Sternbildern auf dem Möglichkeitenbogen und denen auf dem
Bedürfnisbogen nur eine Deckung vorfindet. Es wird vielmehr die Regel sein, daß für jedes Bedürfnissternbild eine
ganze Reihe von Möglichkeitssternbildern aufzufinden ist, die
einen ziemlich kontinuierlichen Übergang darstellen von der
besten vorhandenen Deckung bis zu völligem Fehlen von
Deckung. Ferner wird es gelegentlich vorkommen, daß in
einer solchen Reihe große Lücken sind, daß also zum Beispiel eine gute Deckung zu finden ist, dann aber die nächst-
beste weit dahinter zurücksteht. Da ferner die Bedürfnisse
in der Regel nicht so einfacher Natur sind, daß sie sich
durch ein einziges Schema ausdrücken lassen, sondern nur
durch eine ganze Gruppe von figürlich verwandten Sternbildern, so wird ein Individuum der Reihe von Möglichkeitssternbildern, die man von einem der Bedürfnissternbilder
ausgehend aufstellt, für ein Individuum der Gruppe von Be-
dürfnissternbildern beispielsweise nur die drittbeste Deckung
sein, dagegen für ein anderes Individuum der Gruppe etwa
die beste.

Solche und verwandte Erscheinungen finden wir nun
im Leben in der Tat überall vertreten. Nehmen wir eine
einfache Erfindung wie das Seil. Die verschiedenen Seilarten
unterscheiden sich hauptsächlich durch das Material, aus
dem sie bestehen, Hanf, Manila, Baumwolle, Jute, Stroh,
Draht und dergleichen. Wählen wir irgend ein Bedürfnis
aus, dem ein Seil genügt, also etwa die Want eines Boot-
masts, so wird eine Seilart die vollkommenste Lösung der
Aufgabe darstellen, ein Seil aus verzinktem Stahldraht.
Seile aus Eisendraht, verzinkt und unverzinkt, aus Messing-
draht, aus Kupfer- und Bronzedraht, Seile aus Hanf, geteert
und ungeteert, alle werden mehr oder weniger das Bedürfnis
decken, jedes folgende etwas weniger gut als die vorigen,
vorausgesetzt, daß wir richtig geordnet haben. Sobald wir
aber das Bedürfnis modifizieren, also zu einem anderen Stern-

bild der Gruppe übergehen, um bei unserem Gleichnis zu bleiben, stellt sich die Rangordnung um. Die Nachfrage sei zum Beispiel jetzt nach dem besten Seil für die Schoot. Sie muß sehr biegsam sein, um gut durch die Blöcke zu laufen, sie mag immerhin dehnbar sein, denn sie wird ja fortwährend verlängert und verkürzt, aber sie muß weich in der Hand liegen. Es tritt also hier ein Seil aus Baumwolle an die Spitze der Reihe und zwar vorzugsweise ein geklöppeltes, damit es sich nicht verkrümmt, wenn es naß wird, und die Drahtseile, die bei der Want zu oberst standen, sind an das äußerste Ende der Reihe unter die ganz minderwertigen Deckungen verbannt.

Nehmen wir die Aufgabe, einem Menschen zu ermöglichen, auf einen höheren Standort zu gelangen. Die Technik bietet viele und mannigfache Möglichkeiten: Die Rampe, die Treppe, den Kletterbaum mit und ohne Sprossen, die Leiter, die Strickleiter, das einfache Kletterseil, die verschiedenen mehr oder weniger vollkommenen Fahrstühle der Bergleute bis hinauf zum elektrischen Lift des Hotels. Je nachdem wir die Bedürfnisse spezialisieren, wird wieder die Deckungsordnung wechseln: Der Hidalgo, der zur Angebeteten auf den Balkon will, wird eine Strickleiter vorziehen, der Yankee, der im zweiundzwanzigsten Stock eines Wolkenkratzers Geschäfte machen will, den elektrischen Aufzug.

Die Fälle, in denen auffallende Lücken in der Möglichkeitenreihe vorkommen, sind besonders interessant. In der Photographie wird eine Reihe von Körpern angewendet, welche die Eigenschaft haben, durch die Einwirkung des Lichts verändert zu werden: Das Bromsilber, das Chlorsilber, das Platinchlorür, das Eisenoxydammoniak, die Chromgelatine, und noch manche andere. Weit ab von allen diesen Körpern steht in Bezug auf seine Lichtempfindlichkeit das Bromsilber und dieses Salz bildet daher zurzeit die einzige Lösung des Problems, kurz belichtete Aufnahmen zu machen. An Forschern fehlt es nicht, die tagtäglich jeden Winkel durchstöbern, um Besseres oder nur Ähnliches zu finden. Unmöglich scheint es nicht, daß ihre Bemühungen Erfolg haben könnten, denn die Netzhaut des Auges enthält einen Stoff, der an Lichtempfindlichkeit noch weit mehr leistet. Aber bis jetzt ist alles Suchen vergeblich und das Bromsilber behauptet seinen isolierten Platz. Fehlte diese Verbindung in der Natur oder fehlte sie auf unserem Planeten, so wären wir noch wie unsere Eltern auf die nassen Chlorsilbernegative angewiesen, welche die äußerste Kunst des Berufsphotographen forderten und das Opfer des Porträtisten dazu verurteilten, zehn bis zwanzig Sekunden still zu sitzen.

Ähnlich verhält es sich mit dem Bleisuperoxyd, dem wirksamen Körper auf den Platten des elektrischen Akkumulators. Während es eine große Zahl von Verbindungen gibt, welche die Eigenschaft haben, sich unter der Einwirkung eines elektrischen Stroms zu bilden und sich dann freiwillig wieder unter Abgabe eines elektrischen Stroms zu zersetzen, so daß sie sich „laden" und „entladen" lassen, ist dennoch die Technik bis heute auf diesen Körper angewiesen, obgleich er die schwersten Mängel aufweist. Der Bleiakkumulator ist übermäßig schwer, so daß er zum Beispiel für den Betrieb von Straßenbahnwagen kaum verwendbar erscheint. Das Bleisuperoxyd hat eine so morsche Struktur, daß es schon unter der Einwirkung übergroßer Entladungsströme zerfällt und so fort. Aber alle anderen Verbindungen, die etwa in Frage kommen, zeigen weitaus größere Übelstände, so daß nach nunmehr etwa zwanzigjährigen praktischen Versuchen die Überzeugung sich allmählich Bahn bricht, daß für dieses Bedürfnis die Natur außer dieser einen nur wesentlich schlechtere Deckungen geschaffen hat.

Ein Bedürfnis ist so alt, daß seine erste Befriedigung als der Übergang von der Affenzeit zum Urmenschen gelten kann, und ist doch so neu, daß es heute kaum irgend eine Verrichtung, sei es der Gewerbe, sei es des täglichen Lebens gibt, bei der es nicht eine wesentliche Rolle spielte, die Erzeugung künstlicher Wärme. Trotzdem die Chemie alle Winkel des Erdballs durchstöbert hat, hat sich bis heute keine andere Lösung gefunden, als die Oxydation von Kohle. Wenn die Arbeiterkolonie am Eigergletscher ohne

Kohlen arbeitet, indem der elektrische Strom, den die Lütschine im Lauterbrunner Tal erzeugt, ihre Stuben heizt, den Schnee schmilzt, um ihnen Trinkwasser zu gewähren, ihre Speisen kocht, ihnen bei der Arbeit leuchtet und ihre Maschinen treibt, so ist das eben nur eine Ausnahme, denn eine Lütschine hat nicht jeder anzuspannen.

Gerade die Chemie bietet die prägnantesten Beispiele dieser Art, aber auch auf anderen Gebieten sind sie zu finden. In der Elektrotechnik spielen die magnetischen Eigenschaften der Körper eine wichtige Rolle und die außerordentlich hohe magnetische Permeabilität des Eisens ermöglicht überhaupt erst den Bau unserer elektrischen Maschinen und Apparate. Von den paramagnetischen Körpern kommt das Nickel dem Eisen noch am nächsten, aber wenn wir darauf angewiesen wären, unsere Dynamomaschinen aus Nickel zu bauen, so könnte jedenfalls der Schweizer Bauer kein elektrisches Licht in seiner Kathe brennen.

In der reinen Mechanik sind die Beispiele versteckter. Ein typischer Fall ist die Kugelgestalt der optischen Gläser. Damit man nämlich durch Schleifen eine bestimmte Fläche mit Genauigkeit herstellen könne, muß die Bedingung erfüllt sein, daß man das Schleifwerkzeug von jedem beliebigen Punkte der Fläche ausgehend nach zwei Richtungen verschieben kann, ohne daß es die Fläche verläßt, und von allen Rotationsflächen genügt nur die Kugelfläche dieser Bedingung. Wenn also die Optiker alle Linsen stets aus Kugeloberflächenstücken zusammensetzen, so geschieht das keineswegs, weil die Kugeloberflächen die optisch günstigsten sind, sondern einfach weil sie müssen. Hätte die Natur nicht glücklicherweise wenigstens die Radien freigelassen, so würde das Mikroskop, das dioptrische Fernrohr und das photographische Objektiv nicht existieren.

Alle diese Beispiele beweisen nun aber nur eins, nämlich daß das Schema des Inventats, das wir zunächst aus den allgemeinsten und einfachsten Eigenschaften unserer Welt

---

Kugelgestalt der optischen Gläser, Anhang (20).

abgeleitet haben, überall da anwendbar ist, wo Erfindung im Leben auftritt. Sie beweisen aber nicht, daß Erfindung und Inventat dasselbe ist, denn die allgemeine Anwendbarkeit würde auch dann stattfinden, wenn der Inventatbegriff ein größeres Gebiet von Erscheinungen umfaßte als der Erfindungsbegriff. Diese Seite der Frage ist also noch nachzuprüfen und wir bewegen uns damit im Rahmen des eingangs aufgestellten Arbeitsplans, denn diese Untersuchung kommt einfach darauf hinaus, dass wir jetzt zum Sprachgebrauch zurückkehren, den wir am Anfang dieses Kapitels verlassen haben, und den Umfang unseres künstlichen Begriffs mit dem Umfang des sprachgebräuchlichen Begriffs der Erfindung vergleichen.

Wir sehen sofort, daß in der Tat der Inventatbegriff, wenigstens in der Allgemeinheit, wie wir ihn zunächst aufgestellt haben, zu weit gefaßt ist, denn eine Koinzidenz zwischen einer natürlichen Möglichkeit und einem menschlichen Postulat ist zum Beispiel auch der Seeweg nach Ostindien.

Es fragt sich, ob es gelingt, klare Unterscheidungsmerkmale aufzufinden zwischen derartigen Entdeckungen und derjenigen Art von Entdeckung, die wir Invention genannt haben. Soweit dies etwa nicht der Fall sein sollte, würde sich darin ein Mangel des Sprachgebrauchs dokumentieren, da er ja dann, ohne dafür einen ausreichenden Grund zu haben, im einen Fall das eine, im anderen Fall das andere Wort vorschriebe. Gelingt es aber, eine sachliche Unterscheidung aufzustellen, so haben wir einfach unsere Definition entsprechend zu beschränken und bringen sie dadurch zur völligen Deckung mit dem Sprachgebrauch.

Eine Wesensungleichheit zwischen beiden Arten der Entdeckung ist leicht zu sehen und der Sprachgebrauch scheint sie richtig erkannt zu haben. Im einen Fall handelt es sich um konstante Eigenschaften, im anderen Fall nur um eine zufällige Anordnung der Materie. Die für unsere Erkenntnis notwendige Annahme der Konstanz der Natur wird in keiner Weise berührt, wenn wir uns eine Landbrücke zwischen Afrika und Südamerika bestehend und somit den Seeweg nach Ostindien gesperrt denken. Ja die Geologen lehren uns sogar, daß eine solche Landbrücke einst bestanden hat. Die Möglichkeit, durch Umfahren von Afrika nach Ostindien zu gelangen, ist also nur eine Folge einer zufälligen, ja einer vorübergehenden Anordnung der Materie. Vasco de Gama hat nicht ein für alle Zeiten gültiges Naturgesetz den Zwecken des Handels und der Schiffahrt dienstbar gemacht, wie etwa der Erfinder des Kompasses, sondern er hat nur eine Gelegenheit erkundet.

Noch deutlicher und gleichzeitig subtiler wird diese Unterscheidung, wenn wir einen Fall wie etwa den folgenden konstruieren. Bei der Insel Bornholm kommen sehr starke örtliche Abweichungen der Mißweisung vor. Würde jemand ein System ausarbeiten, durch Anschüttungen von Eisenerzen an den benachbarten Küsten oder auf dem Meeresgrunde diese Unregelmäßigkeiten auszugleichen, so daß die Schiffe bei Bornholm unbekümmert nach ihrem Kompaß steuern könnten, so würde der Sprachgebrauch ganz scharf unterscheiden. Soweit ein bestimmt definierbares System der Schüttungen in Frage käme, das unabhängig von den topographischen Eigentümlichkeiten dieser Gegend anwendbar wäre, würde man von einer Erfindung sprechen. Soweit es sich aber etwa nur darum handeln würde, unter Benutzung der gerade bei Bornholm vorkommenden Unregelmäßigkeiten der Mißweisung und der Konfiguration der umliegenden Küsten und des Meeresgrundes die postulierte Kompensation auszuführen, würde man nicht von einer Erfindung, sondern lediglich von einem Bauwerk, einer Leistung der Ingenieurkunst und dergleichen sprechen. Und diese sprachgebräuchliche Unterscheidung entspricht vollkommen unserer Annahme, denn soweit das allgemeine System der Kompensation in Frage käme, beruht die Möglichkeit, das Postulat einer bequemen und sicheren Navigation zu erfüllen, ausschließlich auf konstanten Eigenschaften der Materie, nämlich im wesentlichen auf der Eigenschaft des Eisens, die magnetischen Kraftlinien abzulenken und dem Gesetz, daß diese Wirkung umgekehrt proportional dem Quadrat der Entfernung der Eisenmassen ist. Soweit aber die besondere Art der Anwendung dieser

Eigenschaften des Eisens außer Frage wäre und nur die Konfiguration des Ufers in Betracht käme, wäre keine Erfindung im Spiel, weil diese Konfiguration zwar allgemein auch eine Eigenschaft der Materie ist, aber nicht eine konstante, sondern nur eine zufällige, gerade jener Gegend eigentümliche. Wir müßten unserer Weltanschauung Zwang antun, um den Magnetismus des Eisens für einen speziellen Fall wegzudenken, aber unsere Weltanschauung wird nicht davon berührt, wenn wir uns etwa Bornholm wegdenken oder die Annahme machen, daß es keine besonderen magnetischen Ablenkungen verursacht.

In diesem Sinne müssen wir also unsere Definition einschränken und wir können das am leichtesten tun, indem wir eine Unterdefinition des Begriffes der natürlichen Möglichkeit einführen, also etwa die natürliche Möglichkeit für unseren Erfindungsbegriff definieren als eine auf konstanten Eigenschaften der Materie beruhende Möglichkeit.

In der Tätigkeit der Invention ist in Wirklichkeit gar kein Unterschied zu finden, ob sie sich nun auf konstante oder örtlich oder zeitlich beschränkte natürliche Möglichkeiten bezieht. Aber indem das Volk den Sprachgebrauch ausbildete, der den Erfindungsbegriff auf diejenigen Inventate beschränkt, die auf konstanten Eigenschaften der Materie beruhen, wurde es doch von einem ganz richtigen Gefühl geleitet. Betrachtet man nämlich die Konstruktionen, denen die verschiedenen natürlichen Möglichkeiten zugrunde liegen, so ergibt sich, daß solche Konstruktionen, die auf zeitlich oder räumlich beschränkte Inventate aufgebaut sind, sich nicht beliebig wiederholen lassen, sondern eben nur in der Zeit und dem Ort ausführbar sind, in denen die Bedingungen dafür vorhanden sind. Sie kommen daher nur einem beschränkten Teil der Menschheit zugute, während die Kenntnis eines auf konstanten Eigenschaften der Materie beruhenden Inventats ein ewiges Gut der Menschheit ist. Der Sprachgebrauch schätzt also mit Recht das konstante Inventat höher ein als das zeitlich oder örtlich begrenzte.

Dabei zeigt sich nun aber ein sehr merkwürdiger Widerspruch. So streng der Sprachgebrauch unterscheidet, wo es sich um das Wesen der natürlichen Möglichkeit handelt, die dem Inventat zugrunde liegt, so nachsichtig ist er in der Behandlung der Bedürfnisse, die das Inventat befriedigt.

Wir sind von der Auffassung ausgegangen, daß jedes Bedürfnis eine Konsequenz einer Gruppe von menschlichen Eigenschaften sei, und sind dadurch zu der vorläufigen Annahme gelangt, daß die Gesamtheit der Bedürfnisse etwas Konstantes ist. Dies konnte aber nur mit dem Vorbehalt geschehen, später die Annahme selbst aus ihrem Zusammenhange abgelöst nachzuprüfen.

Wäre die Voraussetzung richtig, daß die Bedürfnisse unmittelbare Konsequenzen der menschlichen Eigenschaften sind, so würde ihre Konstanz offenbar nur durch etwaige Änderungen der menschlichen Eigenschaften selbst beschränkt werden, und da, soweit wir die Entwickelung des Menschen rückwärts verfolgen können, seine Eigenschaften sich nur sehr wenig und äußerst langsam verändert haben, so müßte eine entsprechend langsame und geringe Änderung seiner Bedürfnisse zu beobachten sein.

Dies ist wirklich der Fall für solche Bedürfnisse, die tatsächlich ausschließlich und unmittelbar auf den menschlichen Eigenschaften beruhen. Das ist aber ein sehr kleiner Prozentsatz aller menschlichen Bedürfnisse. Man muß nach Beispielen suchen und findet dann allerdings die erwartete Konstanz. Unter diese Klasse ist zunächst alles zu rechnen, was zu des Leibes Nahrung und Notdurft gehört; die Erfindung des Kochens, des Bratens, der Brotbereitung mit dem nötigen Geschirr, die Erfindung des Hauses, des Bettes; ferner solche Erfindungen, die zu unserem Körperbau in näherer Beziehung stehen, wie die Erfindung der Treppe, des Stuhles, des Tisches; endlich solche Erfindungen, die unseren natürlichen Lebensbedingungen genügen, wie die des Heizofens in seinen mannigfachen Formen, der Kleidung und so fort.

Diese flüchtig aufgestellte Liste zeigt uns schon, daß es sich hier in der Tat um Inventate handelt, deren Kenntnis bei allen Völkern bis weit in die prähistorischen Zeiten hineinragt und deren Ausbildung auch bis in die neuste

Zeit wenig oder gar nicht über das hinausgegangen ist, was uns schon aus jenen Urzeiten her überliefert ist. Aber wie lang sich auch die Liste bei einiger weiterer Forschung ausdehnen und ins einzelne verzweigen ließe, auch das erkennt man sofort, daß gegenüber der großen Menge unserer tatsächlichen Bedürfnisse, und wenn man von den ersten Zeiten der Waldmenschen-Existenz absehen will, gegenüber der großen Menge der Bedürfnisse aller Zeiten diese Liste der konstanten Bedürfnisse außerordentlich arm ausfällt.

Dementsprechend ist denn auch die große Menge der menschlichen Bedürfnisse nichts weniger als konstant, sondern sie befindet sich in einem Zustande fortwährender Entwickelung. Denn die Bedürfnisse sind nicht unmittelbare Folgen bloß der rein natürlichen Eigenschaften des Menschen, sondern sie sind in viel höherem Grade Folgen seines Kulturzustandes, seiner Erziehung, seiner sozialen Stellung, seiner persönlichen Lebensgewohnheiten, seines Wohnorts, kurz einer Unzahl von äußeren Umständen, die beständigem Wechsel unterworfen sind.

Haben wir nun einerseits gefunden, dass wir den Erfindungsbegriff zu weit auslegen, wenn wir ihn auf die Verwertung zufälliger oder örtlicher Anordnungen der Materie ausdehnen, im Gegensatz zu deren konstanten Eigenschaften, so finden wir nun, daß eine ähnliche Beschränkung in Bezug auf die Bedürfnisse, denen die Erfindung dient, nicht erforderlich ist. Wenn wir von Robinson Crusoe lesen, daß er sich eine Töpferscheibe konstruierte, so wird der Sprachgebrauch nicht anstehen, diesen Vorgang als eine Erfindung zu qualifizieren, obgleich die Koinzidenz zwischen der technischen Möglichkeit, die sich ihm bot, und seinem Bedürfnis nach einem Kochgefäß sich den Umständen des Falles gemäß nur auf ein einziges Individuum bezog. Hier könnte man höchstens einwenden, daß dieselbe Töpferscheibe auch unzähligen Generationen von anderen Menschen Nutzen gebracht hätte und gebracht hat, und dass man natürlich nicht für einen so eigentümlichen Fall eine besondere Begriffsbezeichnung von der Sprache fordern kann.

Aber nehmen wir etwa die Bedürfnisse einer Polarexpedition, die Erfindung einer besonderen Lampe, um Schnee aufzutauen, wie sie Nansen auf seiner Schlittenreise durch Grönland brauchte, oder dergleichen, so haben wir das Bedürfnis auf eine ganz kleine Zahl von Menschen und auf eine ganz kurze und bestimmt begrenzte Zeit ihres Lebens beschränkt, ohne daß dadurch der Erfindungsbegriff berührt würde.

Ganz dasselbe ist mehr oder weniger deutlich ausgeprägt überall zu beobachten. Eine Einrichtung, welche die Arbeiter gewisser Berufszweige gegen spezifische Berufskrankheiten schützt, kommt nur dieser beschränkten Gruppe zugute und kann darum doch eine Erfindung sein. Eine Erfindung, die sich auf das Seewesen bezieht, hat keinen oder nur einen ganz indirekten Nutzen für die große Mehrzahl der Menschen, die ihr Leben auf dem Lande zubringen, und so fort.

In ähnlicher Weise, wie durch die Lebensweise, differentiieren sich auch die Bedürfnisse nach der natürlichen Umgebung, in welcher der Mensch lebt. Ein Segelschlitten würde in Afrika nicht verkäuflich sein und eine Löwenfalle nicht in Island. Viel größer sind aber die Unterschiede in den Bedürfnissen, und zwar sowohl ihrer Art, wie ihrer Zahl nach, welche die Zeit hervorbringt. Für den wilden Australier oder für seinen älteren Vetter, den Schweizer Pfahlbauer oder den französischen Höhlenmenschen ist ein gutes Steinmesser ein Schatz, ein Vermögen. Der moderne Kulturmensch weiß nichts Besseres damit anzufangen, als es in seinen Museen auszustellen. Pfeil und Bogen, noch in der Kulturwelt des Mittelalters eine ernste Waffe, existiert heute nur noch als Spielzeug. So der Wurfspeer, so das Blasrohr, so das Kanoe, so fast jedes Stück aus jener Kulturperiode. Vergleicht man die Bedürfnisse eines solchen Wilden auf der anderen Seite mit denen eines anthropomorphen Affen, so findet man, daß dieser ihm darin viel näher steht, als der Kulturmensch.

Läßt man nun aber einen solchen Australier in einem Kulturlande aufwachsen, so mag er in mancher Beziehung intellektuell hinter der Durchschnittsjugend des Landes zurückbleiben, in Bezug auf die Mannigfaltigkeit seiner Be-

dürfnisse wird er es ihr leicht gleichtun. Ja, er braucht
dazu kaum eine besondere Erziehung, schon ¦nach kurzer
Zeit des Aufenthaltes wird er unzählige Dinge zu gebrauchen
und zu wünschen gelernt haben, die ihm in seinem Urzustande
völlig gleichgültig waren.

Also hier haben wir eine Entwickelung der Bedürfnisse,
die nicht auf einer entsprechenden Entwickelung der menschlichen Eigenschaften beruht und auch nicht auf seiner natürlichen Umgebung, denn der alte Höhlenmensch und der
moderne Kulturmensch sind beide Einwohner desselben
Frankreichs. Diese Entwickelung beruht vielmehr auf der
Entwickelung der sogenannten Kultur, und die Kultur,
wenigstens die materielle Kultur, auf die es hier ankommt,
ist nichts weiter, als der im Laufe der Zeit aufgespeicherte
Schatz von Erfindungen, die Kenntnis einer gewissen Zahl
von Inventaten.

Die Gesamtheit der Bedürfnisse, oder man könnte
sagen, das Bedürfnisniveau ist also eine Funktion ¦vorauf-
gegangener Erfindungen. Die Befriedigung älterer Bedürfnisse hat nicht Sättigung erzeugt, sondern das Gegenteil. Aus jedem Bedürfnis, das befriedigt wurde, ist eine
große Zahl von neuen Bedürfnissen erwachsen.

Diese Erscheinung beruht offenbar zum Teil auf rein
psychologischen Eigentümlichkeiten des Menschen. Es ist
zwar richtig, daß der Geist in seinen Wünschen von der
Erfüllungsmöglichkeit unabhängig ist, aber diese Unabhängigkeit ist in verschiedener Weise beschränkt. Zweifellos
wünschen wir erfüllbare Dinge sehr viel intensiver als unerfüllbare. Nur der Glaube an die Möglichkeit des Erfolges
kann uns zu Taten spornen, die auf Befriedigung irgend
eines Wunsches abzielen. Die Entwickelung der Erfindung
oder der Technik rückt aber fortwährend Dinge in den Be-
reich des Möglichen, die der voraufgehenden, weniger entwickelten Kulturperiode noch als völlig unerreichbar erschienen, und mit der Nähe des Verlangten wächst die Sehnsucht, es zu besitzen.

Noch viel fruchtbarer als dieser Vorgang ¦in der Erzeugung von Bedürfnissen ist die Erweiterung der allgemeinen

Anschauungen und die Vermehrung der Kenntnisse, die durch das Zusammenwirken der Gesamtheit der Erfindungen erzeugt wird. Unsere Phantasie klebt eben in weit höherem Grade an der Scholle, als man sich gewöhnlich klar macht. Will man sich von einem zukünftigen materiellen Kulturzustande ein Bild machen, so kann man niemals weit über dasjenige hinaus, was man selbst gesehen oder durch Überlieferung gelernt hat. Man kann sich nur solche Dinge mit einiger Bestimmtheit vorstellen, welche innerhalb des Bereichs der bisherigen Erfahrungen liegen. Will man darüber hinaus, so ist man im wesentlichen darauf angewiesen, das Erfahrene zu vergrößern, zu verkleinern oder zu verzerren. Homer und Herodot hätten ihre Phantasie anstrengen mögen soviel sie wollten, nie hätten sie sich von dem Getriebe einer modernen Großstadt eine Vorstellung bilden können. Mag Caesar ein noch so großes strategisches Genie und nebenbei kein schlechter Ingenieur gewesen sein, ein Magazingewehr oder gar einen Torpedo auch nur als ein Märchen zu träumen, wäre ihm kaum gelungen. Jules Verne muß zur Durchführung seiner Phantasien die gröbsten Verstöße gegen die allgemeinen Naturgesetze zu Hilfe nehmen, und doch wie ärmlich fallen sie bei alledem noch aus, wenn man sie mit der Wirklichkeit vergleicht! Wir können uns eben von der Wirklichkeit nicht annähernd so weit entfernen, wie die Wirklichkeit sich im Laufe der Zeit von sich selbst entfernt.

Der Einwohner des Kulturlandes dagegen wächst mit allen den Dingen auf, die zu seiner Kulturperiode gehören, erhält also durch seine Erziehung Kenntnis von der ungeheuren Masse von Vorarbeit, die seine Vorfahren in langer Reihe seit der prähistorischen Zeit geleistet und überliefert haben, und die bloße Kenntnis dieser so entwickelten Lebensbedingungen gebiert eine Unzahl von Bedürfnissen, auf welche die Mitglieder einer weniger entwickelten Kulturperiode überhaupt gar nicht verfallen können. Wie sollte Odysseus darauf kommen, sich einen Füllfederhalter zu wünschen, da er nicht schreiben konnte, oder gar eine Druckerpresse? Archimedes hätte gewiß stets einen Rechenschieber bei sich getragen, wenn er im neunzehnten Jahrhundert gelebt hätte, aber wie konnte er ihn sich wünschen, da er die Logarithmen überhaupt nicht kannte? Columbus hatte ein weit größeres objektives Bedürfnis nach einer photographischen Kamera, als irgend ein späterer Entdeckungsreisender, aber er empfand es nicht, denn zu seiner Zeit hatte noch niemand die Vorstellung, daß es gelingen könnte, das flüchtige Bild für die Augen anderer festzuhalten.

Zu diesen subjektiven Momenten gesellen sich noch einige objektive. Wir haben schon gesehen, daß es durchaus nichts Ungewöhnliches ist, daß der Erfinder selbst erst das Bedürfnis entdeckt, das er durch seine Erfindung befriedigt. Diese Entstehungsweise der Bedürfnisse muß also ohne weiteres zu ihrer Vermehrung infolge der Vermehrung der Erfindungen führen. Als ein Beispiel einer solchen Erfindung haben wir weiter oben das Barometer besprochen. Dem Schema genügt vielleicht noch besser das berüchtigte Cri-cri. Ehe es bekannt wurde, haben die wenigsten daran gedacht, daß es sie befriedigen würde, ein knackendes Geräusch zu machen. Überhaupt gehören die meisten neuen Spielzeuge unter diese Kategorie, wenn man nicht etwa allgemein ein Bedürfnis nach neuen Spielzeugen annehmen will. Unter diese Kategorie können auch solche Erfindungen gerechnet werden, die eine erhebliche Preisherabsetzung irgend eines Produkts herbeiführen, das bisher wegen seiner Kostbarkeit wenig oder gar nicht verwendet wurde, so zum Beispiel die Erfindung, Aluminium im elektrischen Ofen darzustellen. Hier haben die Erfinder und Unternehmer sich bekanntlich arg verrechnet, indem sie einen großen Bedarf für Aluminium voraussetzten, der später nicht eintrat. So mußte das Aluminium betteln gehen, und die Produzenten zogen förmlich systematisch auf die Suche nach Bedürfnissen dafür. Nicht viel anders ging es mit dem Calciumcarbid, und der Erfolg beider Kampagnen ist gewesen, daß für diese Erzeugnisse eine ganze Reihe von Bedürfnissen schließlich entstanden ist, die man vor ihrer Zeit nicht kannte.

Diese Erfindungen also haben Bedürfnisse erzeugt.

Und noch in anderer Weise gebären viele Erfindungen durch ihre bloße Verwendung neue Bedürfnisse. Bell erfand zunächst bloß das Telephon. Kaum aber wurde dessen Gebrauch für den öffentlichen Verkehr eingeführt, so entstand eine Unzahl von Unterbedürfnissen. Eine der ersten Früchte war das Mikrophon. Dann mußten besondere Schalter, Stöpsel-Kontakte, Kondensatoren, Drosselspulen, Blitzableiter, Schaltungssysteme, Ruf- und Überwachungsvorrichtungen, Telephonkabel, bis hinab zum Pupinschen Dämpfungssystem erfunden werden, um die mannigfachen Unterbedürfnisse zu befriedigen, welche die Haupterfindung nach sich gezogen hatte. Diese Erscheinung ist so häufig, daß sie geradezu als die Regel angesehen werden kann. Die Erfindung riemenloser Schlittschuhe verlangte einen besonders gearteten Stiefel. Die Erfindung der Trockenplatte zog die Erfindung der Handkamera mit ihrem mannigfachen Zubehör nach sich, die Erfindung der Schreibmaschine gebar das Farbband, den Konzepthalter, die Radierschablone und so fort.

Wieder eine andere Art der Vermehrung unserer Bedürfnisse durch die Erfindung selbst besteht darin, daß deren partielle Befriedigung unsere Lebensgewohnheiten derart ändert, daß die Befriedigung des vorher vorhandenen Bedürfnisses wieder aufgehoben wird. Oder aber es entsteht durch die partielle Befriedigung eines Bedürfnisses Verwöhnung, so daß die Sehnsucht nach vollkommenerer Befriedigung erst dadurch ausgelöst wird.

Beide Abarten dieses Prinzips werden gut durch die Entwickelung der künstlichen Beleuchtung veranschaulicht. Während durch die Jahrtausende bis zum Ende des achtzehnten Jahrhunderts die Menschheit auf qualmende, offen brennende Öllämpchen, auf Kienspäne, Pechfackeln und Kerzen angewiesen war, setzt um diese Zeit eine Reihe von Erfindungen ein, die mit dem Argandschen Rundbrenner und dem gläsernen Lampenschlot beginnt, und die ganze Gastechnik, Rüböl- und Petroleumlampentechnik, das elektrische Licht, die Glühstrümpfe, bis hinab zu den neusten, zum Teil noch im Werden begriffenen Ausläufern der Beleuchtungskunst durchmißt. Die erste Folge dieser Entwickelung ist eine Veränderung der Lebensgewohnheiten. Die Menschen, wenigstens die Stadtbewohner, beginnen später aufzustehen und später zu Bett zu gehen. Dadurch wird also die Befriedigung des Bedürfnisses, welche durch die ersten Argandlampen erreicht war, wieder fast vollständig aufgehoben, denn da man bei einer solchen Veränderung der Tageseinteilung einen größeren Teil seiner Zeit bei künstlichem Lichte zubringt, so muß notgedrungen das Verlangen nach weiteren Verbesserungen jenes Beleuchtungsmittels wachsen, das, mit seinen Vorgängern verglichen, ein großer Fortschritt war, aber, mit dem Tageslichte verglichen, das man dafür opferte, noch recht erbärmlich erscheinen mußte. Indem dann aber die Technik sich beeilt, diesen Bedarf von neuem zu decken, tritt fast unmittelbar der zweite Faktor ein, die Verwöhnung. Gerade auf diesem Gebiete ist die Erscheinung besonders gut ausgeprägt, weil nämlich selbst die beste künstliche Beleuchtung mit gutem Tageslichte kaum wetteifern kann. Da wir aber noch immer das Tageslicht als das natürliche, als dasjenige empfinden, das uns eigentlich zukommt, so nehmen wir jede Verbesserung des künstlichen Lichtes etwa mit dem Gefühle eines Mannes entgegen, dem jemand eine Schuld bezahlt, und der vorige Zustand, bei dem wir vor kurzem noch ganz zufrieden zu sein glaubten, erscheint uns sofort als eine unerträgliche Entbehrung. Unseren Vätern schien ein Schwalbenschwanzbrenner schon eine sehr luxuriöse Lichtquelle, um dabei zu arbeiten. Wir mögen denselben Brenner kaum noch als Flurbeleuchtung in unseren Häusern dulden, und auf der Straße ist er überall durch den Auerstrumpf verdrängt.

Es ergibt sich also, daß die Forderung der Konstanz, die der Sprachgebrauch für die Grundlagen der Lösungsmöglichkeit aufstellt, wenn er den Erfindungscharakter des Inventats anerkennen soll, für die Bedürfnisse nicht besteht. Damit Erfindung vorhanden sei, ist es nur nötig, daß irgend ein menschliches Bedürfnis durch eine natürliche Möglichkeit befriedigt werde. Es braucht aber weder ein Bedürfnis zu sein, das von allen Menschen empfunden wird, noch ein Bedürfnis, das eine längere Lebensdauer besitzt. Die Quantität und Intensität des Bedürfnisses sind zwar bestimmend für die Anerkennung, die wir dem Erfinder für dessen Befriedigung zollen, aber unsere Begriffsbestimmung bleibt davon unberührt.

Und gerade diese Freiheit, die uns der Sprachgebrauch in Bezug auf die Bedürfnisse gewährt, bringt unser Schema damit in völligen Einklang. Wir hatten angenommen, daß die Zahl der menschlichen Bedürfnisse endlich ist, und daß sie sich daher in eine endliche, wenn auch sehr umfangreiche Liste ordnen lassen. Diese Annahme ist nun offenbar in der Allgemeinheit, in der wir sie gemacht haben, unrichtig. Richtig ist, daß die Bedürfnisse eine Funktion der menschlichen Eigenschaften sind, und richtig ist auch, daß die Zahl der menschlichen Eigenschaften endlich ist. Aber bei der Erzeugung der Bedürfnisse paaren sich Gruppen der menschlichen Eigenschaften mit einer Unzahl von äußeren Faktoren, die einer dauernden Entwickelung und daher beständigem Wechsel unterworfen sind. Bedürfnisse, die heute der Mehrzahl nahezu als Lebensbedingungen erscheinen, sind morgen vergessen und durch neue ersetzt und überwuchert, von denen heute noch niemand etwas weiß. Müßten wir also unser Schema so konstruieren, daß es diese Entwickelung ausdrückte und darstellte, so hätten wir uns eine unerfüllbare Aufgabe gestellt. So aber steht es uns frei, soweit die Bedürfnisse im Erfindungsbegriffe figurieren, unsere Betrachtung auf einen Zeitpunkt zu beschränken. Für jeden einzelnen Zeitpunkt ist auch der Kulturzustand eine endliche Größe, mithin für diesen Zeitpunkt die Zahl der Bedürfnisse endlich und durch unser Schema darstellbar.

Wie reimt sich nun aber gerade die Annahme, auf der das Schema aufgebaut ist, das Fehlen des Kausalnexus zwischen Bedürfnissen und natürlichen Möglichkeiten mit der erörterten Entwickelung und Erzeugung der Bedürfnisse durch die voraufgehenden Erfindungen? Wird, wie wir gesehen haben, die große Mehrzahl der Bedürfnisse durch das Zusammenwirken der Gesamtheit voraufgehender Erfindungen erzeugt, so sind sie zweifellos auch eine Funktion der natürlichen Möglichkeiten, die einen integrierenden Bestandteil jener Erfindungen bilden.

Trotzdem liegt hierin kein Widerspruch. Die Annahme von der Unabhängigkeit der Bedürfnisse ist eben nicht so zu verstehen, als ob die menschlichen Bedürfnisse überhaupt jedes Kausalzusammenhanges mit der materiellen Welt außer uns entbehrten, sondern nur so, daß dieser Kausalzusammenhang ihnen mit Bezug auf ganz bestimmte Eigenschaftengruppen der materiellen Welt abgehe, nämlich immer diejenigen, auf welchen die Möglichkeiten beruhen, das betreffende Bedürfnis zu befriedigen. In Bezug auf diese natürlichen Möglichkeiten haben wir aber auch gar keine Abhängigkeit nachgewiesen. Wenn wir beispielsweise gesehen haben, daß die Möglichkeit, Rüböl auf einem röhrenförmigen Docht in einem Glasschlot zu brennen, das Bedürfnis nach noch besseren Beleuchtungswerkzeugen ausgelöst hat, so folgt daraus eben nicht ein Kausalnexus zwischen diesem Bedürfnis und den Mitteln zu seiner Befriedigung, nämlich den Nachfolgern der Argandlampe, der Moderateurlampe, der Petroleumlampe, der Gasbrenner usw. Nur in Bezug auf diese beiden Faktoren ist aber unsere Annahme gemacht worden, und die Abhängigkeit der Bedürfnisse von den älteren Erfindungen gibt also keine Veranlassung, die Annahme zu verwerfen oder abzuändern. Sie deckt sich vollkommen mit den Erscheinungen des Lebens auf der einen und mit dem Sprachgebrauch auf der anderen Seite.

Und noch in einem anderen Sinne ist die Erkenntnis von der Abhängigkeit der Bedürfnisse von dem Kulturzustand geeignet, unsere Auffassung zu vertiefen. Offenbar existiert für uns Menschen die Welt nur so weit wir sie kennen, und diejenigen Eigenschaften der Außenwelt, welche technisch verwendbare Möglichkeiten konstituieren, sind praktisch sogar noch viel mehr eingeschränkt. Wir können beispielsweise nur solches Material verwenden, dessen wir habhaft werden können oder auch, wenn wir es bereits haben, dessen Verarbeitung zu irgend welchen bestimmten Zwecken durch die uns zu Gebote stehenden Mittel möglich ist. Diese Mittel nun unterliegen einer ganz ähnlichen Entwickelung, wie die Bedürfnisse. Die Verwendung von Aluminium war zwar immer natürlich möglich, es war auch seit langer Zeit bekannt, aber es konnte doch erst tatsächlich verwendet werden, nachdem vorher der elektrische Ofen erfunden worden war, der seine Darstellung in genügenden Mengen und genügend wohlfeil ermöglichte. Um den elektrischen Ofen zu erfinden, mußte wieder eine lange Reihe von Erfindungen voraufgehen: Galvani mußte den elektrischen Strom entdecken, Davy den Lichtbogen, Siemens das Prinzip der Selbsterregung, Pacinotti mußte seine Ringwickelung erfinden und Gramme mußte Pacinottis Ring mit der Siemensschen Selbsterregung kombinieren. Und das sind nur die großen Etappen auf dem langen Wege, den mehrere Generationen von Forschern und Erfindern in tausend Einzelheiten durchmessen mußten, bis die heutige billige Aluminium-Darstellung erreicht war.

Welche vortrefflichen Dienste hätten nicht Caesar bei der Unterjochung der Veneter oder der Belgier ein paar Dampfboote geleistet. Aber hätte sie ihm ein Gott geschenkt, hätte er ihm selbst eine vollständige Gebrauchsanweisung mitgegeben, die Freude hätte doch nicht lange gedauert. Schon beim ersten Zusammenbruch der Maschinen, bei der ersten Beschädigung der Außenhaut, wären die damaligen Ingenieure völlig hilflos gewesen. Wenn sie auch genial genug gewesen wären, um die richtigen Methoden zu ersinnen — das nötige Material zu beschaffen, die nötigen Mittel der Bearbeitung auszubilden, erfordert eben die Arbeit von Generationen, die durch keine Geistesgröße zu ersetzen ist. Noch sein späterer Nachfolger, Napoleon I., dem tatsächlich eins der ersten Dampfboote angeboten worden ist, hat nichts damit anfangen können. Und als fünfzig Jahre später Brunel den „Great Eastern" baute, machte er damit ein geschäftliches Fiasko, nicht, weil so große Schiffe aus allgemeinen natürlichen Gründen ein Unding sind, sondern bloß weil die Technik des Schiffbaues und des Schiffsmaschinenbaues noch nicht genug entwickelt war, um sich an solche Aufgaben mit Erfolg heranwagen zu können. Heute ist der „Great Eastern" bekanntlich schon mehrfach und mit glänzendem Erfolge an Größe über holt. Damit also das Inventat des Dampfbootes nicht bloß potentiell, sondern auch aktuell existierte, mußte eine große Anzahl von Vor-Inventaten erst gefunden werden.

Es zeigt sich demnach auch für die technischen Möglichkeiten, die im Inventat figurieren, eine Entwickelung, eine Abhängigkeit von dem materiellen Kulturzustand, von den voraufgehenden Inventaten. Dieses Ergebnis ist aber auch nicht im Widerspruch mit dem Satz, den wir eingangs aufgestellt haben, daß das Inventat von der Zeit unabhängig sei. Es gibt uns nur die Erklärung dafür, warum uns dieser Satz, als wir ihn fanden, zunächst als ein Paradoxon anmutete. Die Natur selbst hätte nämlich auch Caesar nicht das geringste Hindernis in den Weg gelegt, etwa schon damals die Creuzotschen Werke zu errichten und seinen Dampfer darin ausbessern zu lassen. Was ihm fehlte, waren die Kenntnisse und insofern es einem Menschen oder auch einer Generation von Menschen nicht gegeben ist, die Arbeit von vielen Generationen zu leisten, so fehlte eben diese Vorarbeit. Für den Arbeiter, der im praktischen Leben steht, kommt es aber ganz auf dasselbe hinaus, ob etwa die Natur überhaupt keinen härteren Körper erzeugt, als den Diamant, um einen Bohrkopf zu besetzen, oder ob tatsächlich ein solcher Körper potentiell existiert, aber bisher noch nicht gefunden oder dargestellt ist oder billig genug dargestellt werden kann. Nur die tatsächlichen Erfindungen und nur die praktische Möglichkeit, technische Probleme zu lösen, haben wir aber vor Augen und daher machen wir uns nicht klar, daß die potentiellen Inventate ihnen in Bezug auf ihre objektive Existenz völlig gleichberechtigt sind, jedenfalls in demselben Maße, wie die unentdeckten naturwissenschaftlichen Wahrheiten den bereits entdeckten.

Eines Falles einer scheinbaren Ausnahme von dieser Regel ist aber hier zu gedenken. Als Auer von Welsbach die Entdeckung machte, daß die sogenannten „seltenen Erden" sich zur Verarbeitung für die jetzt allgemein eingeführten Glühstrümpfe eignen, waren jene Erden wirklich selten. Wenn ihr Preis so hoch geblieben wäre, wie er damals war, oder dem wachsenden Bedarf entsprechend, gar noch gestiegen wäre, so ist es sehr zweifelhaft, ob der Glühstrumpf im wirtschaftlichen Sinne überhaupt eine brauchbare Erfindung geworden wäre. Aber die sonst so spröde Natur zeigte sich einmal willfährig und es geschah das Wunder, daß trotz des außerordentlich stark anwachsenden Bedarfs, der Preis der seltenen Erden von Jahr zu Jahr stetig fiel, und heute gehören sie überhaupt nicht mehr zu den Körpern, die man selten nennt. Da sie bis dahin nur für Laboratorien und wissenschaftliche Kabinette Interesse gehabt hatten, war die Tatsache unentdeckt geblieben, daß es an vielen Stellen der Erdoberfläche reiche Lager von dem sogenannten Monazit gibt, dem Mineral aus dem sie gewonnen werden. Jetzt winkten auf einmal dem Finder reiche Prämien, und so wurden jene Lager schnell bekannt.

In Wirklichkeit ist übrigens der praktische Erfinder meist noch weit mehr in der Auswahl aus den Möglichkeiten, die ihm die Natur und die Technik bieten, beschränkt als durch die Grenzen seiner Kenntnis. Die Ostseefischer befestigen ihre Focksegel am Stag ihrer Boote mit eigentümlichen Hornringen, die ganz so aussehen, als wären sie etwa unter den Resten der Schweizer Pfahlbauten oder in den Dänischen Kjöckenmöddingern zutage gekommen. Sie sind einfach dadurch erzeugt, daß der hohle Teil eines Rinderhornes mit der Säge durchgeschnitten ist. Diese Lösung ist gewiß nicht die technisch vollkommenste, die dem Fischer möglich wäre, denn es stehen ihm ja die Märkte hoch kultivierter Hafenstädte zur Verfügung. Aber die Lösung ist unter den Umständen, unter denen er nun einmal lebt, die wirtschaftlich weitaus vollkommenste, denn der Kuhhornring kostet ihn nichts. Jedesmal, wenn im Heimatsdorf ein Rind geschlachtet wird oder fällt, gibt es Ringe genug, um ein Boot damit auszustatten.

Dieselben Fischer gebrauchen zum Ausspannen ihrer Netze hölzerne Anker, die aus vier Baumästen mit spitzwinklig angewachsenen Zacken bestehen. Sie sind mit Tau oder Bast so zusammengebunden, daß die vier Zacken nach allen Seiten auseinanderspreizen und die Fluken bilden. Zwischen die Äste wird ein Stein eingeklemmt, der dem

Ganzen die nötige Schwere verleiht. Daneben sieht man neuerdings auch nicht selten eiserne Draggen in Gebrauch, ein Beweis, daß die hölzernen nicht etwa bloß aus Anhänglichkeit an die Sitten der Väter beibehalten werden, sondern eben unter den gegebenen Verhältnissen einfach die wirtschaftlich vollkommenste Lösung der Aufgabe darstellen.

Ähnliche hölzerne Anker, aber mit nur einer Fluke, sind nach Wallace bei den Malayen in Gebrauch.

Bei den Bauern im Berner Oberland sieht man häufig an den Türen der Sennhütten und Viehställe eiserne Türangeln mit merkwürdig ausgezackten Rändern. Wer näher zusieht, erkennt, daß es die Enden von alten Baumsägen sind, die einfach durchbohrt und an die Tür angenagelt worden sind. Daneben finden sich auch Türangeln, die aus Holz geschnitzt sind. Die Baumsägen selbst werden von den Fabrikanten in den Städten erzeugt und eingeführt, und die Bauern müssen sie bezahlen, weil sie ihnen ein notwendiges Lebensbedürfnis sind. Hat eine solche Säge ausgedient, so ist sie altes Eisen und würde als solches den Rücktransport nach der Stadt nicht bezahlt machen. Braucht man aber eine Türangel, so müßte man sie entweder beim Schmied bestellen, oder mühsam aus Holz schnitzen, das alte Sägeblatt dagegen „hat man".

Dieses Prinzip beherrscht indessen keineswegs bloß solche Bevölkerungskreise, die in ihren Hilfsmitteln so beschränkt sind, wie Fischer und Bauern, sondern es gilt allgemein in der ganzen Technik. In den wenigsten Fällen darf der Erfinder nach der technisch vollkommensten Lösung seines Problems suchen, sondern er sucht und muß suchen nach einer passenden Mitte zwischen der technisch vollkommensten und der billigsten Lösung, mit einem Wort nach der gewerblich oder wirtschaftlich vollkommensten Lösung.

So ist zum Beispiel von allen Metallen das Silber der beste Leiter des elektrischen Stroms. Würden also die technisch vollkommensten Lösungsformen elektrischer Apparate und Maschinen an Stelle der wirtschaftlich vollkommensten

Hölzerne Anker bei den Malayen, Anhang (21).

ausgeführt, so würde man sie mit Silberdraht anstatt mit Kupferdraht bewickeln. Tatsächlich wird Silber aus diesem Grunde bei einzelnen Meßinstrumenten für besondere Zwecke angewendet, bei denen der Vorteil der größeren Leitungsfähigkeit die Mehrkosten überwiegt, die bei den wenigen, an und für sich sehr kostbaren Instrumenten nicht ins Gewicht fallen.

Bei Telegraphendrähten dagegen verwendet man sogar meist Eisen, einen sechs- bis achtmal schlechteren Leiter als Kupfer, denn in diesem Fall spielt ein anderer wirtschaftlicher Faktor noch eine wichtige Rolle. Die billigste, wenn auch durchaus nicht in allen Fällen technisch vollkommenste Telegraphenleitung ist nämlich die Luftleitung. Je mehr Stützen man braucht, um den Draht isoliert aufzuhängen, desto teurer wird die Leitung. Je größer die Zugfestigkeit des Drahtes ist, desto weniger Stützen braucht man. Eisendraht und besonders Stahldraht besitzen aber eine größere Zugfestigkeit als Kupferdraht. Man schlägt also zwei Fliegen mit einer Klappe, indem man Eisendraht oder Stahldraht verwendet, denn man spart an der Leitung und an den Stützen.

Wollen wir auch diesen Gesichtspunkt in unsere Formel aufnehmen, so müssen wir die natürliche Möglichkeit durch die wirtschaftliche ersetzen, und wenn die Formel dann auch nicht mehr allgemein den Begriff der Erfindung umfaßt, so umfaßt sie doch alle diejenigen Erfindungen, die uns materiell interessieren, denen unser gegenwärtiger Gesellschaftszustand seine Entstehung und sein Leben verdankt, nämlich alle brauchbaren, alle erfolgreichen Erfindungen.

Drittes Kapitel.

Die Invention.

Der Teilbegriff des Inventats, den wir im vorigen Kapitel
entwickelt haben, hat uns in der Erkenntnis vom Wesen der
Erfindung um einen guten Schritt vorwärtsgebracht, aber
wo bleibt bei dieser Theorie die ganze Romantik der Erfindung? Wo steckt der Geist, der darin doch eine so bedeutende Rolle spielt, daß wir ihn gewöhnlich sogar als den
alleinigen Schöpfer der Erfindungen gepriesen sehen? Dürfen
wir unseren bisherigen Resultaten trauen, so muß er sich in
dem Rest vorfinden, dessen Untersuchung wir uns vorbehalten
haben, in der Invention. Und in der Tat, wenn wir uns im
Leben umsehen, finden wir dies allenthalben bestätigt. Nur
in den schon bekannten Erfindungen, die alltäglich geworden sind, tritt uns das Inventat rein entgegen, und da
finden wir es denn auch aller Romantik seiner ersten Ent-
deckungsgeschichte fast völlig entkleidet. Wer denkt bei dem
Anblick einer Gaslaterne an den wunderlichen Murdoch, der
auf seinen nächtlichen Ritten eine Schweinsblase voll Leucht-
gas mit sich führte, um sich damit den Weg zu erhellen?
Wer denkt bei einer Fahrt auf der Stadtbahn an den Wettlauf der Lokomotiven bei Rainhill oder, wenn er auf die
Wanduhr blickt, an den jungen Galilei, der im Dom zu Pisa
an seinem Pulse die Schwingungsdauer der pendelnden Kronleuchter maß?

Begriff des Inventats, Anhang (22).

Aber auch die Invention, scheint es, läßt sich auf ein ähnlich dürftiges Schema zurückführen. Von Edison wird erzählt, daß er einst einen Körper von bestimmten Eigenschaften haben wollte, aber keinen solchen Körper kannte. Er gab einer Chemikalienhandlung den Auftrag, ihm sofort von allen Körpern je eine Probe zu liefern, und stellte einen Chemiker an, sie der Reihe nach zu untersuchen und ihm den zu bringen, der die verlangten Eigenschaften aufwiese.

Das ist das Schema. Existiert der Körper nicht in der Schöpfung, so kann auch das größte Erfindergenie ihn nicht herbeischaffen. Ist er aber vorhanden, so bedarf es des Geistes überhaupt nicht. Man braucht nur alle Körper in eine Reihe zu ordnen und systematisch durchzuprobieren, so muß er sich finden. Höchstens käme der Geist als einfache Denkmaschine in Frage. Anstatt die verschiedenen Möglichkeiten körperlich durchzunehmen, kann man sie sich auch nach dem Gedächtnis vergegenwärtigen. Findet sich keine Deckung, so geht man einen Schritt weiter, indem man mehrere bekannte Möglichkeiten kombiniert, und führt auch das noch nicht zum Ziel, so nimmt man etwa einige bekannte Möglichkeiten zusammen, denen noch ein unbekanntes Glied fehlt, um eine gute Deckung zu gewähren, und untersucht, ob nicht vielleicht auch dieses Glied in Wirklichkeit vorhanden und nur bisher der Forschung entgangen ist.

Aber Edison fand den gesuchten Körper nicht, und die Erfindungsmaschine, die wir nach seinem Vorbilde konstruieren können, dürfte ebensowenig leisten, beide aus demselben Grunde. Die Unrichtigkeit der Methode selbst ist nicht daran schuld. Sie ist die notwendige Konsequenz aus unangreifbaren Prämissen. Aber es läßt sich auch mathematisch beweisen, daß man ohne Hilfe des Geistes alle möglichen Bücher schreiben könnte, einfach indem man das Alphabet permutiert — wohl bemerkt, wenn unser Leben lang genug wäre.

Hier muß also der Geist eingreifen und muß mit Hilfe einer vollkommneren Methode oder vielleicht auch ohne jede greifbare, bewußte Methode einen Weg finden, der schneller zum Ziele führt. Daß er es kann, erkennen wir an den Früchten. Wie er es macht, können wir bis zu einem gewissen Grade beschreiben; es zu begreifen, hieße einen der wunderbarsten, wenn nicht den wunderbarsten Teil der Mechanik unseres Gehirns enträtseln.

Helmholtz schildert die Gedankenoperationen, die ihn zur Lösung mathematisch physikalischer Probleme geführt haben, mit den Worten:

„Ich mußte mich vergleichen einem Bergsteiger, der, ohne den Weg zu kennen, langsam und mühselig hinaufklimmt, oft umkehren muß, weil er nicht weiter kann, bald durch Überlegung, bald durch Zufall neue Wegspuren entdeckt, die ihn wieder ein Stück vorwärtsleiten, und endlich, wenn er sein Ziel erreicht, zu seiner Beschämung einen königlichen Weg findet, auf dem er hätte herauffahren können, wenn er gescheit genug gewesen wäre, den richtigen Anfang zu finden.“

Und wohl hieran anknüpfend Max Eyth:

„Wenn jedoch ein Erfinder die Schilderung liest, die Helmholtz von der Art und Weise seiner Geistesarbeit giebt, — dem halb unbewußten Spiel der Phantasie, dem sprungweisen Erfassen einer Wahrheit, einer Tatsache, die den Augenblick zuvor seinem Sinne völlig fernlag, so wird er mit Erstaunen gewahr, daß in beiden Fällen dieselbe bewegende Kraft, ja dieselbe Arbeitsweise des Geistes zum Ziele geführt hat.“

An anderer Stelle giebt Eyth selbst eine so zutreffende Schilderung dieser Denkvorgänge, daß wir nicht besser tun können, als sie im Wortlaut hierher zu setzen.

„Sicher ist indessen, daß mühevolles Denken allein Erfindungen nicht hervorbringt. Wie sie im Geiste entstehen, wird uns für immer ein Rätsel bleiben, gerade so, wie sich das dichterische Schaffen in jene Tiefen nicht verfolgen läßt, in denen sich sein Ursprung verliert. Oft ist es ein Gedankenblitz, der außer allem Zusammenhang mit der Umgebung und selbst der augenblicklichen Geistesarbeit steht und plötzlich wie ein freudiges Aufflammen die ganze Seele

---

Helmholtz, Anhang (23).
Max Eyth, Anhang (24).

erfaßt. Manchmal entzündet sich dieser Funke an der scheinbar zufälligen Beobachtung äußerer Erscheinungen, die der fortwährend sich bewegende Geist in oft groteske Verbindungen bringt, aus welchen ihm plötzlich eine neue tatsächliche Möglichkeit entgegentritt, manchmal ist es auch nur das Spiel der Gedanken selbst, das derartige Kombinationen herbeiführt. Aber während dieselben in jedem Gehirn fortwährend erscheinen und vergehen, sind es nur ausnahmsweise veranlagte Menschen, die imstande sind, das vorüberfliegende Schattenbild festzuhalten und seine Bedeutung zu erkennen. Manchmal endlich tritt auch ein Mann an ein Problem heran mit der bewußten Absicht, dies oder jenes erfinden zu wollen. Es gibt in der Welt der wissenschaftlichen und praktischen Technik zahllose Hilfsmittel, die in der verschiedensten Weise kombiniert werden können, um ein bestimmtes Ziel zu erreichen. In dieser mit dem unübersehbaren Reichtum vorangegangenen Schaffens gefüllten Schatzkammer sucht der Erfinder nach den ihm passend erscheinenden Werkzeugen, mag aber erfolglos monatelang suchen. Er ist in der Lage des arbeitsamen Poeten, auf dessen Stundenplan wir die Bestimmung finden: Mittwoch und Samstag von 11 bis 12 Uhr: Dichten. Verse wird dieser Herr wohl zustande bringen, Gedichte nie; sinnreiche Konstruktionen werden jenem vielleicht gelingen, Erfindungen wird er auf diese Weise nicht machen. Erfinder dieser Art sind die Handwerker des Geistes, achtbare und persönlich meist erfolgreichere Leute als die anderen. Nur diese andern aber sind seine Künstler, seine Poeten, seine wahren Erfinder. Nicht, daß sich nicht beide, der Arbeiter und der Erfinder, in einer Person vereinigen könnten. Aber tage- und wochenlang wird der Arbeiter, den Kopf zwischen den Händen, vor dem ungelösten Problem sitzen, bis plötzlich — und wenn es sich um eine wahre Erfindung handelt, zumeist aus einer Richtung, von der er nicht geträumt hat — der Gedankenblitz durch das wirre Gewebe seines Sinnes schlägt und die Lösung vor seinem Geiste steht, im wesentlichen fertig und vollkommen. Das ist wirkliches Erfinden — sein erster Akt."

Diese Art Geistesarbeit ist jedem geläufig, der sich, wenn auch nur gelegentlich und in bescheidenem Maße, mit Erfinden befaßt hat, denn der Akt hat außerdem die merkwürdige Eigenschaft, daß er fast in gleicher Weise verläuft, ob es sich nun um große oder kleine Dinge handelt, und daß auch der Erfinder selber über die Größe seines Fundes meist in der wunderlichsten Täuschung befangen ist und daher über das Ausbrüten eines Sperlings fast das gleiche Entzücken fühlt, wie wenn es ein Pfau wäre.

Es lohnt sich nun wohl, die einzelnen Denkoperationen, die diesen ersten Akt des Erfindens ausmachen, etwas näher ins Auge zu fassen. Es zeigt sich nämlich, daß diese Geistesarbeit in zwei deutlich trennbare Vorgänge zerfällt, das rein intuitive Erfassen einer Idee, den Geistesblitz, den wir absichtlich nicht herbeiführen können, und dessen eigentlicher Verlauf sich völlig unserem Bewußtsein entzieht und daher einer verstandesmäßigen Zergliederung und Betrachtung auch ganz unzugänglich ist, und das Nachprüfen und Durcharbeiten der einmal erfaßten Idee, einen Vorgang, den wir am besten dadurch beschreiben können, daß wir ihn Experimentieren in der Vorstellung nennen.

Selbst in seiner einfachsten und alltäglichsten Form ist der erste Vorgang völlig dunkel. Kenne ich eine Anzahl Mittel, unter denen eines ein gegebenes Bedürfnis befriedigt, so erscheint es zunächst ganz selbstverständlich, daß ich sofort und ohne subjektiv fühlbare Gedankenarbeit das richtige Mittel aus dem Vorrat herausgreife. Es kostet mich vielmehr eine gewisse bewußte Anstrengung, es überhaupt von dem Wunsche, das Bedürfnis zu befriedigen, getrennt zu denken. Befinde ich mich etwa in einem Gebäude, das einen sichtbaren Ausgang hat, und will hinaus, so gehe ich eben ohne Besinnung auf den Ausgang zu und mache mir durchaus nicht klar, daß mir auch noch eine große Anzahl von weniger guten Lösungen zur Verfügung steht, die ich bereits verworfen habe, sobald ich überhaupt den Wunsch denke, hinauszukommen. Ich könnte nämlich von meinem Standorte aus auch in jeder beliebigen anderen Richtung aufbrechen und auf einem mehr oder weniger gekrümmten oder eckigen Wege zur Tür gelangen. Der Vorgang, der übersprungen worden ist, besteht also darin, daß alle diese Wege wenigstens in der Vorstellung zunächst durchprobiert werden, und daß der beste alsdann ausgewählt wird.

Wir brauchen gar nicht allzuweit in der Entwickelungsreihe der Gehirne herabzusteigen, um ein solches umständliches Verfahren auch in der Praxis noch vorzufinden. Wird eine Katze in einen Behälter eingesperrt, dessen Ausgang nicht auf den ersten Blick zu übersehen ist, so ist die erste Äußerung ihres Freiheitsdranges, daß sie einfach sinnlos herumtobt, bis sie durch zufälliges Anstoßen an die Tür diese öffnet. Der Katze ist das Mittel bekannt, gegen die Wände zu laufen, um sich zu befreien, es geht aber über ihren Horizont, unter den verschiedenen Wegen mit Bedacht den einfachsten auszuwählen, und sie probiert daher blindlings alle durch, bis sie den richtigen gefunden hat. Die Fähigkeit, diesen umständlichen Prozeß zu überspringen, ist im Lauf der Entwickelung von dem Intelligenzstadium der Katze bis zu dem des Menschen erworben worden, und die Entwickelung ist sogar noch einen großen Schritt weiter gegangen, denn dasselbe Überspringen des Unzweckmäßigen übt der Mensch gleich unbewußt in Bezug auf noch weit verwickeltere Probleme aus, als es das Öffnen einer Tür ist. Aber steigern wir die Schwierigkeit des Problems, so kommen wir stets an eine Grenze, bei der das Denkverfahren des Menschen sich unter dasselbe Schema bringen läßt, welches dasjenige der Katze beschreibt.

Wir rücken damit in das Gebiet des geistigen Experimentierens ein. Der Geist vergegenwärtigt sich in der Vorstellung nach der Reihe eine Anzahl von Mitteln, deren Wirkung mutmaßlich die gewünschte sein wird. Er wendet sie in der Vorstellung an und beobachtet innerlich die Wirkung. Der Vorgang wird hierbei schon lange nicht mehr so schnell und unbewußt verlaufen. Der Erfinder wird dem Mittel, das sich seinem Nachdenken als erste Idee bietet, vielleicht noch keineswegs sogleich ansehen, ob es brauchbar ist oder nicht. Häufig wird jedes einzelne im Geiste vollzogene Experiment langes und angestrengtes Nachdenken erfordern,

und ist das Problem schwierig, oder ergeben sich im Laufe
des Experiments unübersehbare Faktoren, so wird es sich
überhaupt nicht im Geiste ganz durchführen lassen. Die
Fähigkeit, in dieser Weise im Geiste zu experimentieren,
ist in erster Linie von der persönlichen Veranlagung des
Erfinders abhängig und kann bei jedem Individuum außerdem in hohem Grade durch die Erziehung und Ausbildung
gesteigert werden. Diese Fähigkeit besteht darin, daß der
erfindende Geist erstens einen möglichst großen Vorrat an
Kenntnissen besitzt, zweitens diesen Vorrat in so geord-
netem, übersichtlichem Zustande im Gedächtnis aufbewahrt,
daß er mit Leichtigkeit die nötige Auswahl treffen kann,
und endlich, daß er mit dem schwer definierbaren Talent des
Ideenreichtums gesegnet ist, das ihm dazu verhilft, schnell
viele und glückliche Kombinationen zu denken.

Aber charakteristisch ist und bleibt für diese Gedankenarbeit, daß sie nicht frei ist, sondern immer nur dann den
Arbeiter fördert, wenn er sich streng an die Wirklichkeit
hält und genau empfindet, sobald er die Grenze des Er-
lernten, des Erfahrenen überschreitet. Im vorigen Kapitel
ist das Inventat mit einem Reim verglichen worden, und
dieser Vergleich ist sehr lehrreich. Unsere Erziehung ist
ja heutzutage so spezialisiert, daß der Laie in technischen
Dingen sich sehr schwer eine Vorstellung von dieser
Gebundenheit an das Reale bilden kann, daß ihm die oft
überraschenden Kombinationen des Erfinders als reine
Resultate eines genialen Gedankenspiels erscheinen. Aber
Reimen hat jeder einmal versucht, und der Grad der Unfreiheit, den der Reim vorschreibt, ist dem Grade der Unfreiheit des erfinderisch technischen Denkens außerordentlich
ähnlich. Für jedes einzelne Schlußwort eines Verses stehen
meist mehrere verschieden ausklingende Synonyma zur Verfügung. Jeder Vers kann außerdem umgestellt werden, so
daß man andere Worte an seinen Schluß bringt. Endlich
kann auch der Sinn, der ausgedrückt werden soll, bis zu
einem gewissen Grade abgeändert werden, ohne dem Gedicht
zu schaden. So können durch verschiedene Zusammenstellung von Elementen die verschiedenen Mittel verändert

werden, um sie dem Bedürfnis anzupassen, und so kann schließlich auch immer das Bedürfnis bis zu einem gewissen Grade modifiziert werden, um es den vorhandenen Mitteln anzupassen.

Und doch ist in beiden Fällen unter dem Vorhandenen das Richtige zu finden nicht Sache eines mittelmäßigen Geistes:

> Was sich zu suchen bestimmt und zu finden im Reich der Gedanken,
> Leise dem ahnenden Sinn möcht' es die Sprache vertraun;
> Heimlich winken die Laute sich zu, mit verstohlener Sehnsucht,
> Aber der Dichter allein merkt's und erweckt den Akkord.

Sobald wir nun die Schwierigkeit des Problems noch weiter erhöhen bis über diejenige Grenze hinaus, innerhalb derer es dem Erfinder möglich ist, durch rein geistige Operationen nachzuprüfen, ob seine Eingebungen, seine Geistesblitze sich noch auf dem Boden der Wirklichkeit bewegen, oder ihn etwa schon verlassen haben, überschreiten wir auch sofort das Gebiet der reinen Geistestätigkeit im Erfinden und gehen zum körperlichen Experiment über. Man muß sich aber nicht vorstellen, daß bei der wirklichen Entwickelung irgend einer Erfindung der Erfinder nun in der Weise vorgehen kann, daß er erst das Stadium der rein geistigen Vorarbeit durchmacht und dann unvermittelt zum verifizierenden körperlichen Experiment schreitet. Zwischen beiden Gebieten liegt vielmehr ein Übergangsprozeß, der in der ausübenden Technik von der allergrößten Bedeutung ist, das Zeichnen und das Rechnen. Beide gehören keineswegs bloß in das Gebiet des handwerksmäßigen Konstruierens. Das Zeichnen, das der Erfinder übt, um zu einer Erfindung zu gelangen, ist nichts weniger als handwerksmäßig. Es ist nur ein vervollkommnetes geistiges Experimentieren. Ich kann mir einen komplizierten Maschinenteil in seinen Beziehungen zu anderen Teilen im Geiste nicht mehr sicher vorstellen, deshalb zeichne ich ihn auf, bringe ihn auf dem Papier, also körperlich sichtbar, in seine verschiedenen Stellungen und in seine verschiedenen Beziehungen zu seinen Nachbarteilen und finde so heraus, ob er sich den verlangten Bedingungen fügt, oder ob er und nötigenfalls auch seine Nachbarteile noch umgestaltet oder vielleicht ganz verworfen und neu geformt werden müssen. Wird eine solche Zeichnung begonnen, so weiß der Erfinder oft, ja meistens gar nicht, was er zeichnen wird. Bei jedem folgenden Teil, den er hinzufügt, ist er in der Auswahl unfreier, als beim vorhergehenden, denn jeder folgende muß sich sämtlichen schon vorhandenen anpassen. Erst wenn sich die Unmöglichkeit ergibt, einen folgenden Teil zu finden, der sich den schon vorhandenen fügt, wird er daran gehen, das bereits gefundene zu verwerfen und noch einmal mit Rücksicht auf die erst nicht erkannte Schwierigkeit von neuem aufzubauen. Auch im Zeichnen selbst gibt es viele Zwischenstufen zwischen der ersten rohen Handskizze bis zur vollendet ausgeführten Konstruktionszeichnung, die einer körperlichen Ausführung schon fast gleichkommt.

Dem Zeichnen gesellt sich das Rechnen. Sind die Prämissen gegeben, so ist Rechnen allerdings ein rein handwerksmäßiger Prozeß. Es ist dann reine Logik, durch die Werkzeuge früherer Schlußfolgerungen, die in Gestalt von fertigen Formeln auftreten, unterstützt und vereinfacht. Aber der Erfinder muß sich die Prämissen selbst erst machen. Für die Pleuelstange der Dampfmaschine muß er etwa den idealen Begriff einer starren massenlosen Linie setzen, Reibungswiderstände behandelt er, als ob sie nicht vorhanden wären, Wärmeverluste schätzt er willkürlich ein und durch eine Reihe von solchen Schematisierungen gelangt er schließlich dazu, daß sein Problem hinreichend einfach geworden ist, um der Rechnung zugänglich zu sein. Sind die Vereinfachungen aber so gewählt, daß sie das Resultat wesentlich beeinflussen, so gelangt er durch die Rechnung zu einem ganz falschen Bilde. Also auch hier, auf dem scheinbar unfreisten Gebiet der Geistestätigkeit, ist in Wirklichkeit seiner Genialität noch ein weiter Spielraum gelassen und andererseits besteht die Genialität nicht in der Anwendung zügelloser Phantasie, sondern gerade darin, daß er in der Freiheit das richtige Maß zu treffen weiß, daß er seine Prämissen eben nicht willkürlich wählt, sondern so, daß sie der Wirklichkeit entsprechen, daß das daraus erschlossene

Resultat ebenfalls noch innerhalb der Grenzen technischer Genauigkeit ein wirkliches ist.

Kennt man die Abmessungen und die Form eines Schiffes und hat man sich vorgesetzt, daß es mit einer bestimmten Geschwindigkeit laufen soll, so kann man auf Grund vorhandener Messungen und Formeln sehr gut ausrechnen, wie dick die Schraubenwelle angenommen werden muß, um die verlangte Arbeit zu leisten. Fährt aber nachher das Schiff über das Meer, so wird bei jeder größeren Welle das Heck aus dem Wasser gehoben. Die Maschine, die plötzlich keinen Widerstand zu überwinden hat, rast einen Augenblick herum, um im nächsten, wenn die Schraube wieder untergetaucht ist, ebenso plötzlich den vollen Widerstand zu finden. Dabei treten Belastungen der Schraubenwelle auf, welche die aus dem bloßen Widerstand in ruhiger Fahrt abgeleiteten weit überschreiten können, und wenn diese Kräfte nicht richtig geschätzt worden sind, so bricht die Welle und das Schiff gerät in die größte Gefahr.

Die qualitativen Möglichkeiten, das heißt die Möglichkeiten, bestimmte Teile in bestimmter Anordnung zusammenarbeiten zu lassen, hängen aber stets in hohem Maße von den quantitativen Möglichkeiten ab, das heißt von den zulässigen oder erforderlichen Abmessungen der einzelnen Teile. Daher müssen Rechnen und Zeichnen zusammengehen und beide müssen mit einer starken Zugabe reiner Geistesarbeit, reiner Intuition gesalzen sein, wenn sie überhaupt durchführbar sein sollen, und die Richtigkeit und Brauchbarkeit ihrer Ergebnisse hängen in erster Linie davon ab, wie weit es dem Erfinder gelingt, durch seine Intuition die Grenzen des Bekannten zu erweitern und auf der anderen Seite die Grenzen der Wirklichkeit innezuhalten.

Und noch einem anderen Zweck dienen Zeichnung und Rechnung, sobald es sich um eine etwas verwickeltere Anordnung handelt, die nicht sofort im Ganzen in der Vorstellung übersehen werden kann. Durch die Zeichnung wird immer der bisher bearbeitete Teil festgelegt, so daß der Geist nun völlig frei wird, sich mit dem folgenden zu beschäftigen. Schon hierbei tritt fast regelmäßig eine typische

Erscheinung auf, die sich alsdann, wenn zum eigentlichen Experiment geschritten wird, noch einmal und bis zur vollständigen Entwickelung der Erfindung meist noch öfter wiederholt. Sei die Gesamtaufgabe, die sich der Erfinder gestellt hat, etwa die Konstruktion einer Pendeluhr. Die leitende Idee ist, ein Rad mit einer konstanten Kraft anzutreiben und so mit einem Pendel in Beziehung zu bringen, daß es einerseits dem Pendel gerade so viel Kraft abgibt, um es in gleichmäßiger Schwingung zu erhalten und andererseits durch das Pendel soviel gehemmt wird, daß seine Umdrehungsgeschwindigkeit sich nach den Pendelschwingungen regulieren muß.

Es ergeben sich nun sofort eine ganze Reihe von Unteraufgaben, die alle einzeln gelöst werden müssen, um das Ganze zu verwirklichen. Das Pendel muß einen möglichst leichten Stab haben, der aber starr ist und wenig oder gar nicht mit der Lufttemperatur seine Länge ändert. Das Schwunggewicht muß auf der Stange verschiebbar sein, damit man die Schwingungsdauer regulieren kann. Das ganze Pendel muß möglichst reibungslos aufgehängt werden. Es muß ein Mechanismus ersonnen werden, der es zu dem Rade in die verlangte Beziehung bringt. Für das Rad muß ein geeigneter Antrieb gefunden werden und so fort.

Alle diese Aufgaben zu lösen, ist natürlich mehr oder minder schwierig, und in der Vorstellung des Erfinders bildet sich gewöhnlich ganz von selbst eine bestimmte Rangordnung der Schwierigkeiten aus. Das ist nicht so aufzufassen, als ob er mit vollem Bewußtsein abschätzen müßte, welche Unteraufgabe die schwierigste ist, welche die nächstschwierige und so fort und nun nach der gewählten Reihenfolge die einzelnen Aufgaben durchnähme, bis er sie alle gelöst hat. In der Regel wird der Vorgang vielmehr ungefähr so verlaufen. Es leuchtet ein, daß das Ganze scheitern muß, wenn die Lösung eines Gliedes in der Kette mißlingen sollte, und deshalb hat beim Beginn der Arbeit diejenige Unteraufgabe stets das meiste Interesse für den Erfinder, deren Lösung ihm zurzeit als die schwierigste erscheint. Die Bedeutung aller anderen schrumpft sogar häufig in seiner Vorstellung zu einem Nichts zusammen und er hat das Gefühl, als ob er schon gewonnen haben würde, wenn er nur erst den schwierigsten Punkt überwunden hätte. Kaum aber ist dies gelungen, so stellen sich sofort die übrig bleibenden Schwierigkeiten wieder in eine ähnliche Rangordnung und wieder türmt sich die erste hoch auf und verdeckt eine zeitlang alle folgenden, denn sie verhalten sich ganz ähnlich wie körperliche Gegenstände in der Perspektive, je mehr man sich ihnen nähert, desto größer erscheinen sie.

Nun ereignet es sich nicht selten, daß die Lösung irgend einer der Unteraufgaben nach dem zuerst aufgestellten Programm durchaus nicht gelingt. Anfangs, als sie noch fern und klein erschien, hat man das unbestimmte Bewußtsein gehabt, daß sie sich ungefähr so und so lösen lassen würde. Hat man aber die Vorberge überwunden und kommt ihr näher, so sieht man, daß die Fernsicht über allerhand unübersteigbare Einzelheiten hinweggetäuscht hat. Auf einmal stockt die ganze Arbeit, die schon im besten Fortschreiten zu sein schien, und die Lösung gelingt dann manchmal gerade durch diese perspektivische Verschiebung. Denn nicht allein der Weg, der noch zu gehen ist, sondern auch die Strecke, die wir schon zurückgelegt haben, ist jetzt zusammengeschrumpft und nur das augenblicklich vor uns liegende ist groß und deutlich. Wir gehen also an diese Einzelaufgabe, als ob die übrigen, auch die gelösten, nicht vorhanden wären, und dann findet sich vielleicht eine Lösung, die zwar diese Unteraufgabe sehr gut befriedigt, von der wir aber gleich sehen, daß sie sich dem bisher gefundenen durchaus nicht angliedern läßt. Wir müssen also umkehren und die bisherige Arbeit mit Rücksicht auf die neue Lösung revidieren, und dabei ergibt sich dann oft genug, daß wir für die ersten Lösungen viel bessere finden.

Ist auf diese Weise das Ganze vorgearbeitet, so kann das eigentliche Experiment beginnen, das heißt die körperliche Ausführung der erfundenen Einrichtung und ihre Erprobung. Man darf sich allerdings nicht vorstellen, daß die Entstehung jeder Erfindung pedantisch nach dem hier entwickelten Schema verläuft. Die Regel ist vielmehr, daß die reine Gedankenarbeit mit Zeichnen, Rechnen und Experiment sowohl zeitlich wie sachlich untrennbar verquickt ist. Die Methode muß sich jedem Fall besonders anpassen und je nach der persönlichen Veranlagung und den Lebensumständen des Erfinders, sowie dem Wesen seines Arbeitsstoffes oft sehr verschiedene Formen annehmen, wenn sie zum Ziele führen soll. So wird zum Beispiel im Arbeitsfelde des Chemikers Zeichnen und Rechnen eine verhältnismäßig geringe Rolle spielen und das Experiment übernimmt hier sogar nicht selten die Führung des Geistes. Der Stößer muß erst an die Decke fliegen, damit Berthold Schwarz das Pulver erfinden kann.

Das Experiment des erfindenden Technikers scheint auf den ersten Blick von dem Experiment des Naturforschers wesentlich verschieden zu sein. Der Naturforscher stellt seine Versuchsbedingungen her und beobachtet dann das Ergebnis und es ist ihm meist gleich wichtig, ob es nun seinen Erwartungen entspricht oder nicht. Für ihn gilt als Regel, daß er sich geradezu zu hüten hat, mit bestimmten Erwartungen an seinen Versuch heranzugehen, weil die Voreingenommenheit die Mutter aller Sinnestäuschungen ist. Dem Erfinder aber ist der Erfolg alles. Er geht von ihm, das heißt von der Vorstellung der Erfüllung seiner Wünsche aus und alle Versuchsbedingungen gelten ihm gleich, die nur diesen Erfolg zeitigen. Dieser also ist seine Prämisse, jene die Unbekannten, die er sucht. Dem äußeren Schema nach wäre somit das Experiment des Erfinders die Umkehrung des wissenschaftlichen Experiments. Und doch, wie Eyth darauf hinweist, daß die Gedankenoperationen des Naturforschers und des Erfinders identisch sind, wird auch hier jeder, der beide Arten des Experimentierens geübt hat, wenn er sich darüber Rechenschaft ablegt, zu der Auffassung gelangen müssen, daß am eigentlichen Wesen des Vorganges kein Unterschied zu erkennen ist. Gerade weil der Erfinder vom Erfolge ausgehend die Mittel sucht, wird er doppelt seine Beobachtungsorgane im Zaume halten müssen, um nicht in Irrtümer zu verfallen und wird immer wieder mit einer gewissen Enttäuschung wahrnehmen, daß die Natur für seine Wünsche kein Interesse hat, sondern nur für ihre eigenen Gesetze. Ob ich also feststelle, daß der Feind geschlagen worden ist, weil ich mehr Bataillone zur Stelle hatte, oder ob ich feststelle, daß ich mehr Bataillone zur Stelle schaffen muß, um den Feind zu schlagen, ist im Grunde nur eine verschiedene Form, denselben Vorgang zu beschreiben. Zwischen Helmholtz, der seinen Heuschnupfen versuchsweise mit Chinin behandelt, und Watt, der die kunstreichen Modelle baut, die wir im Museum zu South Kensington bewundern, ist also nur der ganz äußerliche Unterschied, daß Helmholtz mit gleichem Interesse den Erfolg oder den Mißerfolg seines Versuches verzeichnet und der Nachwelt überliefert, während Watt das erfolglose Modell verwirft und auf Grund der gewonnenen Erfahrungen ein neues baut.

Die technischen Aufgaben selbst unterscheiden sich von einander insofern, als manche durch reines Nachdenken, durch Zeichnung und Rechnung ihrer Lösung erheblich näher gebracht werden können, weil die Bedingungen ihres Zustandekommens eingehender bekannt und einfacher, dem Verständnis zugänglicher sind. Aber ganz zu entbehren ist das Experiment selbst in den einfachsten Fällen nicht, weil die kleinste Änderung am Bekannten stets die Prämissen ändert, so daß der Arbeiter nie ganz sicher vor Überraschungen sein kann.

Wenn also schon Zeichnung und Rechnung eine fortlaufende Kontrolle dafür bildeten, ob unsere Phantasie sich nicht etwa an irgend einer wichtigen Stelle von der Wirklichkeit entfernt hatte, so wirkt die körperliche Ausführung in noch weit höherem Maße in diesem Sinne. Wieder ergeben sich Schwierigkeiten, die entweder übersehen, oder wenn das nicht, doch zunächst beiseite gestellt worden waren, weil der Erfinder sie für unbedeutend hielt und die nun, in der Nähe betrachtet, an Bedeutung alle bisherigen zu überragen scheinen. Auch bei der experimentellen Ausführung muß man sehr oft, ähnlich wie beim Rechnen, von Vereinfachungen ausgehen, weil es zu teuer oder zu mühsam oder sonst unausführbar sein würde, jeden Teil gleich in der Größe, aus dem Material und in der Qualität herzustellen, wie er eigentlich gedacht ist. Bei solchen Vereinfachungen läuft man aber wieder Gefahr, daß man sie nicht richtig wählt, daß man gewärtig sein muß, daß die Schlüsse, die aus dem Benehmen des dadurch erhaltenen Modells gezogen werden, für die endgültige Ausführung nicht bindend sein werden.

Und die körperliche Ausführung bringt nicht nur im Punkte der Kontrolle über die willkürlichen Annahmen, die gemacht werden mußten, sondern auch in einem anderen Punkte gewöhnlich unerwartete Aufklärungen und Berichtigungen, einem Punkte, von dem man meinen sollte, daß er schon durch die Zeichnung stets endgültig zu erledigen sein würde, nämlich in der Form und den Abmessungen der einzelnen Teile. Und das ist richtig nicht allein, soweit der bloße Zweck des Teils in Frage kommt, sondern vielleicht noch mehr in Bezug auf seine Schönheit. Es ist so oft betont worden, daß es legitim sei, bei Maschinen von Schönheit zu sprechen, und so oft entwickelt worden, worin diese Schönheit technischer Gebilde besteht, daß es wohl überflüssig sein dürfte, darüber noch Worte zu verlieren. Genug, daß der Techniker von einiger Schulung stets einen ganz ausgeprägten Formengeschmack entwickelt, der bewirkt, daß ihm eine Form immer nur dann auch gefällig erscheint, wenn sie, wie er sagt, „durchkonstruiert" ist. Nun wird der konstruierende Techniker gerade wie der bildende Künstler stets in höherem oder geringerem Grade von seinem Material beherrscht. Gewisse Formen und Anordnungen ergeben sich scheinbar von selbst auf dem Papier, die sich dann in Holz und Stahl, in Messing und Glas oder was es sonst sein mag, manchmal ganz ungeschickt ausnehmen. Werden sie also ausgeführt, so müssen oft genug Hammer und Feile das völlig umgestalten, was der Bleistift schon meinte, recht gemacht zu haben.

Ein interessantes Beispiel hiervon ist die uns tief eingewurzelte Neigung, in rechten Winkeln und geraden Linien zu bauen. Dafür, daß es möglich ist, ohne gerade Linien und rechte Winkel zu konstruieren, haben wir einen überzeugenden Beweis in der Natur, die beständig die verwickeltesten und kunstvollsten Organismen schafft, ohne je einen rechten Winkel oder eine gerade Linie anzuwenden.

Schönheit technischer Gebilde, Anhang (25).

Aber sogar dafür, daß die rechten Winkel und die geraden Linien in der technischen Konstruktion durchaus nicht die vollkommensten Formen darstellen, haben wir einen kaum weniger überzeugenden Beweis darin, daß nahezu alle technischen Gebilde, die ohne wesentliche Umgestaltung ein hohes Alter erreicht haben, allmählich alle rechten Winkel und geraden Linien abgestreift haben und in ihren Formen organischen Gebilden ähnlich geworden sind.

Eine solche Konstruktion ist zum Beispiel die Kutsche. Die einzigen Ebenen, geraden Linien und rechten Winkel, die eine elegante Kutsche aufweist, finden sich an den Fenstern. Gekrümmte Glasscheiben zu schleifen, würde übermäßig teuer und überdies technisch ungünstig sein, denn solche Scheiben würden das Bild der Außenwelt verzerren. Die parallelen und geradlinigen Seiten der Fenster sind aber einfach eine geometrische Folge der ebenen Scheiben, denn der Fensterrahmen muß auf und ab gleiten können, und eine solche Führung ist nur geradlinig auszuführen, wenn man an die Ebene gebunden ist.

Ein ähnliches Beispiel ist das Boot, ebenfalls seit prähistorischer Zeit durchkonstruiert. Auch hier finden wir lauter Kurven und schiefe Winkel mit wenigen Ausnahmen. Bezeichnend für diese Erscheinung ist, daß es selbst einem geübten Zeichner meist nicht gelingt, Kutschen und Boote aus dem Gedächtnis zu zeichnen. Hat er den Gegenstand nicht besonders studiert, so verfällt er unwillkürlich der uns angeborenen oder anerzogenen Neigung, gerade Linien und rechte Winkel anzuwenden, und es will daher nicht gelingen, dem Dinge ein natürliches Aussehen zu geben.

Man könnte geneigt sein, diese Vorliebe unseres Geistes für gerade Linien und rechte Winkel darauf zurückzuführen, daß der technische Zeichner immer mit der Reißschiene und dem rechtwinkligen Dreieck arbeitet. Aber wir dürfen nicht vergessen, daß diese Werkzeuge ja erst in diese Form gebracht worden sind, um das Zeichnen von geraden Linien und rechten Winkeln zu erleichtern. Wären wir Bienen, so würden wir vielleicht dieselbe Vorliebe für den Winkel von 120° haben, und dann würden wir eben unsere Reißschienen und Zeichendreiecke entsprechend gestaltet haben.

Unsere Vorliebe muß also einen tieferen Grund haben, und nach Analogie der Bienen ist sie vielleicht aus den technischen Erfordernissen der ältesten der bildenden Künste, der Architektur, abzuleiten. Die Natur konstruiert, wie gesagt, ohne gerade Linien und rechte Winkel, aber in der Natur spielt ein idealer rechter Winkel eine sehr wichtige Rolle, nämlich der Winkel, den die Richtung der Schwere mit dem Horizont einschließt. Solange nun die Völker so leicht bauen, daß die Wirkung der Schwere auf ihre Gebäude gegenüber der Wirkung des Winddrucks verschwindet, finden wir, wie in der Natur, lauter krumme und schiefe Konstruktionen. Aus natürlich krummen Stäben wird ein rundes Zelt zusammengesetzt. Das Werkzeug wilder Völker, die noch in solchen Zelten leben, ist vollends immer schief und krumm. Sobald nun das Bauen in Stein auftritt, also der Winddruck gegen die Schwere als zerstörendes Agens verschwindet, erscheint überall die Gerade und der rechte Winkel. Zuerst werden unbearbeitete Steine aufeinandergehäuft. In Grundriß schmiegt sich solches Gemäuer noch ganz naiv den Krümmungen des Geländes an, aber im Aufriß muß es der Richtung der Schwere angepaßt werden, sonst würde es umfallen. Hier also lernt das Auge zuerst Gefallen an der Geraden zu finden, und derselbe Zwang führt zum rechten Winkel, denn wenn in der Konstruktion nicht seitliche Komponenten der Schwere auftreten sollen, muß auch die Oberkante wagerecht gemacht werden. Wird das Mauerwerk vollkommener, so geht damit die Vervollkommenung der Rechtwinkligkeit Hand in Hand. Zunächst tritt das polygonale Mauerwerk auf. Der ganze Umriß des Bauwerks ist nun schon vollständig rechtwinklig geworden, nur die einzelnen Steine sind noch unregelmäßig und schief. Allmählich erkennt man dann, daß auch jetzt noch im Innern der Mauer infolge der schiefen Flächen seitliche Schübe auftreten, und da man noch keinen Mörtel verwendet, ist es von nicht geringer Wichtigkeit, sie durch die Form der Bausteine auszuschließen. So gelangt man endlich zu dem parallelepipedischen Quader. Denkt man sich diese Entwickelung durch viele Generationen allmählich erwachsend, so erscheint es nicht gezwungen, anzunehmen, daß an den Gebäuden sich dieser dem Menschen eigentümliche Sinn für das Gerade und Rechtwinklige ausgebildet hat, der uns nun so beherrscht, daß wir diese Formen unbewußt auch zunächst in solche Gebilde hineintragen, bei denen sie unschön und geradezu unzweckmäßig sind.

Sicher ist, daß, wenn die Richtung der Schwere nicht vertikal, sondern etwa wie die des Magnetismus normal zur Oberfläche verliefe, unsere Gebäude auf einem Bergabhange schief stehen müßten und auf einer runden Kuppe sich sogar wie ein korinthisches Kapitell kelchartig mit gekrümmten Wänden nach oben erweitern würden. Unserem tatsächlichen, auf den vertikalen Verlauf der Lotlinien eingestellten technischen Gefühl erscheint eine solche Vorstellung unerträglich geschmacklos. Aber einen Architekten, der in der angenommenen Welt mit krummen Lotlinien aufgewachsen wäre, würde unsere Baukunst gewiß als sehr dürftig und pedantisch anmuten.

Ein Beispiel für diese Form der Unfreiheit unseres Geistes bilden die modernen schmiedeeisernen Brücken. Bei den älteren Bauwerken dieser Art, wie zum Beispiel bei der Cölner Rheinbrücke, sind die Erbauer noch bei den hergebrachten geraden Linien und rechten Winkeln stehen geblieben, und erst die wiederholten Ausführungen solcher Brücken haben allmählich befreiend gewirkt.

Im modernen Kunstgewerbe macht sich in jüngster Zeit eine Erscheinung breit, die auch hierher gehört. In ihrem Drange, originell zu sein, entfernen sich die Künstler absichtlich von den hergebrachten Formen. Die „müde Linie" beherrscht das Möbel, den Kronleuchter oder gar die Fassade des Hauses. Aber die gesuchte Wirkung bleibt aus, denn hier ist das Verlassen des Geradlinigen und Rechtwinkligen nicht auf das Prinzip der technischen Vervollkommnung, der

---

Übergang vom polygonalen zum parallelepipedischen Quader, Anhang (26).

*Z*weckmäßigkeit aufgebaut. Es ist nicht ein erhöhtes „Durch-konstruieren", sondern ein Ausfluß reiner Willkür, der von der Natur nicht gegengezeichnet worden ist.

Auch die relativen Werte der geistigen Vorarbeit auf der einen und des körperlichen Experiments auf der anderen Seite verhalten sich in den verschiedenen Gebieten, auf denen der Erfindergeist tätig ist, sehr verschieden. Der Chemiker kann mit Hilfe seiner Formeln die quantitativen Beziehungen, die in seinem Verfahren eine Rolle spielen, fast immer mit großer Sicherheit voraussagen, während die qualitativen Beziehungen, also zum Beispiel die Frage, ob ein Gas in eine pulverförmige Masse eindringen wird, die Frage, ob ein Ofenfutter auf die Dauer einer hohen Temperatur widerstehen wird und dergleichen, nur durch das Experiment mit Sicherheit zu beantworten sind. In der Welt der Mechanik machen umgekehrt die quantitativen Fragen meist die größere Schwierigkeit. Steht zum Beispiel der Erfinder vor einer solchen Aufgabe, wie die Konstruktion des Drahtspeichenrades, so kann er mit mathematischer Sicherheit sagen, daß ein solches Rad qualitativ möglich sein muß. Er kann aber auch mit beinahe gleicher Gewißheit voraussehen, daß das erste und vielleicht eine ganze Reihe der ersten Räder, die er nach diesem Plane baut, nicht die günstigsten Abmessungen haben werden. Denn die Anzahl der Speichen, die anzuwenden sind, die Stärke der einzelnen Speiche für ein gegebenes Material, die Stärke der Felge, alles das sind Fragen, die sich vollständig der Vorausberechnung entziehen, weil einerseits die gebräuchlichen Beanspruchungsformeln der Maschinenbautechnik für einen Apparat wie das Fahrrad ganz unbrauchbar sind, und weil andererseits die Größen der auftretenden Kräfte beim Überfahren von Hindernissen ungemein schwer oder gar nicht annähernd richtig zu schätzen sind.

Wenn außer den rein technischen auch wirtschaftliche Faktoren berücksichtigt werden müssen, sind Irrtümer noch viel schwerer zu vermeiden. Im Jahre 1882 berechnete William Siemens die Bedingungen, die zu erfüllen sein wür-

---

William Siemens' Berechnung, Anhang (27).

den, wenn man London mit Hilfe von elektrischen Glüh-
lampen beleuchten wollte. Er kam zu dem Ergebnis, daß
man die Stadt in nicht weniger als 140 Distrikte von je
einer Viertel-Quadratmeile einteilen müßte, von denen jeder
seine eigene Zentrale hätte. Als mittlere Entfernung der
Lampen von den Zentralen erhielt er danach 350 Meter
und als Durchmesser der Kupferkabel, die verlegt werden
müßten, 8 Zoll oder 20 Zentimeter! Dabei nahm er an, daß
nur ein Viertel des tatsächlichen Bedarfs an Licht durch
die Elektrizitätswerke gedeckt werden sollte, die übrigen
drei Viertel nach wie vor durch Gas. Seine Rechnung ist
in allen Einzelheiten unanfechtbar, wenn man die Prämissen
zugiebt, aber er konnte nicht voraussehen, daß die praktische Ausführung schon der ersten größeren elektrischen Be-
leuchtungsanlagen zu der Erfindung des Dreileitersystems
und der Transformatoren führen würde, durch deren Anwendung so große Ersparnisse an Kupfer möglich wurden,
daß man neun Jahre später bei Gelegenheit der Frankfurter
Ausstellung 100 Pferdekräfte über eine Strecke von 175 Kilometer übertragen konnte und im folgenden Jahre eine Anlage baute, die ganz Frankfurt von einem Punkt aus mit
Licht versorgte.

Hier also muß das Experiment kontrollierend eingreifen,
erst durch die körperliche Ausführung selbst wird eine Reihe
von Unteraufgaben gestellt und gleichzeitig gelöst, die entweder vorher nicht zu stellen und zu lösen waren, weil man
die Bedingungen nicht kannte, die ihnen zugrunde liegen,
oder die einfach übersehen wurden, weil man falsche Verall-
gemeinerungen gemacht hat.

Von Ampère wird erzählt, er habe seine Gesetze über
die Anziehung und Abstoßung elektrischer Ströme am Schreib-
tisch gefunden und habe, nachdem ein Assistent die Ver-
suchsanordnungen hergestellt und ihn dazu gerufen habe, um
die experimentelle Bestätigung des Vorausgesagten zu sehen,
geantwortet, das interessiere ihn nicht, denn er habe gar nicht
an der Richtigkeit seiner Resultate gezweifelt. Eine solche
Geistesverfassung hat etwas Heroisches, aber nur unter der
Bedingung, daß das Vorausgesagte auch zutrifft, und als

Regel kann man getrost das Gegenteil annehmen. Wäre das aber auch nicht der Fall, so bliebe die Notwendigkeit und der Wert dem Versuch trotzdem, denn in der Mehrzahl der Fälle dient er eben dazu, die Unbekannten, die man bei der vorausgehenden Berechnung willkürlich eingeschätzt hat, zu bestimmen.

Ist also die Konzeption der Erfindungsidee, um mit Eyth zu sprechen, der erste Akt der Invention, so kann man die innere Durcharbeitung mit Hilfe von Rechnung und Zeichnung als den zweiten Akt bezeichnen, und mit der Ausführung beginnt der dritte Akt, das Leben der Erfindung.

Dieser Vergleich ist etwas mehr als ein bloßes Bild. Haben wir im vorigen Kapitel gefunden, daß eine Erfindung keine Schöpfung im landläufigen Sinne ist, und daß sie eben darin sich wesentlich von dem Kunstwerk unterscheidet, so stoßen wir jetzt bei der Verfolgung ihres Werdeganges auf einen neuen durchgreifenden Unterschied, der auf derselben Wesensverschiedenheit beruht. Hat [ein Maler den letzten Pinselstrich getan, ein Bildhauer die Feile weggelegt, ein Dichter oder Komponist sein Manuskript zum Drucker geschickt, so ist das Kunstwerk fertig. Es lebt nur insofern, als es ist, nicht im Sinne eines organischen Lebens. Es kann wohl Schicksale haben, es kann untergehen, aber das kann jeder Stein und jeder Wassertropfen auch. Seine Existenz ist die Existenz der Form, die der Künstler ihm gegeben hat, und jede Änderung der Form, die daran durch spätere Reproduktionen, Restaurationen und dergleichen vorgenommen wird, kommt einer partiellen Zerstörung gleich. Wir empfinden sie geradezu als Sakrileg und folgerichtig messen wir den Wert jeder Kopie, die Spätere erzeugen, ausschließlich nach dem Grade der Ähnlichkeit mit dem Original.

Ganz anders die Erfindung. Sie hat nun Fleisch und Bein angenommen und lebt, aber ob sie lebensfähig ist, wird sich erst zeigen. Die ersten Versuche in der Werkstatt, in der sie entstanden ist, gleichen [der Pflege des Säuglings. Solange alle Gefahren der bösen Welt durch liebevolle Hände von ihr fern gehalten werden, kann sie wohl „gehen‘‘. Häufig genug ist es schon ihr Tod, daß sie zu früh in die Hände eines fremden Pflegers gegeben wird, dem die Elternliebe abgeht. Aber im Gehen erstarkt sie allmählich, und wenn es gelingt, die Kinderkrankheiten zu überwinden, die wohl mehr oder weniger heftig auftreten, aber höchst selten ganz ausbleiben, so kann sie endlich hinaus in die Fremde geschickt werden, und wenn sie lebensfähig ist, wird sie bald immer selbständiger, und nach einiger Zeit kann sie nicht allein der elterlichen Fürsorge entraten, sondern entwickelt sich so rasch, daß ihr eigener Vater sie bald nicht wiedererkennen würde.

Manchmal auch darf er noch lange Jahre, nachdem er sein Kind in die Fremde geschickt hat, die schützende Hand nicht davon abziehen. Als die ersten Auerstrümpfe auf den Markt kamen, war es die Regel, daß der Monteur der Fabrik die Lampe zusammenstellte, und der Besitzer durfte sie nicht einmal putzen, bei Verlust der Garantie. War etwas außer Ordnung, so rief man die Fabrik, und diese ließ auch wohl regelmäßig bei ihren Kunden nachsehen und nachhelfen. Heute kauft man sich ein Dutzend Strümpfe im Warenhause, und jedes Dienstmädchen versteht sie selbst einzuhängen und auszuwechseln.

Ein anderes von den jüngsten Kindern der Technik, die Dampfturbine, befindet sich noch in diesem Enwickelungsstadium, in dem eine Erfindung sich zwar schon einen anerkannten Platz in der Öffentlichkeit erkämpft hat, aber doch noch nicht ganz selbständig geworden ist. Die Firma Brown, Boveri & Co. liefert ihre Parsons-Turbinen unter Plombenverschluß und leistet nur so lange Gewähr, wie die Plomben unversehrt bleiben.

Ist aber diese Kindheitsperiode überwunden, so beginnt erst eigentlich der dritte Akt des Erfindens, die selbständige Entwickelung des neuen Weltbürgers. Es wird erzählt, daß die Japaner sich zuerst dadurch von der Beihilfe europäischer Techniker frei zu machen versucht haben, daß sie sich europäische Maschinen kauften und sie bis auf den letzten Schraubenkopf genau nachbauten. Um Wesentliches von Unwesentlichem zu unterscheiden, wäre Verständnis für den inneren Zusammenhang der Teile und für die Theorie ihrer Wirkung nötig gewesen. Das fehlte ihnen, nicht aber die Fähigkeit, das Material zu bearbeiten, und das mußte ja genügen, denn wenn die Kopie nur eine genaue Wiederholung des Originals ist, so muß sie auch dasselbe leisten. So entstand die Bezeichnung der „japanischen Kopie", die in der Sprache der Industrie keineswegs eine Schmeichelei bedeutet. Während also beim Kunstwerk Anstand und guter Geschmack dem Reproduzenten vorschreiben, sich so treu, wie er es kann, in allen Einzelheiten an das Original zu halten, erscheint die gleiche Handlungsweise beim Nachbauen einer Erfindung als ein Akt der Illoyalität gegen den Erfinder, wenn nicht als etwas noch viel Schlimmeres. Es kann geradezu als eine moralische Pflicht des Nachahmers hingestellt werden, zum mindesten alles Unwesentliche an der Ausführung der Erfindung umzugestalten, und er erwirbt sich um so größere Anerkennung, je weiter er vom Original abweicht, vorausgesetzt natürlich, daß seine Abänderungen gleichzeitig Verbesserungen sind. Ein solches Nachbauen ist also streng genommen kein Kopieren im eigentlichen Sinne, sondern ein Nacherfinden. Der erste und zweite Akt des Erfindens wiederholt sich mit Bezug auf die Abänderungen an der ersten Erfindung, und dieselben Gesetze und Regeln, nach denen er bei der Haupterfindung verlief, beherrschen ihn hier in genau derselben Weise.

Wichtig für die Entwickelungstheorie der Erfindung ist dabei vor allen Dingen wieder die Unfreiheit der Nacherfinder, ihr Gebundensein an die von der Natur dargebotenen Möglichkeiten. Denn diese Unfreiheit bedingt hier eine Erscheinung oder eine Gruppe von Erscheinungen, die ganz ungezwungen auf den Vergleich mit den entwickelungstheoretischen Vorgängen in der organischen Welt hinweist. Es ergibt sich bis in Einzelheiten hinein eine Analogie mit dem Wesen der Vererbung der Eigenschaften bei den Organismen, und die ähnlichen Bedingungen erzeugen in der Welt der Industrie ähnliche Wirkungen.

Um zu einer richtigen Vorstellung über diese Vorgänge zu gelangen, muß man sich zunächst klar machen, daß es sich nie um eine einzelne Reproduktion durch einen einzelnen Nacherfinder handelt. Eine eingeführte und lebensfähige

Erfindung ist eben dadurch, daß sie lebensfähig und eingeführt ist, in so und so vielen Exemplaren, je nach ihrem Wesen in Tausenden, Zehntausenden oder Hunderttausenden verbreitet und unter unseren heutigen Verhältnissen außerdem noch in Dutzenden von Zeitschriften und Lehrbüchern beschrieben. Der ideale Nachahmer, der sie reproduziert, ist nicht ein einzelner Künstler, sondern die ganze Zunft der Techniker. Wollen wir also die Ähnlichkeiten in der Entwickelungstheorie der Erfindungen und der Organismen aufsuchen, so dürfen wir uns nicht auf einen einzelnen Fall der Nachahmung oder auch nur auf eine einzelne Kette von aufeinanderfolgenden Nachahmungen beschränken, sondern wir müssen uns eine kontinuierlich arbeitende Mechanik der Reproduktion vorstellen, wie sie in der organischen Welt durch die Fortpflanzung einer ganzen Art dargestellt wird.

Die Eigenschaften dieses Reproduktionsapparates, das heißt der Gesamtheit der Techniker, nämlich ihr kollektives Erfindergenie, ihr Fleiß, ihre technische Schulung und so fort, vertreten die Stelle der Existenzbedingungen, denen der Organismus ausgesetzt ist. Wird irgend eine Erfindung von fern her in ein Land gebracht, wo die nötigen Lebensbedingungen dafür vorhanden sind, etwa wie vor ungefähr dreißig Jahren das Telephon aus Amerika in Deutschland eingeführt wurde, so findet sofort eine schnelle Vervielfältigung statt. Dabei tritt anfangs starke Variation der Formen auf, und dann bildet sich allmählich ein mehr oder minder ausgeprägter Typus aus oder auch mehrere, und diese entwickeln sich dauernd weiter, so daß das Telephon der neunziger Jahre anders aussieht, als das der achtziger und so fort. Man kann also diesen Vorgang als eine Reaktion zwischen der Erfindung und der Technikerzunft auffassen, und wir finden, daß die organische Vererbung von Eigenschaften hier durch eine Mechanik ersetzt wird, die ganz analog wirkt, obgleich sie auf einem ganz anderen Wege zum Ziele gelangt. In der organischen Welt ist das Elternpaar oder die Generation von Elternpaaren selbst gleichzeitig das reproduzierende Agens und das Vorbild, nach dem reproduziert wird. Die Ähnlichkeit der nachfolgenden Generation mit der vorhergehenden ist eine unmittelbare, mechanische Folge der Organisation der Eltern und der Lebenszweck, dem die nachfolgende Generation dienen soll, spielt bei dem Vorgange ihrer Erzeugung keine Rolle.

Bei der Reproduktion einer Erfindung ist es gerade umgekehrt. Der reproduzierende Techniker hat nicht das mindeste Interesse, etwas Ähnliches oder dasselbe zu bauen, wie sein Vorgänger, im Gegenteil, wenn er könnte, würde er am liebsten einen ganz neuen Weg einschlagen. Da aber der Apparat, den er reproduzieren will, denselben Zweck erfüllen soll, wie sein Vorgänger, und da die Natur nur eine begrenzte Anzahl von Koinzidenzen zwischen diesem Gebrauchszwecke und den technischen Möglichkeiten zur Verfügung stellt, so muß er in allem Wesentlichen wohl oder übel seinem Vorbilde folgen.

In allen unwesentlichen Punkten dagegen werden Varianten auftreten und zwar um so mehr, je freier ihn die Natur im besonderen Falle in Bezug auf den betreffenden Punkt gelassen hat. Da sind zunächst die vielen kleinen Äußerlichkeiten der Formgebung, der Art der Bearbeitung unbenutzter Flächen, des Anstrichs und so fort, in denen er seinem individuellen Geschmacke meist ganz freien Lauf lassen kann. Beim Telephon zum Beispiel werden Stabmagnete, Hufeisenmagnete, Topfmagnete angewendet. Die Membran wird bald aus einer zusammenhängenden Eisenplatte gebildet, bald aus einem nicht magnetischen, leichter federnden Materiale, das einen Eisenanker trägt, bald ist sie eben, bald eingezogen gestaltet, wie das menschliche Trommelfell, bald ist sie kreisrund mit zentralen Magnetpolen, bald elliptisch mit den Polen in den Brennpunkten und dergleichen mehr. Die allgemeine Anordnung verleugnet aber ihre Herkunft niemals, und obwohl also die Elterngeneration selbst von der Mitwirkung an der Reproduktion vollständig ausgeschlossen ist, behaupten sich ihre Grundformen durch viele Generationen hindurch mit genau derselben Zähigkeit, wie wenn es sich um eine wirkliche Vererbung handelte. Da nun bei diesem Vorgange immer nur das Zweckentsprechende Nachahmer findet, so muß ein beständiges, regelmäßiges Aussterben der weniger brauchbaren Formen stattfinden, und zwischen Vererbung und Variation wird eine richtige Artenbildung zustande kommen nicht anders als in der organischen Welt.

Die Versuche, für die organische Welt Stammbäume der heute lebenden Formen aufzustellen, scheitern bekanntlich größenteils an der großen Unvollständigkeit unserer Kenntnis von den Zwischenformen, die untergegangen sind. In der Technik sind wir in einer sehr viel günstigeren Lage, da sie viel jünger ist, und da über diejenigen Erfindungen, die im Laufe der Zeit verschwunden sind, genug überliefert ist, um uns von ihrem Wesen Kunde zu geben. Es hat daher keine Schwierigkeit, Stammbäume der Erfindungen aufzustellen, die aus den Urwäldern der grauesten Vorzeit bis in unsere modernsten Fabriken reichen.

Die ältesten Erfindungen hat der Urmensch mit niedriger stehenden Tieren gemeinsam. Schon der Elefant bricht einen Baumast ab, um sich damit zu fächeln, und alle höheren Affen verstehen es, mit Steinen und Nüssen zu werfen. Aber bei ihnen bilden diese Erfindungen nicht die Ahnen einer folgenden Entwickelungsreihe, sondern werden unverändert überliefert oder vielleicht richtiger von jeder folgenden Generation neu erfunden. Der Mensch aber, der einen Handstein aufhob und zum Aufbrechen einer Nuß verwendete, machte dabei eine Erfindung, so einfach, daß sie äußerlich kaum zu bemerken war und sicher ohne selbst ihre Bedeutung zu ahnen. Aber sie war doch die größte Erfindung aller Zeiten, denn sie wurde die Mutter der ganzen Technik: Er benutzte denselben Stein zum zweiten und drittenmal und der Stein war damit von anderen Steinen unterschieden, er war zum Werkzeug geworden.

Dieser erste Schritt zeugte unmittelbar einen zweiten. Da er immer wieder denselben Stein benutzte, um seine Nüsse zu spalten, so ward er gewahr, daß der Stein in einer bestimmten Stellung am besten in der Hand lag und daß die Wirkung des Schlages verschieden war, je nach der

Wahl des Punktes, mit dem er die Nuß traf, daß es also
nicht allein auf die Masse des Steines ankomme, sondern
auch auf seine Form. So trieb ihn die Gewöhnung an
einen bestimmt geformten Stein zuerst dazu, bei der Auswahl eines neuen Steines besondere Aufmerksamkeit zu
üben, und die Bevorzugung gewisser Formen zeugte den
Wunsch, wo sie solche nicht freiwillig darbot, die Natur zu
korrigieren, einem beliebigen Fundstück die verlangte Form
künstlich zu geben. Lange ehe dieser Wunsch geboren
wurde, wird der Mensch über die Mittel, ihn zu erfüllen,
nicht im Unklaren gewesen sein, denn wer nur auf dem
Geröll des Seestrandes oder eines Flußufers herumspielt,
wird oft einen spröden Stein an einem zäheren zerspringen
sehen und wird gewahr werden, daß der frisch gespaltene
Stein neue und wertvolle Eigenschaften bekommen hat,
denn er besitzt Kanten, mit denen man schaben und
schneiden kann.

So gesellte sich also zu den bisher bekannten Eigenschaften, die ein Handstein haben mußte, um wertvoll zu
sein, eine dritte. Nicht mehr auf die Größe und auf die
Form kam es jetzt allein an, sondern auch auf die Struktur,
denn manche Steine ergaben zertrümmert brauchbare Spreng-
stücke, andere nicht. Durch viele Generationen wurde der
Vorgang mit unendlichen Variationen wiederholt, der Mißerfolg merzte unnachsichtlich die unzweckmäßigen Maß-
regeln aus und es bildete sich allmählich die Technik aus,
deren Resultate wir überall im Boden finden, das Formen
von Feuersteinen und anderen natürlichen Glasarten durch
Abspalten von Sprengstücken.

Der Handstein zeugte den Keil, den Meißel, das Messer,
die Säge.

Jede folgende Generation von Steinspaltern wurde von
den älteren Meistern unterwiesen oder ahmte auch halb unbewußt deren Handhabungen nach. Daher konnte von
Generation zu Generation die Lehrzeit verkürzt werden und
jeder folgende Meister gelangte im Lauf seiner Lebenszeit
zu immer höherer Vollkommenheit der Leistungen. So
finden wir im Museum zu Kopenhagen Stücke von solcher

Zierlichkeit, daß sie viel zu kostbar und zerbrechlich sind, um als wirkliche Gebrauchswerkzeuge gedient haben zu können, und in South Kensington die Verklärung des Handsteins, das Neuseeländische *mere ponamu*, von dem man kaum sagen kann, ob es noch eine vervollkommnete Keule oder schon ein primitives Schwert ist.

Ebenso alt wie der Handstein ist als Werkzeug und als Waffe der Baumast. Auch hier wird einer langen Reihe von Fällen, in denen ein Zweig unter der Last des kletternden Urmenschen abbrach und ohne jeden Vorbedacht sofort verwendet wurde, um dem Gegner damit auf den Kopf zu schlagen, zunächst die Aufbewahrung, dann eine Auswahl besonders vorteilhaft gestalteter Zweige folgen. Und an die bloße Auswahl reiht sich die zielbewußte Bearbeitung. Hand in Hand mit dieser Entwickelung geht eine immer weiter gesteigerte Spezialisierung, die wieder ihrerseits eine Spezialisierung und Vermehrung der Lebensbedürfnisse zur Folge hat.

Der abgebrochene Ast erzeugt die Keule, die Lanze, den Spaten, den Bohrer.

Diese Spezialisierung und die damit verbundene Differentiierung der Erfindungen führt nun zu einer Erscheinung, die wieder die größte Ähnlichkeit mit analogen Vorgängen der organischen Welt darbietet. Zwei verschiedene Zweige der Technik entwickeln sich zunächst unabhängig voneinander, bis eines Tages ein Geistesheros ersteht, der sie beide gleich beherrscht und dem es daher selbstverständlich erscheint, seine Erfahrungen vom einen Gebiet auf die Aufgaben des anderen zu übertragen. So erwächst aus der zufälligen Beobachtung einer Deckung zwischen einer technischen Möglichkeit und einem vorhandenen Bedürfnis die erste Erfindung, die neuen Möglichkeiten, welche die erste Erfindung gewährt, wecken neue Bedürfnisse, aus den Variationen, welche die Wiederholung der ersten Erfindung unter anderen Bedingungen ergibt, entstehen in Verbindung mit diesen neuen Bedürfnissen neue Erfindungen und die Spezialisierung und Differentiierung führt zur Methode der Kombination, einer neuen Quelle weiterer Erfindungen und damit weiterer Bedürfnisse. Die Kombination aber hat in dieser Entwickelungsmechanik eine eigentümliche und neue Wirkung. Durch die einfache Auslese kann eine Erfindung immer nur bis zu einem gewissen Grade ausgebildet und variiert werden. Dann fängt das Gebiet an, steril zu werden. Bestimmte Formen werden allmählich stereotyp und Neues wird nicht mehr hervorgebracht. Dieselbe Erscheinung kann noch heute allenthalben beobachtet werden. Sie erklärt sich wieder aus der Tatsache, daß die Auswahl der technischen Möglichkeiten, welche die Natur bietet, begrenzt ist.

Aus Feuerstein kann man durch Abspalten von Sprengstücken eine gewisse Anzahl von nützlichen Formen erzeugen, aber wenn diese Variationen erschöpft sind, ist man am Ende. Wird nun aber die Feuersteintechnik mit einer fremden davon zunächst unabhängig entwickelten Technik gekreuzt, so entsteht sofort und scheinbar von selbst eine ganze Reihe von neuen Formen, neue technische Grundsätze werden erkannt und die ganze Entwickelung, die durch die fortgesetzte Inzucht stagnierte, hat auf einmal wieder frisches Blut.

Eine der ältesten solcher Kreuzungen ist die zwischen der Handsteintechnik und der Baumasttechnik. Sie zeugte beim ersten Wurf den Hammer, das Beil, die Axt, die Kreuzhacke, die Picke und wie die verschiedenen, zu verschiedenen Zeiten gangbaren Formen genannt werden mögen. Das Messer erhielt jetzt einen hölzernen Griff, die Lanze und der Pfeil eine steinerne Spitze.

Im übrigen ging die Baumasttechnik ihren Weg. Alles was es an Stöcken, Stäben, hölzernen Haken, Zimmermanns-, Tischler-, Bootbauer-, Stellmacher- und Korbflechterarbeiten gibt, entsprang daraus, unter anderem auch der Bogen und der ihm nahe verwandte Fitschelbohrer. Dieser bildete die gangbarste Methode, das Feuer zu entzünden, eine andere Methode entsprang der Feuersteintechnik, das Steinfeuerzeug.

Die erste technische Verwendung des Feuers kann einer unmittelbaren Nachahmung der Naturvorgänge entsprungen sein. Der Blitz, der einen trockenen Wald in Brand steckte und dadurch die darin nistenden Tiere vernichtete, mag so zum ersten Koch geworden sein, und hatte erst einmal der Mensch die Kunst erworben, sich ein Feuer zu entzünden und zu unterhalten, so wurde er durch den steten Umgang mit der „roten Blume" ganz von selbst allmählich immer vertrauter damit. Der besiegte Stamm, der in der unzugänglichen Berghöhle kauernd die Einäscherung seiner Wohnstätten mit angesehen hatte, fand nach dem Abzug des Feindes zurückkehrend die ihm vertrauten weichen und grauen Lehmwände seiner Hütten in eine steinharte, rote Masse verwandelt. So oder so ähnlich wird das Kochen das Tonbrennen gezeugt haben und die Ausbildung des Tonbrennofens wird zu der Entdeckung geführt haben, daß man aus gewissen Gesteinen durch das Feuer die Metalle ausschmelzen kann. Damit war der Keim zu einem ganz neuen Zweige der Technik erwachsen, der fortan und bis in unsere Zeit ihre Führung übernehmen sollte, der Erzaufbereitung, der Gießerei und der Schmiedekunst.

Die kombinierte Baumast- und Handsteintechnik hatten sich inzwischen unendlich mannigfach verzweigt. Kombinationen über Kombinationen waren erwachsen, aber auch der Kombinationen ist schließlich ein Ende, wenn die Zahl der Elemente begrenzt ist, und so war die Technik ins Stocken geraten. Mit dem vorhandenen Material war kein nennenswerter Fortschritt mehr zu erzielen.

„*Toutes les choses utiles sont trouvées.*"

Nun erscheinen die ersten Bronzewaffen auf dem Markt. Sie sind schwerer, als gleich große Steinwaffen und ihr Hieb ist daher wuchtiger. Sie haben eine ungeahnte Schärfe und Glätte. Man kann damit selbst auf Felsen zuhauen, ohne daß sie zerspringen und sie blitzen goldig in der Sonne!

Bleiben wir beim Einfachsten, dem Hammer.

Er hatte bisher als Werkzeug nur eine untergeordnete Rolle gespielt. Vornehmlich diente er als Waffe und so hat er sich noch kaum von der Streitaxt und der Picke merklich differentiiert. Er tritt in zwei Formen auf. Zuerst scheute man vor der Schwierigkeit zurück, den Kopf zu durchbohren und zog es daher vor, in den Stiel ein Loch zu schneiden, das ihn aufnahm. Auch wird wohl der Stein, aus dem er bestand, meist zu spröde gewesen sein, um eine Bohrung zu vertragen. Aber wo man über weicheres und zugleich zäheres Material verfügte, waren diese Schwierigkeiten weniger fühlbar und so finden wir durchbohrte Steinhämmer neben vollen. Die neu hereinbrechende Bronzezeit räumt nun mit diesem Zwiespalt auf. Die ersten Gießer erkannten noch nicht, daß sie durch die Natur des neuen Arbeitsstoffes unendlich viel freier in der Formgebung geworden waren, sondern drückten zunächst einfach die alten Stein- und Tongeräte im Sande ab und gossen ihr Erz in die gewonnene Höhlung. So aber fanden sie bald, daß es kaum mehr Mühe machte, dem Hammerkopf gleich beim Guß sein Loch zu geben, das ja beim Abformen eines durchbohrten Modells von selbst entstand, und beim Gebrauch ergab sich ebenso von selbst die Überlegenheit des durchbohrten Kopfes. Denn nicht allein vertrug ein gerader Stiel härtere Stöße, sondern er war auch leichter zu beschaffen und zu ersetzen. Damit hatte also der Hammer endgültig die Form erreicht, die er im wesentlichen bis heute beibehalten hat. Aber in seine Tätigkeit brachte die Entwickelung der Gießerei ganz neues Leben.

Das rohe Gußstück bedurfte der weiteren Bearbeitung. Man fand, daß man es auch nach dem Erkalten noch bis zu einem gewissen Grade durch Biegen und Ausklopfen formen konnte und man fand, daß die roh gegossene Bronze durch Hämmern gehärtet werden konnte und so bedeutend an Gebrauchswert gewann. Man fand, daß manche Metalle im halb erkalteten Zustande in weit höherem Grade plastisch waren, als nach dem Erkalten und daß man sie in den plastischen Zustand zurückführen konnte, indem man sie von neuem bis zur Rotglut erhitzte.

Hier mußte nun überall der Hammer eingreifen, denn mit der Hand konnte man das heiße Metall nicht berühren und der unbewehrten Hand gebrach es auch an Kraft, den zähen Stoff zu kneten. Als Waffe also hatte er ziemlich ab-

---

Freiheit der Formgebung, Anhang (32).

gewirtschaftet, nachdem man gelernt hatte, eherne Schwerter zu machen, aber im Schmieden fand er einen neuen Beruf, der ihm eine weit ruhmreichere Zukunft versprach. Die Abzeichen des neuen Dienstes, die er jetzt erhält, sind die Bahn und die Finne, die der Schmiedehammer sich treulich seit jener Zeit bis auf unsere Tage bewahrt hat.

Beim Schmieden kommt es vor allen Dingen darauf an, daß die Arbeit schnell von statten geht, damit man „in einer Hitze" möglichst weit vorwärts komme. Der Schmied aber mußte das Arbeitsstück mit der Linken festhalten und wenden und die Rechte allein blieb ihm zum Zuschlagen. Er konnte also keinen Hammer brauchen, der so groß war, daß er nicht bequem einhändig benutzt werden konnte. Sobald er aber einen Gesellen hinstellte, konnte der mit beiden Händen anfassen, er konnte einen viel schwereren Hammer führen. Und so zeugte der Handhammer den Zuschlaghammer.

Damit ging es dann wieder Jahrhunderte fort. In allen Schmieden wurde von den Gesellen zugeschlagen und es wurde zur selbstverständlichen Übung, daß der Meister nur das Werkstück hielt und wendete und die Gesellen benutzte, wie man einen mechanischen Hammer benutzt.

Inzwischen waren, wohl zunächst zum Zwecke des Kornmahlens, Wind- und Wassermühlen entstanden, und die Schmiede waren es vornehmlich, die zur Erbauung und Ausbesserung solcher Anlagen herangezogen wurden. So war wieder die Möglichkeit einer fruchtbaren Kombination vorbereitet. Das Wasserrad wurde mit dem Zuschlaghammer gekreuzt und die Ehe ergab den Schwanzhammer.

Der neue Bastard war diesmal weniger dazu bestimmt, der Vater eines weitverzweigten Geschlechts zu werden. Sein Verdienst bestand vielmehr vornehmlich darin, daß er die Leistung der Schmiedewerkstatt gewaltig steigerte und so anregend auf andere Zweige der Technik, vornehmlich auf den Mühlenbau und den sonstigen Maschinenbau wirkte.

Er selbst dagegen pflanzte sich unverändert fort, bis ihm wieder eine neue Befruchtung von außen zugetragen wurde. Diesmal war es die Dampfmaschine, die damals im Triumph die Welt durchzog und ihre Gaben rechts und links unter die stagnierenden Handwerke ausstreute. Die Geschichte dieser Kombination ist uns bis ins einzelne vom Erfinder selbst überliefert. James Nasmyth war es, an den man mit der Anfrage herangetreten war, ob er für den Bau der „Great Britain" die Radwellen liefern wolle, eine Schmiedearbeit, die alle bis dahin ausgeführten an Größe weit übertraf. Kaum war ihm die Aufgabe gestellt, so stand auch schon die Lösung vor seines Geistes Auge und ehe eine halbe Stunde vergangen war, hatte er den Dampfhammer aufgezeichnet, in allem Wesentlichen ebenso, wie er noch heute bei Borsig und Krupp seine Riesenarbeit verrichtet.

Aber noch eine kaum minder eingreifende Wandlung sollte er durchmachen, ehe er zu dem Werkzeug wurde, das heute die größten Schmiedearbeiten ausführt, und wieder durch die Zuführung neuen Blutes aus demselben fremden Geschlecht, nämlich dem der Pumpen, dem auch die Dampfmaschine entstammt.

Die Kalabasse, mit der die Frauen das Wasser von der Quelle holten, war erst durch den Ziehbrunnen ersetzt worden, der auch bei uns noch gelegentlich, zum Beispiel auf der Dorfstraße in Hela vorkommt und östlich von Wien im ganzen Orient allgemein ist. Der Ziehbrunnen zeugte die Saugpumpe, deren Kolben noch heute in England „Eimer" genannt wird. Die Saugpumpe zeugte die Druckpumpe und als die letzten Sprößlinge dieses Geschlechts entstanden die Dampfmaschine und die hydraulische Presse, die nun mit dem Dampfhammer gepaart werden sollte.

Der Dampfhammer ist beinahe ein halbes Jahrhundert jünger als die hydraulische Presse und Nasmyth hätte also auch damals schon unmittelbar zur Schmiedepresse übergehen können, aber er hielt wohl noch an der alten Tradition fest, daß ein Hammer schlagen muß, und erst der neusten Zeit ist es daher vorbehalten gewesen, ihm die Stimme zu nehmen, die durch viele Jahrtausende die Dorfstraßen belebt und schließlich, da das Riesenwachstum des neunzehnten Jahr-

---

Erste Zeichnung des Dampfhammers, Anhang (28).

hunderts über ihn kam, noch ein Menschenalter hindurch ganze Fabrikstädte mit ihrem Donner durchdröhnt hat.

Das ist der Stammbaum des Hammergeschlechts vom Handstein bis zur hydraulischen Schmiedepresse. Wer kann sagen, welche Wandlungen ihm noch bevorstehen?

Die Technikerzunft, die in ununterbrochener Arbeit im Laufe der Jahrtausende diese Entwickelung zuwege gebracht hat, setzt sich natürlich ebenso wie jede andere zahlreiche Klasse von Menschen zusammen, nämlich aus einer überwiegenden Mehrheit von wenig oder mittelmäßig begabten Handwerkern, einer kleinen Minderzahl von Talenten und hier und dort einem vereinzelten Genie. Die fruchtbaren Kreuzungen, welche die Etappen im Lebensgang der Erfindungen bilden, werden von einem Archimedes, einem Galilei, einem Watt und einem Siemens gemacht und die langen dazwischenliegenden Perioden ruhiger Entwickelung von der großen Masse der handwerksmäßig arbeitenden Gilden, deren Methode nicht diejenige ist, die uns Helmholtz und Eyth als die ihre schildern, sondern die der Katze, die hundertmal ohne jedes eigene Nachdenken das wiederholt, was sie gelernt hat. Ihnen muß daher jeder Fortschritt entweder durch die Wirkung der Vererbung und Variation von selbst zuwachsen oder gar von außen her aufgedrängt werden, bevor er verstanden wird und Wurzel faßt.

Dieser Fortpflanzungsapparat wird geradezu von einem starken, entwickelungsfeindlichen Agens beherrscht, einer angeborenen Tendenz des naiven Menschen, die Formen, die ihm vom Vater überliefert sind, ohne jede Variation nachzubilden und der nächsten Generation unverändert zu überliefern. Je weniger technisch geschult und je naiver der Mensch, desto mehr steht er seinem eigenen Machwerk wie einem fremden Individuum gegenüber, das unter seinen Händen entstanden ist, etwa wie seinem Kinde, das er zwar gezeugt, aber nicht gemacht hat. Wir brauchen dabei gar nicht an die holzgeschnitzten Fetische der wilden und halbwilden Völker oder die Götter- und Heiligenbilder späterer Zeiten zu denken. Jedes Kind, das erst im Begriff ist, irgend eine technische Verrichtung zu erlernen, sagt beständig, das ist krumm „geworden“, das ist zu lang oder zu kurz „geraten“ oder so ähnlich. So ist dem alten Helden sein Schwert ein mit eigener Individualität begabtes Wesen, geradeso wie seine Frau oder sein Sohn oder sein Pferd. Daher gibt er ihm auch einen Namen, und diese Sitte hat sich bis in unsere Zeit bei solchen technischen Erzeugnissen erhalten, bei denen auch unseren vervollkommneten Hilfsmitteln gegenüber das Geraten noch eine gewisse Rolle spielt, wie bei Schiffen und Häusern.

Aber lange über die Zeit hinaus, in der der Mensch, den Ursprung seiner Besitztümer vergessend, sie selbst wie lebende Wesen empfindet und verehrt, bleibt eine gewisse Pietät gegen die Form. Es ist etwas anderes als Mangel an eigener Phantasie und Erfindungsgabe, wenn der Sohn seinen Pflug, sein Boot, seinen Wagen genau so wiederbaut, wie sein Vater sie gebaut hat. Es wirkt in ihm ein positiver Trieb zur Beibehaltung des Hergebrachten. Kommt hinzu, daß die Bedürfnisse konstant bleiben, so erhalten sich solche Formen mit Leichtigkeit völlig unverändert durch Jahrtausende. Des Ziehbrunnens auf der Dorfstraße von Hela ist schon gedacht worden, und man braucht sich bei der Fischer- und Bauernbevölkerung, deren Beschäftigungsweise und Lebensbedürfnisse seit prähistorischer Zeit fast unverändert geblieben sind, nur umzusehen, um zahlreiche Beispiele derart zu finden. Bei Rostock vererbt sich eine bestimmte Form von Booten, die dadurch merkwürdig sind, daß sie einen dreikantigen eichenen Balken zum Kiel haben, dessen Dicke eher dem Giebel eines stattlichen Bauernhauses, als einem kleinen Boot angemessen zu sein scheint. Die Bootbauer selbst wissen kaum über diese wunderliche Bauart Auskunft zu geben. Sie meinen nur, daß das Boot so besser segelt, weil der schwere Kiel ihm den Ballast ersetzt. Aber wer würde selbst in den Zeiten Hermanns des Cheruskers, als die Eichen nur das Fällen kosteten, darauf verfallen sein, Ballast aus Eichenholz zu bilden, da doch der Strand Steine genug allenthalben bietet. Der unförmige Kielbalken ist vielmehr ein unverkennbarer Überrest eines alten Einbaumes, wie sich besonders auch daran erkennen läßt, daß ihm oben noch eine deutliche Höhlung gegeben wird. Vielleicht ist diese Bootform ursprünglich aus dem Binnenlande an die See verpflanzt worden, und man hat gefunden, daß die überlieferten Einbäume nicht Bord genug hatten, um den Seegang zu vertragen. Man hat also beiderseits eine Planke nach der anderen angefügt, bis ein richtiges Boot ausgebildet war. Aber der Ahn steckt noch im Urenkel und erbt sich unverändert fort unmittelbar neben dem Rettungsboot, das aus Aluminium gepreßt ist, und dem eleganten Segler, zu dessen Zusammensetzung alle Weltteile ihre Erzeugnisse beigesteuert haben.

Selbst dann, wenn die Kenntnis besserer Formen von außen her eingeführt worden ist, setzt dieser Trieb einer Veränderung des Hergebrachten einen zähen Widerstand entgegen, ganz besonders wenn dem bloßen blinden Instinkt ein scheinbarer Zweckmäßigkeitsgrund zu Hilfe kommt. Das ist zum Beispiel dann der Fall, wenn der erfolgreiche Gebrauch eines Werkzeugs eine gewisse körperliche Schulung voraussetzt. Bei Körperübungen, die lediglich als Selbstzweck betrieben werden, wie unsere Turnübungen, pflegen für die verlangte Körperhaltung willkürliche, meist aus ästhetischen Gesichtspunkten abgeleitete Regeln vorgeschrieben zu werden. Sobald aber ein bestimmter mechanischer Zweck der Übung untergelegt wird, wie etwa beim Radwettfahren, Wettrudern und dergleichen, treten die rein ästhetischen Gesichtspunkte in den Hintergrund. Ein Renner, der als letzter durch das Ziel geht, wird wenig Beifall ernten, wenn seine Haltung noch so „schön" ist. Der Radfahrer macht allen Haltungspuristen zum Trotz nach wie vor seinen Katzenbuckel, dessen Zweckmäßigkeit ihren guten physiologischen Grund hat. Während nun die Schönheit als etwas Selbstverständliches gelten kann, das jeder sieht und beurteilt, liegen die zweckmäßigsten Körperhaltungen bei dergleichen Übungen erfahrungsmäßig gar nicht an der Oberfläche, sondern werden nur durch beständig wiederholte Vergleichung der Leistungen sehr vieler Wettbewerber allmählich ermittelt.

Katzenbuckel des Radfahrers, Anhang (29).

Es ist daher nichts Seltenes, daß eine ganze Bevölkerung sich eine bestimmte Körperhaltung angewöhnt, die, mit einer anderwärts gebräuchlichen einmal in Wettbewerb gestellt, zu einem leichten Siege der Fremden führen muß. So würde es wohl nicht schwer sein, den stehend und vorwärts gewandt rudernden Nationen zu demonstrieren, daß sie eine bessere Ausnutzung ihrer Körperkraft erzielen könnten, wenn sie sich rückwärts setzten. Ihre Haltung wird nur unter Bedingungen, wie etwa in den Kanälen von Venedig, wirklich die beste sein, wo es dringend nötig ist, auch vor sich zu sehen. Würden wir einen Gondolier oder einen steirischen Plättenfahrer in ein englisches Ruderboot setzen, so würde er nur mit Anstrengung und wahrscheinlich auch mit geringerer Geschwindigkeit fahren können, als in seiner Plätte oder Gondel. Er würde den auslachen, der ihm vorschlagen wollte, den Plättenbau aufzugeben und Ruderboote einzuführen, und doch ist er im Irrtum. Er hat in einer bestimten Weise zu rudern gelernt, und jeder Rudermechanismus, der den Körperhaltungen und Körperbewegungen nicht entspricht, die er gewohnt ist, erscheint ihm daher von seinem subjektiven Standpunkte aus als unzweckmäßig. Also schon der Umstand allein, daß er von Kindheit auf die Werkzeuge seines Vaters benutzt hat, zwingt den Sohn später dazu, seine eigenen Werkzeuge nach ihrem Muster zu bauen.

Aber dasselbe Prinzip, das so der unveränderten Vererbung der Formen Vorschub leistet, bringt auf der anderen Seite auch wieder eine gewisse Tendenz zur Variation hervor. Man kann es als Regel aufstellen, daß alle Erfindungen, deren Gebrauch körperliche Ausbildung erfordert, von einem einzigen Erfinder niemals vollendet werden können. Denn solange der Apparat und seine Handhabung neu sind, kann der erste Erfinder niemals wissen, inwieweit er bloß seinen eigenen individuellen körperlichen Eigentümlichkeiten oder Angewöhnungen angepaßt ist, anstatt dem Durchschnitt aller Gebraucher und deren wirklich zweckmäßigster Haltung, und die Erfahrung lehrt allenthalben, daß es in solchem Falle nur nötig ist, die Zahl der Gebraucher zu vergrößern, um sofort Änderungen in der Ausführungsform nötig zu machen und damit auch dem Prinzip der Variation zu ihrem Rechte zu verhelfen.

So kommt also in diesen Zeiten der Stagnation eine natürliche Auslese zustande, die ungemein langsam und stetig wirkt, und nach bekannten Gesetzen wird in genügend langer Zeit mit Sicherheit die beste mögliche Ausführungsform jede einzelne mögliche Variante überleben, und die Zwischenformen werden ausgestorben sein.

Hierbei tritt nun eine eigentümliche Erscheinung auf, für die auch in der organischen Welt gewisse Analogien nicht fehlen. Die Zahl der überlebenden Typen ist nicht allein von den Faktoren der Fortpflanzung und von den äußeren Lebensbedingungen abhängig, sondern auch von der Zahl der präexistierenden Inventate. Demnach müssen dieselben äußeren Lebensbedingungen in verschiedenen Fällen sehr verschiedene Resultate erzeugen. Hat die Natur nur eine einzige beste Lösung *in petto*, außerdem aber eine ganze Reihe von weniger guten, aber leidlichen Lösungen, so wird erst eine starke Variation der Lösungstypen eintreten müssen, weil die verschiedenen minder guten Varianten, die zuerst gefunden werden, sich im Kampf um die Gunst der Gebraucher alle ungefähr die Wage halten. Aber diejenigen Formen, deren Entwickelungsrichtung nach jener besten Lösung hin tendieren, werden ein kleines Übergewicht haben. Die Varianten dieser Richtung werden sich also allmählich immer größere Beliebtheit erwerben und die Variation wird nach dieser Richtung von den Erfindern fortgesetzt werden, bis jener absolut beste Lösungstypus schließlich herausgearbeitet ist. Dann wird die positive Entwickelung ein Ende haben und es folgt erst noch ein Stadium negativer Entwickelung, das in dem allmählichen Aussterben der weniger günstigen Varianten besteht und das dauert fort, bis schließlich der absolut beste Typus allein übrig ist, und dann tritt ein konstanter Zustand ein, der so lange dauern muß, bis durch Kreuzung mit einem fremden Geschlecht oder durch Entdeckung eines neuen Lösungsprinzips ein neuer Anstoß zu weiterer Umgestaltung gegeben wird.

Ein sehr typisches Beispiel einer solchen Entwickelung

haben wir im Lauf des letzten Menschenalters zu beobachten Gelegenheit gehabt. Aus der Draisine der ersten Hälfte des neunzehnten Jahrhunderts war in den fünfziger Jahren das Zweirad dadurch entwickelt worden, daß man das Vorderrad mit Tretkurbeln ausgestattet hatte. Nun war man bei der Draisine genötigt gewesen, den Sattel so niedrig zu legen, daß der Fahrer mit den Füßen bis an den Boden reichen konnte, denn er mußte sich ja abstoßen können. Ein Neuerer hatte die fruchtbare Kreuzung der Draisine mit der Lokomotive vorgenommen, indem er deren Kurbelmechanismus darauf übertrug, aber die Zunft klebte zunächst an jener ungünstigen Sattelstellung fest. Erst langsam kommt man zu dem Bewußtsein, daß man jetzt frei geworden ist, dem Fahrer eine viel bessere Körperhaltung zu geben und gleichzeitig seine Geschwindigkeit zu steigern, indem man das Vorderrad vergrößert, und so beginnt eine rasche Variation in diesem Sinne. Das Vorderrad wächst von Jahr zu Jahr und das Hinterrad wird immer kleiner, und mit dem Beginn der achtziger Jahre ist man an der Grenze dieser Entwickelung angelangt, dem Vorderrade, das so groß ist, daß sein Radius, um die Kurbellänge vermehrt, gleich der Beinlänge des Fahrers ist, und dem Hinterrade, das so klein ist, daß es auch auf schlechteren Wegen eben noch gut mitläuft.

Eine ganze Reihe von Untererfindungen ist nötig, um diese extreme Ausbildung des vorhandenen Typus zu ermöglichen. Stahl als Baumaterial hat das ursprüngliche Holz aus allen Teilen verdrängt, die Speichen sind zu dünnen Drähten zusammengeschwunden, die tangential, anstatt wie früher radial, an der Nabe angreifen. Alle Lager sind Kugellager geworden und die Felgen sind mit Gummireifen bezogen.

Durch diese Verbesserungen war nun aber der Gang der Maschine so leicht geworden, daß der Wunsch erwuchs, die Geschwindigkeitsübersetzung zwischen Kurbel und Raddurchmesser, die hier durch die Beinlänge begrenzt war, noch weiter zu steigern und alsbald tritt die Kettenübersetzung auf. Zunächst bleibt man wieder bei der überlieferten Form. Die Vorderradgabel wird über das Vorderradlager hinaus nach unten verlängert und die Kurbeln werden an den Enden der Gabel gelagert.

Diese neue Befruchtung der Entwickelung erzeugt sogleich wieder Variation. Zunächst ist der Radius des Vorderrades von neuem freigegeben und wird sofort erheblich verkleinert, um die Gefahr des hohen Sitzes zu vermeiden und um Gewicht zu sparen. Dann geht man dazu über, den Antrieb auf die Hinterradachse zu übertragen, und demgemäß vergrößert sich dieses wieder, so daß die Maschine jener Jahre von neuem ungefähr bei der Gestalt des Prototyps, der alten Draisine angelangt ist. Aber die Gilde hält noch daran fest, das Rückgrat der Maschine vom Kopf bis zum Hinterradlager in Form eines einzigen starken Rohres zu bauen, wie das bei dem alten Hochrad sein mußte. Die Sattelstütze und das Kurbellager wurden von diesem Rückgrad aus abgesteift und so ergab sich der eigentümliche Kreuzrahmen der letzten achtziger Jahre. Von diesem bis zum Schema des Parallelogrammrahmens war nur ein Schritt und es fand sich bald der Erfinder, der ihn machte. Diese ganze Entwickelung vom ersten Auftreten der Kettenübersetzung bei Zweirädern bis zum ersten Parallelogrammrahmen liegt etwa zwischen den Jahren 1886 und 1890.

Nun folgt eine Periode, etwa von 1890 bis 1896, in der außer dem Parallelogrammrahmen noch andere Formen auftreten und bald wieder verschwinden, und gleichzeitig alle älteren Formen rasch aussterben. Der Parallelogrammrahmen selbst wird in dieser Zeit noch ziemlich stark variiert. Insbesondere rückt die hintere obere Ecke von Jahr zu Jahr in die Höhe und die vordere senkt sich dem Vorderrade folgend, dessen Größe der des Hinterrades gleich gemacht wird. Endlich im Jahre 1897 ist die Stellung des oberen Rahmenrohres bis zur Wagerechten umgeändert und von nun an sehen wir die Rahmenform vollständig stagnieren. Sie ist heute noch dieselbe wie im Jahr 1897 und es sind bis jetzt wenigstens keinerlei Anzeichen vorhanden, daß sie sich noch einmal ändern wird. Der einzige prädestinierte beste Lösungstypus ist eben gefunden und die Entwickelung hat ihr Ende erreicht. Nicht als ob etwa die Erfindertätigkeit erlahmt wäre, aber „in Rahmenformen ist nichts mehr zu machen" und die Erfinder wenden sich der Verbesserung der Zubehörteile zu. Das Kurbellager wird vervollkommnet, die Freilaufnabe wird eingeführt, die Rücktrittbremse wird hinzugefügt, und während ich dies schreibe, bereitet sich die Industrie vor, veränderliche Übersetzungen auf den Markt zu bringen.

Hier also vollendet sich die Entwickelung einer Erfindung in Form einer allmählichen Konvergenz der Lösungstypen, die schließlich einen solchen Grad erreicht, daß es bei Fahrraddieben ein regelmäßiger Gebrauch werden konnte, die Teile mehrerer gestohlener Räder untereinander auszutauschen, ohne viel danach zu fragen, daß die einzelnen Individuen aus ganz verschiedenen Fabriken stammen.

Dasselbe Prinzip muß umgekehrt zu einer Divergenz der Lösungstypen führen, wenn die Zahl der natürlich gegebenen gleich guten Inventate groß und kein einzelnes vorhanden ist, das die anderen wesentlich übertrifft.

Ein interessantes Beispiel eines solchen Falles bildet die Dynamomaschine. Das allgemeine Schema ist durch Pacinotti, Gramme und Hefner-Alteneck zu Anfang der siebziger Jahre festgelegt, aber der besonderen Form, in der das Schema verwirklicht wird, vornehmlich der Form des Feldmagnets sind von der Natur nur sehr weite Schranken vorgezeichnet. Da jede Fabrik, die sich in der nächsten Zeit mit der Herstellung der neuen Maschine beschäftigt, originell sein will, wählt sich jede ihr eigenes Feldsystem aus und sucht sich selbst und die Welt glauben zu machen, daß sie damit einen besonderen Vorteil vor den anderen voraus habe. Aber bald ergibt es sich, daß es nur darauf ankommt, innerhalb einer gegebenen allgemeinen Form die richtigen Abmessungen zu treffen, und nachdem ein Dutzend solcher Magnettypen durchprobiert und auf ihre besten Abmessungen gebracht sind, laufen sie friedlich nebeneinander her und wir haben heute noch fast ebensoviel Varianten, wie vor zwanzig Jahren.

Ähnlich, aber nicht ganz so klar liegt der Fall der Dampfmaschine. Auch hier ist schon gegen das Ende des achtzehnten Jahrhunderts das allgemeine Schema herausgearbeitet, und es folgen nun Varianten auf Varianten der Anordnung von Rahmen, Zylinder und Schwungradwelle. Die Balanciermaschine eröffnet den Reigen, und daran schließt sich die Hammermaschine, die liegende Maschine mit ihren Abarten, der Bajonettmaschine und der Lokomobile, die Maschine mit oszillierenden Zylindern, die Dreikurbelmaschine. Bei den Mehrzylindermaschinen werden die Zylinder bald nebeneinander aufgestellt, bald zur Tandemmaschine ausgebildet, und besonders mit dem Aufkommen der kleinen Schnelläufer ergeben sich noch viele verschiedene Anordnungen.

Auch in diesem Fall finden wir nach einem Jahrhundert noch eine sehr große Zahl dieser Typen nebeneinander am Leben. Sogar der Balancier fristet noch auf den New Yorker Fährbooten sein Dasein. Aber man kann das nicht, oder wenigstens nicht ausschließlich dem Umstande zuschreiben, daß alle diese Formen einander völlig gleichwertig wären. Vielmehr ist das Anwendungsgebiet ein sehr großes, und da einmal die Natur in diesem Fall eine sehr große Anzahl von Formen frei gegeben hat, so führt die Vielheit der Schattierungen im Gebrauchszweck auch zu einer entsprechenden Divergenz der Lösungstypen.

Im allgemeinen wird Divergenz der Lösungstypen dann eintreten, wenn der Gebrauchszweck nicht eng begrenzt ist. Nehmen wir ein Werkzeug, wie etwa das Boot, so finden wir, daß jeder Weltteil, jedes Land, jede Provinz, ja jedes Wasser seinen eigenen Typus hat. Aber das ist richtig nur, solange wir den Gebrauchszweck so allgemein fassen, daß hinreichende Gleichmäßigkeit in der Vollkommenheit der gebotenen Deckungen erhalten wird. Werden dagegen Gebrauchszweck und Gebrauchsbedingungen spezialisiert, so tritt auch sofort eine entsprechende Konvergenz nach einer bestimmten besten Form hin auf.

Eine solche Konvergenz mit der damit stets zusammengehenden Stagnation der Entwickelung finden wir zum Beispiel bei der venezianischen Gondel oder bei dem norwegischen Fjordboot. Beide sind das Resultat sehr eng spezialisierter Gebrauchsbedingungen. Aber die Gebrauchszwecke bei diesen Booten sind noch ziemlich vielseitig. Auf der Gondel soll einmal eine Gesellschaft *forestieri* gefahren werden, einmal ein Fuder Heu, eine Ladung Wassermelonen oder Warenkisten. Wird auch der Gebrauchszweck wirklich einseitig spezialisiert, so zeigt sich nicht allein eine rasche Konvergenz, sondern es entstehen sogar ganz dieselben Erscheinungen, die beobachtet werden, wenn man bei der Züchtung von Tieren die Auswahl ausschließlich nach einem einzigen Gesichtspunkt regelt. Wie ein Rennpferd zu nichts auf der Welt gut ist, als eine englische Meile in möglichst kurzer Zeit auf ebener Bahn zu durchlaufen, so ist auch eine richtige Rennjacht nur dazu brauchbar, ihrem Besitzer möglichst viele silberne Pokale zu verschaffen, und vollends ein Rennruderboot ist überhaupt kaum ein Boot, sondern nur noch ein Turngerät. Bei beiden hat die Entwickelung eine starke Konvergenz durchgemacht und hat ihre Grenze. und damit völlige Konstanz der Formen erreicht, ganz ähnlich wie beim Rennpferd, und bei beiden zeigen sich ähnliche Symptome der spezialisierten Züchtung, eine bis zur Karikatur getriebene Überbildung einzelner Organe bei gleichzeitiger, an Unbrauchbarkeit grenzender Gebrechlichkeit der allgemeinen Konstitution.

Auch noch in einer anderen Beziehung findet eine sehr vollkommene Analogie zwischen der Entwickelung der Erfindungen und der der Organismen statt. Es ist in der organischen Natur ein allgemeines Gesetz, daß die Entwickelung von sogenannten niedrigeren zu höheren Formen fortschreitet, das heißt von einfacher konstituierten Mechanismen zu verwickelteren. Obgleich nun in der Technik im allgemeinen der Grundsatz gilt, daß die einfachste Lösung eines Problems auch die vollkommenste ist, so trifft das doch eben nur unter der Bedingung zu, daß die einfachere Lösungsmöglichkeit trotz ihrer Einfachheit dennoch eine gleich gute Deckung mit dem Bedürfnis gewährt wie die verwickeltere. Sobald aber das Problem derart modifiziert wird, daß die einfachere Lösung ihm nicht mehr bis zu demselben Grade genügt, muß sich die relative Bewertung der Lösungsformen umkehren. So ist für die Telephonie der an Pfählen aufgehängte Luftdraht gewöhnlich wesentlich vollkommener, als das unterirdisch verlegte Kabel, das durch ein verwickeltes System von Isolationsmitteln und Schutzhüllen gegen die Bodeneinflüsse gesichert werden muß. Sobald aber der Ausbau des Leitungsnetzes so weit fortgeschritten ist, daß die Blitzgefahr beginnt, erhebliche Verkehrsstörungen zu verursachen, wird man es dennoch vorziehen, zum unterirdischen Kabel überzugehen, dessen höhere Kosten nunmehr auch durch den vergrößerten Umsatz in Telephongebühren gerechtfertigt sind.

Da nun, wie wir gesehen haben, die Bedürfnisse in einer beständigen Entwickelung und Ausbildung begriffen sind, so müssen die Erfindungen fortwährend mit ihnen Schritt halten, und die Lösungsformen, die gestern noch den einfacheren Bedürfnissen der Väter genügten, müssen heute höher organisierten weichen, die befähigt sind, auch den gesteigerten und verwickelteren Bedürfnissen der Söhne gerecht zu werden. So sahen wir, wie sich der Handstein zum Dampfhammer und zur hydraulischen Schmiedepresse auswächst, und so sehen wir denselben Vorgang beinahe bei jeder Erfindung, die überhaupt einer Entwickelung fähig ist. Ganz ähnlich, wie die Natur von der Alge zum Eichbaum fortschreitet und vom Lanzettfischchen zum Säugetier, schreitet die Technik vom Federkiel zur Schreibmaschine fort, von der Nadel zur Nähmaschine oder von der Brettchenweberei zum Jacquardwebstuhl.

Wenn nun eine Erfindung dadurch, daß sie Fleisch wird, sich von ihrem ersten Urheber loslöst und ein eigenes Leben gewinnt, so werden wir füglich auch danach fragen dürfen, wie es mit ihrem Sterben bestellt ist. Zwar haben wir beständig im Laufe unserer Erörterung von dem Aussterben der überholten Zwischenformen gesprochen, aber dieses Aussterben ist nicht der Tod der Erfindung, sobald wir davon absehen, die einzelne Ausführungsform ins Auge zu fassen und unter den Begriff einer Erfindung, wie es offenbar geschehen muß, die ganze Gruppe von Lösungsformen subsumieren, die allmählich aus der ersten Lösungsform entwickelt worden sind. Wenn das Hochrad verschwunden ist, um dem Rover Platz zu machen, so dürfen wir nicht vergessen, daß es doch der direkte Vorfahr des Rovers ist, daß also auch dieser Vorfahr in seinem Enkel und Urenkel fortlebt. Freilich gibt diese Ausdrucksweise keine ganz richtige Vorstellung, denn nachdem der Rover aufgekommen war, mußte noch eine Reihe von Jahren vergehen, in denen das Hochrad neben ihm fortlebte. Die ältere Form hat also nicht im Tode einen schöneren Nachfolger erzeugt, sondern sie hat sich bei Lebzeiten in ihrem eigenen Kinde einen Konkurrenten großgezogen, der sie dann allmählich verdrängt hat. Immerhin aber ist es ihr eigenes Kind, und das Geschlecht hat also noch Samen.

Aber auch für einen vollständigen Tod ganzer Geschlechter fehlen die Fälle nicht, und die Umstände, unter denen er beobachtet wird, bilden eine wichtige Ergänzung des geschilderten Entwicklungsvorganges.

Das Leben eines Inventats ist von drei Dingen abhängig: von dem Fortbestand des zugehörigen Bedürfnisses, von der Möglichkeit der Beschaffung der materiellen Herstellungsbedingungen, wie des Herstellungsmaterials, der Herstellungswerkzeuge und dergleichen, und endlich von dem Fortbestand der Fähigkeit der Zunft, unter Benutzung dieser Hilfsmittel das Inventat zu reproduzieren.

In ihrer Beständigkeit verhalten sich diese Lebensbedingungen sehr verschieden. Weitaus den stärksten und schnellsten Schwankungen unterliegen die Bedürfnisse, denn sie befinden sich großenteils in einem ebenso wechselvollen und vorwärtsdrängenden Entwickelungszustande, wie die Inventate selber. Dies gilt, wie wir im vorigen Kapitel gesehen haben, vornehmlich von solchen Bedürfnissen, die erst durch das Vorhandensein voraufgehender Inventate ausgelöst sind. Ist das Mutterinventat das Resultat einer längeren konvergenten Entwickelung und stagniert daher, so erscheinen die daraus entspringenden Bedürfnisse als völlig konstant und selbstverständlich. Wird nun aber das Mutterinventat durch eine unerwartete Kreuzung plötzlich wieder neu befruchtet und beginnt zu variieren, so müssen die daraus resultierenden Bedürfnisse entweder plötzlich verschwinden oder ebenfalls variieren, und die Unterinventate, die vielleicht ein zahlreiches Geschlecht für sich darstellten, verfallen dem Schicksal des Aussterbens, obgleich sie selbst möglicherweise lauter gute Deckungen waren.

So ergibt die Übung, Bier in verkorkten Flaschen zu vertreiben, das Bedürfnis nach einem Korkzieher, und da viele ungefähr gleich gute Deckungen möglich sind, entsteht ein sehr schöner Fall von Divergenz der Lösungstypen. Da gab es die einfache Schraube, die nur den Kork faßte, dann die Kombination einer Schraube mit einem scherenartigen Doppelhebel, der zum Ausheben des Korks diente, dann die Verbindung zweier Schrauben, von denen die eine in den Kork eingebohrt wurde, um ihn zu fassen, die andere durch einfaches Weiterdrehen das Ausheben besorgte, dann endlich die einfache Schraube mit einem Anschlag, die selbst den Kork aushob, wenn sie weitergedreht wurde, und schließlich noch ein ganz anderes Konstruktionsprinzip, die zwei Klingen, die beiderseits zwischen Kork und Flaschenhals gesteckt wurden und gestatteten, den Kork herauszudrehen. Alle diese Varianten waren vor zwanzig Jahren in unzähligen Ausführungen und Ausstattungen verbreitet, und niemand kann sagen, wieviele neue Lösungstypen vielleicht noch inzwischen hinzugekommen wären, wenn nicht damals das Prinzip aufgekommen wäre, einen Hebel oder Keil dadurch zu sperren, daß man ihn über einen toten Punkt hinüberdrückt. Dieser Mechanismus wurde nun auf die Bierflasche angewendet und es entstand der sogenannte Patentverschluß, durch dessen Verbreitung mit einem Schlage das ganze Geschlecht der Korkzieher auf den Aussterbe-Etat gesetzt wurde.

Der Vorgang kennzeichnet sich als eine Umgehung einer Aufgabe dadurch, daß man sie anders stellt, und ist eine nicht selten vorkommende und besonders interessante Form der Entwickelung. Man hatte die Aufgabe gestellt, den Verschlußteil durch Reibung im Flaschenhals festzuhalten, und hatte viel herumgesucht, um Vervollkommnungen der Ausführungsform aufzufinden. So finden wir im Laboratorium den konischen Glasstöpsel und den Gummistöpsel dem Kork

---

Aussterben des Korkziehers, Anhang (30).

vorgezogen, für Getränke aber neben dem Kork auch einen geteilten Stöpsel aus hartem Holz, zwischen dessen Teilen Gummischeibchen durch eine Schraube eingezwängt und nach allen Seiten derart auseinandergedrückt wurden, daß sie den Flaschenhals abschlossen. Für manche Mineralwasser hat sich eine Form erhalten, die aus einem Hartgummistöpsel besteht, der in ein im Flaschenhals eingepreßtes Gewinde eingeschraubt wird. Für andere Wasser wird eine Glaskugel verwendet, die durch den Gasdruck von innen gegen einen einspringenden Rand der Flaschenmündung gepreßt wird und mit Hilfe eines Gummiringes abdichtet. Aber alle diese Formen haben nie gegenüber dem Kork selbst eine wesentliche Rolle gespielt. Für das Alltägliche, das Bier, war er eben das „praktischste", obwohl niemand darüber im unklaren war, daß er schwere Mängel hatte. Vor allen Dingen war er undicht, dann war er nicht ohne Geschmack, und wenn man davon absehen will, daß die Notwendigkeit eines Korkziehers zweifellos als eine Unvollkommenheit anzusehen ist, hatte er außerdem noch den Fehler, daß man die Flasche austrinken mußte, wenn sie einmal angebrochen war.

Nun wurde die Aufgabe anders gestellt, und der Kork war umgangen.

Als eine solche Umgehung kann auch die Erfindung der Feuerwaffen aufgefaßt werden. Das Prinzip des federnden Stabes als Wurfmittel hatte in der Armbrust und dem Bogen seine äußerste damals mögliche Ausbildung entwickelt und war nun dem Tode geweiht, als der Explosivstoff entdeckt wurde, der in viel kleinerem Raume eine viel größere Kraft aufspeichert. Diese Entdeckung hat zunächst nur der Armbrust und ihren nächsten Verwandten ein Ende bereitet, aber indem sie sich weiterentwickelte, starben erst Schild und Panzer, und in neuerer Zeit sind Schwert und Lanze nur noch bei der Reiterei ernsthaft in Gebrauch, und die Apologien für die Existenzberechtigung der Reiter im modernen Kriege, die man jetzt täglich zu lesen bekommt, deuten darauf hin, daß auch ihre Tage gezählt sind.

In der neusten Zeit bereiten sich zwei solche Übergänge vor, die noch kaum eingesetzt haben, aber, wenn nicht alle Zeichen trügen, von dem jetzt schon lebenden Geschlecht wenigstens zum Teil noch mit Augen geschaut werden dürften: der Tod der Dampflokomotive, die durch den Elektromotor umgangen wird, und der Tod der Kolbendampfmaschine, die durch die Turbine umgangen wird.

Einen anderen besonders interessanten Fall dieses Prinzips bilden die schwedischen Streichhölzer, weil hier die Umgehung des Problems nur durch das Aufgeben eines anfangs notwendig erscheinenden Vorteils gelingt und dann erkannt wird, daß der Vorteil nur ein eingebildeter war. Man stellte die Aufgabe, Streichhölzer zu machen, die sich überall entzünden ließen, und das einzige Inventat, das die Natur bot, bestand in der Benutzung von weißem Phosphor. Der weiße Phosphor hat aber die sehr unangenehme Eigenschaft, daß er ein gefährliches Gift ist. Nun war schon lange die ungiftige rote Form des Phosphors bekannt, aber es wollte nicht gelingen, mit rotem Phosphor brauchbare Streichholzköpfe zu machen, weil er sich an der bloßen Luft nicht entzündet wie der weiße Phosphor und in hohem Grade explosiv ist, wenn er mit einem Sauerstoffträger gemischt wird. So stand die Welt vor einem ungelösten Problem, bis man auf den Gedanken kam, die Aufgabe umzudrehen und so zu den sogenannten Sicherheitszündhölzern gelangte, bei denen der Phosphor nur als Reibfläche benutzt wird, und der Kopf aus dem Sauerstoffträger allein hergestellt ist. Die technische Notwendigkeit, die sich hierbei ergab, daß die Entzündbarkeit des schwedischen Streichholzes auf die präparierte Reibfläche beschränkt ist, wurde dem Publikum dadurch mundgerecht gemacht, daß man sie als ihre Haupttugend pries, und die Gewöhnung an diese Eigentümlichkeit der neuen Hölzer führte sehr schnell dazu, daß die ursprüngliche Forderung der allgemeinen Entzündbarkeit und damit das Phosphorschwefelholz vollständig verschwand.

Für das Verlorengehen der Fähigkeit der Technikerzunft, das Inventat herzustellen, bilden ein klassisches Beispiel die alten italienischen Geigen. Der Fall hat nur das mißliche, daß er nicht genügend aufgeklärt ist. Einmal steht es nicht ganz fest, ob überhaupt irgend ein Geheimnis verloren gegangen ist, und wenn man dies annehmen will, sind die Ursachen für das Verschwinden der Kunst nicht bekannt.

In größerem Maßstabe kann ein Aussterben bekannter und eingeführter Inventate aus diesem Grunde im allgemeinen nur dann eintreten, wenn durch politische Ereignisse eine Umwälzung der sozialen Verhältnisse eintritt. Das ist in historischer Zeit einmal geschehen, nämlich in den Jahrhunderten, in denen die Barbaren das römische Reich überliefen. Die Herstellung von kunstvollen Einrichtungen erfordert meist in viel höherem Grade, als man sich das gewöhnlich klar macht, das Zusammenwirken von vielen Arbeitern. Die Bergleute, Holzhauer, Ackerbauer, Viehzüchter und Jäger müssen die Rohstoffe fördern, die Kaufleute und Seeleute müssen sie verteilen, und ist die Ware am Bestimmungsorte angekommen, so muß sie noch viele Hände durchlaufen, bis sie in Gestalt eines fertigen Industrie-Erzeugnisses in den Besitz des eigentlichen Gebrauchers gelangt. In einer Zeit nun, in der man die Tempel und Theater, die Bäder und Schulen niederriß, um Gothenmauern zu bauen, mußten alle Betriebe stocken, die nicht ihren Anfang und ihr Ende im Innern der so befestigten Städtereste oder wenigstens in ihrer unmittelbaren Umgebung hatten. Ist keine Seide zu bekommen, so sind die Seidenspinner und Seidenweber überflüssig. Sie nähren sich, wie sie können, und schon die nächste Generation hat die Überlieferung verloren. Ein Wiederanknüpfen des einmal abgerissenen Fadens ist ungemein erschwert, weil bei der allgemeinen Unsicherheit der Verkehr der Provinzen untereinander überall unterbunden ist. So hält sich von den schon hochentwickelten Künsten nur das, was zu des Leibes Nahrung und Notdurft unbedingt erforderlich ist, und da das Aussterben der Inventate das Aussterben aller derjenigen Bedürfnisse nach sich ziehen muß, die daraus erwachsen waren, so sinkt die allgemeine Lebenshaltung von Generation zu Generation, bis wieder ein Gleichgewichtszustand erreicht ist, der so tief unter der früheren Höhe steht, daß ein Auferstehen des Begrabenen weit außerhalb der Grenzen jeder Möglichkeit liegt.

So kommt es, daß der Orient, insbesondere die Mittelmeerländer, die im Altertum die Wiege der Kultur und des Fortschrittes waren, uns als das Paradigma einer unheilbar stagnierenden Barbarei erscheinen, daß wir bei den Nomadenstämmen Palästinas und Ägyptens und bei den Hirten Griechenlands und Kleinasiens Zustände vorfinden, die uns aus dem Alten Testament und aus den Überlieferungen über die vorhomerische Zeit vertraut erscheinen. Und die Jahrhunderte dieses Stillstandes haben im Verein mit der mohammedanischen Raubregierung die persönlichen Eigenschaften der Bevölkerungen jener Länder wieder dermaßen zurückgebildet, daß es der größten Energie, der größten Mittel und der höchsten Intelligenz der heutigen leitenden Kulturvölker bedarf, um nur mit unsäglicher Mühe in langwieriger Arbeit allmählich wieder eine Besserung der Zustände künstlich großzuziehen. Aber schon zeigen die Erfolge der Franzosen in Algier und Tunis, der Engländer in Ägypten, daß die alten materiellen Bedingungen wirklich noch vorhanden sind, daß das Aussterben der Inventate, welche die alte Kultur hervorgebracht hatte, und welche sie trugen, nur dem Versagen des Könnens der Technikerzünfte unter dem Drucke der politischen Verhältnisse zuzuschreiben ist.

Unsere heutige Kultur hat eine Rückbildung aus ähnlichen Ursachen nicht zu fürchten. Teils ihre Dezentralisation, teils ihre Ausbreitung über die ganze Erdoberfläche und die damit Hand in Hand gehende Vernichtung und Entkräftung der noch vorhandenen Vorräte an Barbaren-Rassen schützt sie davor. Steht ein Aussterben unseres Bestandes an Erfindungen bevor, so müßte ihm die dritte Ursache zugrunde liegen, das Versagen der materiellen Lebensbedingungen der Inventate. Im Kleinen geben Beobachtungen, die wir täglich machen können, von solchem Aussterben Kunde. Jedes aus Mangel an genügend reichen Erzen verlassene Bergwerk, jede am abgeholzten Berghange verfaulende Sägemühle ist ein Zeugnis davon. Aber hier stirbt die Erfindung nicht, sondern wird nur gezwungen, auszuwandern, um sich neue Nahrung zu suchen. Wohl aber ist eine Ursache zu erkennen, welche in gar nicht allzu ferner Zeit den stolzen Siegeslauf der ganzen Technik aufhalten muß und aller Wahrscheinlichkeit nach eine Rückbildung ihrer Entwickelung zur Folge haben wird, die vielleicht ebenso langsam von statten gehen mag, wie das Erklimmen der Höhe, aber darum nicht minder sicher.

Je mehr die Zahl der bekannten Inventate wächst, desto mehr nimmt auch ihre gegenseitige Abhängigkeit voneinander zu. Man mag heute über eine gut ausgestattete Handwerkstatt verfügen und selbst ein ausgebildeter Mechaniker sein, so wird man doch oft genug ratlos vor der Aufgabe stehen, ein zerbrochenes Spielzeug seiner Kinder auszubessern, einfach weil bei dessen Erzeugung so viele heterogene Faktoren zusammengewirkt haben, daß die Entstehungsbedingungen schlechterdings nicht wieder herzustellen sind. Ist also ein Regime erwachsen, unter dem die Erzeugung eines jeden, noch so einfachen Gebrauchsgegenstandes eine Kette von verwickelten materiellen, kommerziellen und sozialen Einrichtungen voraussetzt, so genügt es offenbar, daß ein Ast dieses weitverzweigten Gewächses durchschnitten wird, damit alles verdorren muß, was daraus Nahrung zieht. Der moderne Aufschwung unserer Technik beginnt mit der Erfindung der Dampfmaschine, und wenn wir heute der Entstehung selbst des unscheinbarsten Gegenstandes unserer täglichen Umgebung nachgehen, so kommen wir fast ausnahmslos an einen Punkt, wo die Dampfmaschine bei seinem Werden mitgewirkt hat. Die Menschenkraft und die Tierkraft, die bis zum Ende des achtzehnten Jahrhunderts fast ausschließlich die Handwerke betrieben hatten, sind durch die elementaren Energiequellen verdrängt. Wofern diese Energiequellen versiegen, muß sich die Technik wohl oder übel bis auf einen Zustand zurückbilden, der demjenigen im achtzehnten Jahrhundert vor Erfindung der Dampfmaschine ähnlich ist.

Bei Laien in naturwissenschaftlichen Dingen findet man häufig die Auffassung vertreten, daß eben etwas anderes erfunden werden wird, wenn einmal die Kohlenflötze erschöpft sein werden, aber diese Ansicht entspringt demselben Irrtum, der die Erfindungen für Schöpfungen des menschlichen Geistes hält. Auf diesem Planeten stehen uns drei elementare Energiequellen zur Verfügung, das täglich von der Sonne zuströmende Licht, die Gezeiten und die Erdwärme. Jede einzelne von diesen Energiequellen ist unerschöpflich reich, aber wenn das Geschirr zum Anspannen fehlt, kann das stärkste Pferd nicht ziehen. Die mechanische Leistung der Gezeiten ist über große Küstenstrecken ausgebreitet, und da die vollkommenste Fernübertragung von Arbeit nicht ohne Verluste abläuft, so würde man Riesenanlagen errichten müssen, um schließlich immer nur verhältnismäßig sehr kleine Leistungen an einem Punkte zusammenzubringen. Das direkte Sonnenlicht erzeugt die Wasserfälle und den Wind. Beide geben brauchbare Betriebsmittel ab, aber alle Wind- und Wassermühlen der Welt könnten heute schon nicht mehr die Industrie eines der großen Kulturländer im Gange halten und deren Bedarf ist täglich noch im Wachsen. Die Kohlen haben eben eine Eigentümlichkeit, die meist übersehen wird, auf der aber ihre ungeheure Überlegenheit über alle anderen Betriebsmittel beruht: Sie repräsentieren nicht das Sonnenlicht, das während der Zeit des Betriebes empfangen wird, sondern ihre Benutzung vergleicht sich dem Vorgang, daß man den ganzen Sommer hindurch eine Birne am Sonnenlichte reifen läßt und sie dann in drei Minuten verzehrt. Äonen hindurch sind die Wälder erwachsen, die wir jetzt in wenigen Jahrhunderten verpuffen. Fänden also selbst unsere Chemiker ein Verfahren, die im Sonnenlicht enthaltene Energie, ähnlich wie durch die Reduktion der Kohlensäure der Atmosphäre in verwendbarer Form festzuhalten, so würden sie doch erst Äonen hindurch arbeiten müssen, um für eine kurze Glanzzeit die nötigen Vorräte aufzustapeln.

Ein Versuch, das natürliche Temperaturgefälle zwischen dem feurigen Inneren der Erde und ihrer Oberfläche zum Betriebe von Motoren zu verwenden, ist bisher nicht gemacht worden. Aber wenn man auch nur oberflächlich die Mittel durchdenkt, durch die er etwa verwirklicht werden könnte, so stößt man auf so ungeheure technische Schwierigkeiten, daß es schwer fällt daran zu glauben, daß diese Energiequelle die

Kohlen jemals wird ersetzen können. Aber immerhin, unmöglich ist es nicht, und wenn man voraussetzen will, daß die bisher bekannten Mittel der Zentralisierung der Produktion noch einer gewaltigen Ausbildung fähig sind, so wäre ein Kulturzustand nicht undenkbar, bei dem ganze Länder in riesigen Zentralanlagen die Lebenswärme aus dem Bauch der Erde saugen und überall hin an die Bewohner verteilen. *Qui vivra verra.*

Viertes Kapitel.

Erfinder.

And to me the least and the youngest, what gift for
the slaying of ease?
Save the grief that remembers the past, and the fear
that the future sees;
And the hammer and fashioning-iron, and the living
coal of fire;
And the craft that createth a semblance, and fails
of the hearts desire;
And the toil that each dawning quickens, and the
task that is never done;
And the heart that longeth ever, nor will look to the
deed that is won.

Morris.

Gilt es die Frage, was ein richtiger Erfinder ist, so ist
die Antwort meist fertig: Ein optimistischer Schwärmer, der
seine Zeit damit hinbringt, mit unzureichenden Mitteln seine
Ideen zu verkörpern und den letzten Pfennig opfert, um
immer von neuem Anstrengungen zu machen, die verstockte
Mitwelt zu ihrem eigenen Glück zu bekehren. Nach einem
Leben voller phantastischer Hoffnungen und grausamer
Enttäuschungen stirbt er in Armut, während andere sich der
Früchte seiner Arbeit bemächtigt haben und reichen Nutzen
daraus ziehen. Nach seinem Tode wird er von der undank-
baren Welt vergessen, welche die Segnungen seines Fleißes
gedankenlos hinnimmt und ihm kein anderes Denkmal setzt,
als die pedantische Exhumierung seines Namens durch
einige pietätvolle Schulmeister. Aber es wäre ganz ver-
kehrt, sich vorzustellen, daß dieser Typus im wirklichen
Leben die Regel bildet oder auch nur häufig ist. Er ist
zweifellos gelegentlich vorgekommen, und das Material zu
solchen Erfindern ist sicher auch in unseren Tagen noch
ebensogut da, wie vor hundert Jahren, aber sie selbst haben
das Beste dazu beigetragen, die gesellschaftlichen und wirtschaftlichen Zustände dermaßen umzuwälzen, daß heute der

Boden nicht mehr vorhanden ist, auf dem solche Schicksale gedeihen.

Und auch dem Bilde darf man nicht trauen, das uns die sensationslüsternen Zeitungsschreiber der Tagespresse vorführen; von dem Weisen, der in einem von ihm selbst geschaffenen Tempel der Erfindung sitzt, umgeben von einer Schar von Jüngern, die im Laboratorium seine genialen Kombinationen mit der Präzision eines Uhrwerks in die Tat umsetzen, um in gemessenen Zeitabständen die erstaunte Welt mit neuen Wundern zu beglücken und dem der Finanzmann seine Millionen aufdrängt, wenn er nur die Gewogenheit hat, ihn in Audienz zu empfangen und sie entgegenzunehmen. Die Welt sieht eben überall nur die hervortretenden Extreme und hat die Neigung, einerseits die so gewonnenen Typen zu verallgemeinern, andererseits sie bis ins Wunderbare auszuschmücken und bis ins Lächerliche zu verzerren.

Wer heute im Beichtstuhl der Erfinder, dem Patentanwaltsbureau, sitzt, sieht wohl alle Abstufungen menschlichen Elends und menschlichen Glückes an sich vorüberziehen, von dem schleichenden Bankrott, der sich jahrelang hinschleppt und schließlich in völligem Ruin endet, wenn es dem schwer Enttäuschten nicht noch gelingt, irgendwo in einer bescheidenen Stellung unterzukriechen, bis hinauf zum Millionenerfolg, der dem genialen Urheber scheinbar mühelos zufällt und ihn in kurzer Zeit unter die Großen der Erde versetzt. Aber er sieht auch, daß diese Fälle die seltenen Ausnahmen sind, daß die Riesenmasse von gesunder und tüchtiger Arbeit, die heute von technischen Erfindern geleistet wird, zum weitaus größten Teil aus den Werkstätten der stetig und fleißig auf wirtschaftlich festgefügter Grundlage vorwärtsstrebenden Denker stammt. Wohl bietet die Technik und das Wirtschaftsleben unserer Tage für den Phantasten viel mehr Stoff als vor hundert Jahren, aber die wissenschaftlichen Kenntnisse sind so verbreitet und werden, jedem zugänglich, in Hochschulen, Patentämtern

---

Erfinder in der Tagespresse, Anhang (31).

und anderen öffentlichen Anstalten so sachlich und streng
verwaltet, daß der Phantast sich in sehr kurzer Zeit die
Hörner ablaufen oder zugrunde gehen muß. Auf der anderen Seite sind heute die wirtschaftlichen Einrichtungen
so vervollkommnet und das Verständnis für den Wert guter
Erfindungen ist so allgemein geworden, daß es dem Besitzer einer wirklich brauchbaren Erfindung heute niemals
schwer fallen kann, sie an den Mann zu bringen, wenn er
mit etwas Verstand und Ausdauer zu Werke geht. Denn
jede große Bank, jede bedeutendere Fabrik, jedes Kriegs-
und Marine-Ministerium, jede Eisenbahnverwaltung, jede
Transportgesellschaft und Bergwerksunternehmung gibt
heute alljährlich Hunderttausende aus, nur um neue Erfindungen anzukaufen und zu entwickeln.

Sind also auf der einen Seite die extremen Typen unter
den Erfindern, die uns aus der Geschichte der Anfänge
der Technik vertraut sind, heute verschwunden, oder sind
die extremen Typen von heute ganz andere, als damals, so
ist auf der anderen Seite ein neues Agens in der Produktion
von Erfindungen in die Welt gekommen, das im Mittelalter
nicht bekannt oder wenigstens nur ganz embryonal vorhanden war. Das ist die riesengroße Zahl von Alltagserfindern, die in ununterbrochener, stiller Arbeit hier einen
Stein und dort einen Block zusammentragen und dem
großen Bau der Technik einfügen. Daß es weder die Hochschulen, noch die Banken sind, welche diese große, neue
Zunft erzeugt haben, liegt auf der Hand. Denn beide sind
wenigstens in ihrer heutigen Vollkommenheit offenbar erst
Folgen der modernen Entwickelung der Industrie, und in
den Ländern, in denen die Industrie im modernen Sinne
sich am frühesten entfaltet hat, in England und in den Vereinigten Staaten ist systematischer technischer Unterricht
überhaupt erst ein Produkt der allerneuesten Zeit. Daß
andererseits rein natürliche äußere Einflüsse diesen Umschwung in der Konstitution der Menschheit hervorgebracht
hätten, ist nicht anzunehmen, denn sonst wäre es nicht zu
verstehen, daß die allgemeine Technik eine Reihe von
Jahrtausenden hindurch fast unverändert stillgestanden und

nun mit der Mitte des neunzehnten Jahrhunderts plötzlich
einen so reißenden Aufschwung genommen hat.

Damit aber Erfindungen wurden, mußten offenbar erst
Erfinder sein. Wenn wir also aus diesem fehlerhaften
Kreis heraus wollen, müssen wir versuchen, eine Mechanik
aufzudecken, die aus einer Wechselwirkung zwischen den
Erfindungen und den Erfindern etwas wie eine geometrische Progression abzuleiten gestattet. Wenn wir zeigen
können, daß nicht nur die Erfinder Erfindungen machen,
sondern umgekehrt auch die Erfindungen wieder Erfinder
hervorbringen, so wäre die Erscheinung erklärt. Man
würde dann verstehen können, daß ein Kulturzustand, in
dem zunächst nur sehr wenige Erfindungen hier und da in
großen Zeitabständen von einzelnen genial veranlagten Individuen hervorgebracht werden, auch eine sehr lange Zeit
hindurch nahezu oder ganz unverändert bleiben kann, weil
in einem solchen Kulturzustand der Erfinder eine zu seltene
und daher seiner Umgebung fremde und unkongeniale Erscheinung ist. Einerseits vermögen nämlich die wenigen
und verstreut auftretenden Erfindungen auch nur wenige
Erfinder zu erwecken, und zweitens gehört eine viel stärkere
Anregung dazu, einen Alltagsmenschen zu bewegen, etwas
Ungewöhnliches zu unternehmen, als etwas Gewohntes. Also
werden gleich starke Anregungen weit weniger Erfinder
erwecken, als in einem Kulturzustand, in dem das Erfinden
etwas Alltägliches und anerkannt Verdienstvolles ist.
Kriege, Seuchen und Hierarchien tun das ihrige hinzu,
um die Entwickelung der Technik zurückzuhalten.

Ist aber erst einmal die Frequenz der Erfindungsproduktion über ein gewisses Maß fortgeschritten, so können
sich die Wirkungen der einzelnen Erfindungen im Erwecken von neuen Erfindern gegenseitig verstärken. Mit
der Zahl der Erfinder, die erweckt werden, wird aber wieder
die Frequenz der Erfindungsproduktion erhöht, und so erhalten wir die verlangte geometrische Progression, die, einmal in Gang gebracht, alle vorhandenen entwickelungsfeind-

---

Geometrische Progression, Anhang (32).

lichen Einflüsse siegreich überwindet und nicht eher zum Stillstand kommen kann, bis sie etwa aus sich selbst heraus Verhältnisse geschaffen hat, die ein Absterben oder eine Rückwärtsentwickelung der Technik bedingen.

Die Beweggründe, von denen gewöhnlich angenommen wird, daß sie dem Trieb zum Erfinden zugrunde liegen, hat Eyth wiederholt besprochen. Er beginnt mit dem Philosophen Friedrich Kapp, der ein instinktives Streben des Menschen annimmt, „seine angeborenen körperlichen Eigenschaften, die Stärke des Armes, die Kraft des Faustschlages, die Schärfe des Gebisses durch geborgte Hilfsmittel zu verstärken oder, wie er es nennt, diese körperlichen Eigenschaften in die Außenwelt zu projizieren. Natürlich versagt diese Erklärung sehr bald, selbst bei den einfachsten Erfindungen der Vorzeit, wie der des Feueranzündens oder von Pfeil zu Bogen. Für die Erfindungen unserer Tage ist sie völlig wertlos".

Wenn nach dem Sprichwort Not erfinderisch machte, „so müßten Eskimos und Feuerländer, welche die Not des Lebens am schwersten drückt, die erfindungsreichsten Völker sein. Wir wissen, daß das Gegenteil der Fall ist".

Als dritte Erklärung des Entstehens nennt er das Bedürfnis. Aber auch das hält vor seiner Kritik nicht stand, denn er erinnert daran, welche Vorurteile und eingebildeten Hindernisse erst beseitigt werden mußten, um beispielsweise die Eisenbahnen einzuführen, die heute „ein Bedürfnis der Zeit in einem Grade sind, der von keinem zweiten Lebenselement der Gegenwart übertroffen wird".

„Ein großer Erfinder soll des weiteren der Zufall sein." Das klassische Beispiel dafür ist „die Erzählung von Berthold Schwarz und dem Schießpulver. Aber war es Zufall, daß der suchende Mönch Kohle, Salpeter und Schwefel mischte, wie vermutlich hundert andere Stoffe zuvor? —— Nein, es war der Trieb des Forschers, der im Menschengeist und auf dem weiten Erdenrund nur im Menschengeist steckt. War es Zufall, daß die Mischung explodierte? ——

____

Beweggründe zum Erfinden nach Eyth, Anhang (33).

Nein, es war ein chemischer Vorgang, der mit Naturnotwendigkeit erfolgen mußte. War es Zufall, daß sich die kleine Katastrophe zu einer Erfindung auswuchs, die eine Umwälzung in der Weltgeschichte, den Übergang vom Mittelalter in die Neuzeit, anbahnen half? — — Nein, es war wieder der menschliche Geist, der das Ereignis weiter verfolgte und in seine Dienste zwang."

„Endlich soll der Spieltrieb dem Menschen Erfindungen zuführen. Auch Tiere haben diesen Spieltrieb und nie etwas erfunden." — — —

So kommt er zu dem Schluß: „Nein! Nicht das Bestreben, seine angeborenen Eigenschaften ‚in die Außenwelt zu projizieren', nicht die Not, nicht das Bedürfnis, nicht der Zufall, nicht der Spieltrieb haben den Menschen zum Erfinder gemacht; es ist der schöpferische Drang des Geistes, die Lust am Zeugen, die Freude am Erschaffen".

Wir sehen also Eyth zu einem rein negativen Ergebnis gelangen. Er kommt auf denselben Punkt zurück, von dem wir ausgegangen sind: Damit Erfindungen wurden, mußten erst Erfinder sein. Oder mit anderen Worten, er verweist die Untersuchung in das Gebiet der inneren Entwicklungsgeschichte des Tieres „Mensch". Und damit hat er sicher recht, denn Tier und Mensch befanden sich in der Urzeit unter gleichen äußeren Lebensbedingungen und in der gleichen Umgebung. Wenn also unter den Menschen Erfinder auftauchen, so müssen dafür innere, biologische Ursachen gesucht werden, die bei den Tieren nicht vorhanden waren. Aber diese Untersuchung muß dem Wesen der Sache nach mit mehr oder weniger oberflächlichen Hypothesen arbeiten, und das Resultat wird daher auch immer nur sehr allgemein und entsprechend wenig befriedigend sein können.

Man kann aber die Frage anders stellen. Wir haben weiter oben die Unterschiede betont, die zwischen Erfinden und Dichten bestehen. In einem Punkte aber verhalten sich beide Künste außerordentlich ähnlich. Es gibt einzelne gottbegnadete Dichter, deren Werke zu der ganzen Menschheit nicht nur ihrer Zeit, sondern aller Zeiten sprechen. Es gibt eine viel größere Anzahl von begabten und fleißigen Arbeitern der Dichtkunst, die Vortreffliches leisten und sich die Anerkennung ihrer Zeitgenossen erwerben. Auch sie nennt man noch unbeanstandet Dichter. Aber damit ist die wirkliche Produktion an Gedichten auch nicht annähernd erschöpfend beschrieben, denn jeder geistig regsame Mensch von genügender literarischer Bildung macht gelegentlich ein Gedicht, wenn er verliebt ist, oder wenn er irgend ein Fest verherrlichen will. Und gerade so geht es mit dem Erfinden. Es wird sehr wenig Leute geben unter denen, die sich überhaupt mit technischen Arbeiten befassen, die nicht in ihrem Leben irgend eine Erfindung gemacht haben, und obwohl sie sich ebensowenig Erfinder nennen oder nennen lassen, wie die Verfasser eines Gelegenheitsgedichtes darum gleich Dichter sein wollen, so sind sie doch wenigstens in Bezug auf die Erfindung, die sie gemacht haben, unzweifelhaft Erfinder. Wenn nun für wirkliche Erfinder — „wirklich" im analogen Sinne verstanden, wie wenn man von wirklichen Dichtern spricht, — die Eythschen Ausführungen auch für unsere heutigen Zustände durchaus zutreffen, so können wir doch eine viel bestimmtere Antwort geben, wenn wir statt dessen fragen, welche äußeren Einflüsse es sind, die den Laien dazu anregen, aus dem ruhigen Gang seines Alltaglebens herauszutreten und sich auf einmal mit Erfinden zu befassen.

Und wir brauchen die Frage nicht einmal so einzuschränken. Die große Menge der tatsächlichen Erfindungen werden gar nicht von den großen Erfindern gemacht. Diese pflegen sich viel mehr durch die Qualität, als durch die Quantität ihrer Leistungen auszuzeichnen. Zwischen diesen und den Laien steht aber die große Zahl von geschulten Technikern und praktischen Arbeitern, die zwar keine hervorragenden Genies sind, aber tüchtige Kenntnisse besitzen und sie mit Intelligenz anzuwenden verstehen. Diese Leute werden zum größten Teil nicht anerkennen, daß ihr Beruf das Erfinden ist. Wohl aber sind sie diejenigen, die zum Erfinden berufen sind, wenn die Umstände es erfordern, daß etwas erfunden werde. Diese also

und die Laien bilden zusammen die große Klasse der Ge-
legenheitserfinder, und für sie ist Eyths Betrachtung nur
bedingt richtig. Allerdings die Einflüsse, die er nennt,
müssen auch für unsere Fragestellung größtenteils von der
Hand gewiesen werden, und wir brauchen nur auf das zurückzugreifen, was in den voraufgehenden Kapiteln abge-
handelt worden ist, um für die Nichtigkeit dieser landläufigen Auffassungen ganz triftige Erklärungen zu finden.

Damit eine Erfindung zustande komme, muß außer
dem Erfinder auch immer ein natürlich gegebenes Inventat
vorhanden sein, also wird die Not den Menschen vergeblich
zum Erfinden spornen, denn was sie etwa mit der einen
Hand gibt, das nimmt sie gleichzeitig mit der anderen.
Im Lande der Eskimos ist eben nicht allein Not an allen
möglichen Lebensbedürfnissen, sondern es ist vor allen
Dingen auch objektive Not an allen Mitteln, die Bedürfnisse, die etwa erkannt werden, zu befriedigen. Es
ist keineswegs ausgemacht, daß die Eskimos als Rasse
schlechte Erfinder sind, aber in Grönland ist die Zahl der
natürlichen Möglichkeiten mit Kajak, Umiak, Harpune,
Hundeschlitten und Tranlämpchen ungefähr erschöpft.
Sicher könnte zum Beispiel einem guten Teil der Lebensnot
der Eskimos durch Einführung eines guten Ofens abge-
holfen werden; aber womit sollte man ihn heizen? Dasselbe trifft allerdings nicht für die großstädtischen Armen
der Kulturländer zu, die oft ebenso große Lebensnot zu
dulden haben, wie Eskimos oder Feuerländer. Aber auch
ihnen raubt die Not gleichzeitig die Möglichkeit, Erfindungen zu produzieren, indem sie ihnen alle Mittel entzieht,
ihre Ideen ins Werk zu setzen.

Die Vorstellung, daß der Zufall bei der Produktion
von Erfindungen jemals eine nennenswerte Rolle spiele,
ist vielleicht noch oberflächlicher. Es ist im vorigen
Kapitel darauf hingewiesen worden, daß man bei der Untersuchung der Entstehung von Erfindungen nicht den einzelnen Erfindungsakt ins Auge fassen darf, sondern die Arbeit der ganzen Erfinderzunft. Sobald man das aber tut,
kommt man notwendig zu dem Ergebnis, daß es beim Er-

finden einfach keinen Zufall gibt. Wohl mag der einzelne Erfinder selbst den Eindruck haben, daß der Zufall ihm zu dieser oder jener fruchtbringenden Entdeckung verholfen hat. Aber sobald man sich vergegenwärtigt, daß an demselben Problem nicht nur er arbeitet, sondern zur selben Zeit oder nahezu zur selben Zeit eine große Anzahl von anderen Erfindern, so erkennt man, daß man durchaus berechtigt ist, anzunehmen, daß sicher ein anderer die Erfindung binnen kurzem gemacht haben würde, wenn dem ersten nicht gerade der Zufall begegnet wäre, der ihn dazu geführt hat. Will man also von Zufall sprechen, so kann man höchstens sagen, daß es Zufall ist, daß gerade dieser Erfinder und nicht einer der anderen das gewinnende Los gezogen hat. Daß diese Auffassung richtig ist, beweist unter anderem auch die allgemein bekannte Tatsache, daß beinahe alle Erfindungen von Belang an verschiedenen Orten und von mehreren Erfindern zu gleicher oder annähernd gleicher Zeit gemacht werden, ein Umstand, der bekanntlich den national gesinnten Historiographen die angenehme Möglichkeit gewährt, den Ursprung aller bedeutenden Erfindungen einem Landsmann zuzuschreiben.

Mit den Bedürfnissen dagegen verhält es sich etwas anders. Die Auffassung, daß die Bedürfnisse das Erfinden solcher Einrichtungen und Verfahren anregen, die zu ihrer Befriedigung dienen, läßt sich nicht so ohne weiteres von der Hand weisen. Eyths Argument ist, wie gesagt, nur auf die großen Erfinder zugeschnitten, und wenn wir ihm folgen wollen, so werden wir eben unter großen Erfindern solche zu verstehen haben, die nicht allein befähigt sind, bedeutende Erfindungen zu machen, sondern auch diejenigen Eigenschaften besitzen, die dazu gehören, um der Mitwelt zu beweisen, daß sie ihre Erfindungen nötig hat. Damit aber läßt sich die Frage nach dem etwaigen Einfluß der Bedürfnisse nicht abtun; denn die Tatsache ist unbestreitbar, daß es auch zahllose Erfindungen gibt, die bei ihrem Bekanntwerden einfach ein allgemein oder auch nur in dem betreffenden Fach gefühltes Bedürfnis befriedigt haben, und die ohne vieles Zutun des Erfinders sofort von den Fachgenossen aufgenommen, benutzt und weiterentwickelt wurden. Die Produzenten solcher Erfindungen sind zweifellos auch Erfinder, und man kann sogar aus einem solchen Tatbestand nicht einmal mit Sicherheit erkennen, ob sie nicht ebenso große Erfinder sind, wie diejenigen, die ein halbes Leben hindurch mit den schwierigsten Verhältnissen und den wunderlichsten Vorurteilen siegreich gekämpft haben. Denn wo kein Widerstand ist, kann auch kein Kampf sein, wenn der Kämpfer noch so gut gerüstet ist. Läßt sich also, wie in diesem Falle, das Vorhandensein der Rüstung nur aus dem Erfolg eines Kampfes nachweisen, so muß hier die Methode versagen, und wir werden uns nach einer anderen Quelle umsehen müssen, aus der wir bestimmtere Zeugnisse schöpfen können.

Eine solche Quelle bietet das Patentwesen. Wer heutzutage eine Erfindung gemacht zu haben glaubt, aus der wirtschaftlicher Nutzen zu ziehen ist, meldet ein Patent an, wenigstens ist das die Regel. In den Patentämtern also werden nahezu alle Erfindungen niedergelegt, und da Patente nur für neue Erfindungen erteilt werden, so wird gleichzeitig die Entstehungszeit jeder Erfindung durch den Anmeldungstag aktenmäßig festgestellt. Ergibt also die Statistik der Patentämter, daß die Frequenz der Anmeldungen über größere Zeiträume hin nicht konstant ist oder nicht gleichmäßig wächst oder abfällt; zeigen sich also zeitweise auffallende Schwankungen in der Frequenz, so müssen dafür äußere Ursachen vorhanden sein, und es läßt sich erwarten, daß eine Verfolgung der Entwickelungsgeschichte des betreffenden Gebiets, in dem sich die Schwankung gezeigt hat, das Wesen dieser Ursachen aufdecken wird. Weiter wird eine Nebeneinanderstellung einer Reihe von solchen Fällen die gemeinschaftlichen Merkmale der betreffenden Ursachen offenbaren, und so können wir dahin gelangen, eine allgemeingültige Regel für die Beziehung zwischen der Wirkung der Erweckung von Erfindern und ihren äußeren Ursachen aufzustellen.

In diesem Sinne wertvolles Material hat das Deutsche

Patentamt veröffentlicht, indem es einen zusammenhängenden Bericht über seine gesamte Geschäftstätigkeit in den Jahren von 1891 bis 1900 herausgegeben hat. Darin haben die einzelnen für die verschiedenen Gebiete der Technik bestellten Beamten eine Reihe von knappen Skizzen niedergelegt, in denen sie die Fortschritte der Technik, jeder für sein Fach, so schildern, wie sie sich im Spiegel der eingereichten Patentanmeldungen darstellen. Es genügt, aus diesen Berichten einige bezeichnende Stellen auszuheben, um sofort zu erkennen, daß in der Tat nicht allein bestimmte äußere Ursachen für die Erweckung von Erfindern nachweisbar sind, sondern daß auch wirklich die von uns zunächst hypothetisch angenommene Beziehung zwischen dem Bekanntwerden vorhergehender Erfindungen und der Erweckung neuer Erfinder besteht.

So lesen wir in dem Bericht über das Eisenhüttenwesen:

„Nachdem das Entphosphorungsverfahren erfunden war, war die damals wesentlichste Frage für die deutsche Eisenindustrie, als deren Lebensbedingung die Entphosphorung des Roheisens mit Recht galt, gelöst. Es kommt daher jetzt eine anfangs sehr stürmische, dann sich allmählich beruhigende, endlich eine fast stille Zeit für Klasse 18.“

Von der magnetischen Erzaufbereitung wird gesagt, daß sie viele Jahre hindurch nur geringe Bedeutung gewonnen habe, und dann fährt der Berichterstatter fort:

„Die Sachlage änderte sich, als Wetherill durch das Patent 92212 vom 3. März 1896 das Anwendungsgebiet der magnetischen Aufbereitung außerordentlich erweiterte. Bis dahin hatte man nur wenige Erze auf magnetischem Wege anzureichern verstanden ... Wetherill dagegen zeigte, daß durch starke Konzentration des magnetischen Feldes zahlreiche andere Mineralien ..., nicht nur, was bereits früher bekannt war, im Maßstab des wissenschaftlichen Versuchs, sondern betriebsmäßig aufzubereiten sind. Die Folge dieser Erfindung war ein plötzliches starkes An-

---

Geschäftstätigkeit des deutschen Patentamts, Anhang (34).

A. du Bois-Reymond, Erfindung.   11

wachsen der Anmeldungszahl, wobei sich indessen, im Gegensatz zu den Erfahrungen in anderen Klassen, der Prozentsatz der Erteilungen auf der Höhe hielt, eine Folge davon, daß die Anmelder nach wie vor in der Hauptsache Fachleute waren."

Von dem sogenannten Mercerisieren von Baumwolle, das heißt einem Verfahren, durch welches der Faser ein seidenähnlicher, dauerhafter Glanz verliehen wird, heißt es:

„Das Verfahren war bald allgemein bekannt und es wurde — meistens in etwas abgeänderter Gestalt — mit überraschender Schnelligkeit in allen Ländern, welche Baumwollindustrie besitzen, eingeführt. Dem ersten Patent folgte eine wahre Flut von Patentanmeldungen, welche zum großen Teil Abänderungen der Arbeitsweise, zum Teil besondere Vorrichtungen und Maschinen zur Ausführung des Verfahrens betrafen."

Ferner unter „Bekleidungsindustrie":

„Klasse 3 wird stark von Sport- und Modeströmungen beeinflußt. So hat besonders das Radfahren in den letzten vier bis fünf Jahren zu einer Reihe von Patenten auf besonders gestaltete oder eingerichtete Hosen und Kleider, sowie Hosenklemmen für Radfahrer und Radfahrerinnen Veranlassung gegeben, ebenso die Mode des Tragens von Blusen in den jüngsten Jahren auf Vorrichtungen zum Zusammenhalten von Rock und Bluse."

Im Bericht über Elektrotechnik endlich findet sich folgende Stelle:

„In der Unterklasse 21f, elektrische Beleuchtung, hat sich die Zahl der Anmeldungen in einem Jahre, von 1897 bis 1898, plötzlich nahezu verdoppelt. Ein erheblicher Teil dieser Mehranmeldungen entfällt auf die durch die Erfindung von Nernst neu belebte Bestrebung zur Verbesserung der Glühlampe."

Diese Zitate ließen sich noch erheblich vermehren, aber die angeführten werden genügen, um erkennen zu lassen, daß man drei Klassen von Erfindern unterscheiden kann. Die Erfinder der ersten Klasse sind diejenigen, welche Eyth vorschweben, die originalen Geister, die keines sichtbaren äußeren Anstoßes bedürfen, um Erfindungen zu produzieren, und die der Technik ganz neue Bahnen eröffnen, in den zitierten Berichten also ein Thomas, Wetherill, Nernst und andere. Nach dem von uns aufgestellten Schema wären also diese Erfinder erster Klasse solche, welche die Fähigkeit besitzen, nicht allein die Koinzidenzen zwischen den Erfüllungsmöglichkeiten und den Postulaten zu entdecken, sondern auch die Möglichkeiten und die Postulate selber. Daher bildet die Auffindung der Postulate selber einen Teil ihrer Erfindungsarbeit, und es ist selbstverständlich, daß sie den Anstoß zu dieser Arbeit nicht aus ihr selbst schöpfen können.

In die zweite Klasse stellen wir diejenigen, welche das Patentamt Fachleute nennt. Das sind also Ingenieure und Techniker aller Art, welche in dem Industriezweig, in dem sie arbeiten, mehr oder weniger vollständige und gründliche Kenntnisse und Erfahrungen besitzen, meist auch praktisch mit den Vorgängen in stete Berührung gekommen sind, die ihrer erfinderischen Arbeit zugrunde liegen und sie daher aus eigener Anschauung kennen. Diese Leute kennen auch meist sehr gut die Bedürfnisse ihres Fachs, und trotzdem sehen wir aus den zitierten Stellen, daß für sie das Erfinden nicht eine ganz spontane Lebensäußerung ist, die sich von innen heraus, aus dem eigenen Schaffensdrang ihres Geistes, entwickelt. Denn wir lesen zum Beispiel gleich im ersten Zitat, daß die Thomassche Erfindung der Entphosphorung des Eisens der Erfindertätigkeit auf diesem Gebiet einen gewaltigen Anstoß gegeben hat, obgleich hier ausschließlich Fachleute als Erfinder auftreten. Diese Ingenieure, Techniker, Meister und Arbeiter besitzen also die nötigen Fähigkeiten und die nötigen Kenntnisse, um nicht nur Erfindungen überhaupt, sondern wirklich brauchbare und gute Erfindungen zu machen, aber es fehlt ihnen gerade jener innere Impuls, welcher sie veranlassen könnte, stets ihren Blick über die Grenzen des Bestehenden hinaus zu richten und in den Geheimnissen des Unbekannten zu forschen, bis sie einen noch unentdeckten Schatz bloßgelegt haben. Sie würden ruhig fortfahren, schlecht und recht ihren Dienst zu tun, wenn sie nicht durch äußere Ereignisse aufgerüttelt würden.

Und diese äußeren Ereignisse finden wir in den Berichten deutlich gekennzeichnet; immer ist es irgend eine Tat der Erfinder erster Klasse, welche die Erfinder zweiter Klasse zum Handeln bringt. Man könnte diese Erscheinung als eine Äußerung eines allgemeinen Nachahmungstriebes auffassen, aber sie läßt eine viel sachlichere Deutung zu. Da die praktische Ausgestaltung jedes bedeutenderen Inventats stets eine Unzahl von Unterinventaten fordert, ja, da selbst für die Grundform des Hauptinventats in der Regel nicht gleich anfangs der vollkommenste technische Ausdruck gefunden wird, so erzeugt das Bekanntwerden eines jeden solchen Hauptinventats eine große Zahl von neuen Bedürfnissen, und diese Bedürfnisse unterscheiden sich sehr wesentlich von den dauernden Bedürfnissen, die jedes Fach aufweist und die jedem Fachmann bekannt sind. Gerade die Tatsache, daß diese dauernden Bedürfnisse allgemein bekannt sind, hat unmittelbar zur Folge gehabt, daß auch seit ihrem ersten Bekanntwerden Versuche zu ihrer Befriedigung gemacht worden sind. Die also noch als Bedürfnisse bestehen, sind sicher schon ein dutzendmal aufgenommen und herumgedreht worden, und es hat sich gezeigt, daß entweder überhaupt bei dem gegenwärtigen Stand der Technik keine deckende Möglichkeit dafür vorhanden ist, oder sie liegt so versteckt, daß erst ein ausnahmsweise begabter Geist die Aufgabe aufgreifen müßte, damit die Lösung gefunden wird. So sind also alle die ungelösten Aufgaben beschaffen, die dem Fachmann eben durch seine Eigenschaft als Fachmann bekannt sind.

Durch die Auffindung und Veröffentlichung eines neuen Inventats werden aber für jeden, der Augen hat zu sehen, alle die neuen Bedürfnisse mit veröffentlicht, die unmittelbare Folgen dieses Inventats sind. Und daß diese Bedürfnisse unbefriedigt sind, beruht nicht darauf, daß ein Dutzend früherer Erfinder sich vergeblich daran versucht hat, sondern im Gegenteil darauf, daß sich noch keiner daran versucht hat. Sehr oft liegt bei solchen Aufgaben die

Lösung ganz offen auf der Oberfläche, so daß sie fast als selbstverständliche Folge der Aufgabe erscheint. Daher braucht unser Erfinder zweiter Klasse an der Möglichkeit nicht zu verzweifeln, für solche Aufgaben Lösungen zu finden, sondern wenn er nur tapfer zugreift, ist ihm der Erfolg beinahe sicher, und daher entsteht sofort ein Wettrennen der beteiligten Kreise darum, wer zuerst die fettesten Bissen aus der frisch aufgetragenen Suppe herausfischen wird.

Wir gelangen also zu der Auffassung, daß wir die Bedürfnisse differentieren müssen, daß es zwei Arten von Bedürfnissen gibt, von denen die eine allerdings dem Erfinder zweiter Klasse nicht Verlockungen genug bietet, um ihn aus seiner Ruhe aufzuwecken, obgleich er sie täglich vor Augen hat, und von denen die andere diese Eigenschaft in hohem Grade besitzt. Wenn wir ein Bild aus der Chemie entlehnen dürfen, so möchten wir jene wirksamen Bedürfnisse als solche bezeichnen, die sich *in statu nascendi* befinden, denn ähnlich, wie die Körper *in statu nascendi* heftiger reagieren, so auch die erst nascierenden Bedürfnisse. Je älter ein Bedürfnis ist, desto mehr verliert es an Reiz für die Erfinder, weil die Dauer seines Bekanntseins ein sicheres Maß für die Schwierigkeit seiner Befriedigung darstellt. Da nun der Fall zwar nicht gerade zu den Ausnahmen gehört, aber doch auch keineswegs die Regel bildet, daß ein nascierendes Bedürfnis gleich seine Lösung mit sich bringt, das heißt, so beschaffen ist, daß der Fachmann es eigentlich nur zu sehen braucht, um auch schon die Lösung mit zu sehen, so kann man verstehen, daß die Intensität der Wirksamkeit im Erwecken von Erfindern, oder um ein Kunstwort dafür zu prägen, die erfindererweckende Kraft des Bedürfnisses von dem Augenblick seiner Entstehung an nach einem mehr oder minder bestimmten Gesetz verlaufen muß.

Verbreitet wird zunächst nicht unmittelbar die Kenntnis des Bedürfnisses selbst, sondern nur die Kenntnis des Hauptinventats, aus dem es entspringt. Jeder, dem die neue Kunde zugetragen wird, verarbeitet sie im Geiste und verfällt so von selbst auf die Erkenntnis des Bedürfnisses.

Das scheint ihm eine eigene Entdeckung zu sein, und ist es auch subjektiv, denn es kommt ihm nicht zum Bewußtsein, daß gleichzeitig viele andere, die auch soeben das Hauptinventat kennen gelernt haben, dieselben Schlüsse aus dieser Kenntnis ziehen. Er glaubt also, ein ganz jungfräuliches Bedürfnis für sich allein, zu haben, und wird dadurch stark angeregt, sich schleunigst die Früchte aus dessen Lösung zu sichern. Indem sich also die Kenntnis des Hauptinventats lawinenartig ausbreitet, nimmt ebenso lawinenartig die Zahl der eingehenden Patentanmeldungen auf Lösungen des Unterbedürfnisses zu, und der erste Teil einer Kurve, welche die Abhängigkeit der erfindererweckenden Kraft des Bedürfnisses von seinem Alter ausdrücken würde, wäre ein steil aufsteigender Ast.

Nun wollen wir annehmen, daß unser Bedürfnis nicht eins von denen sein soll, die sich beim ersten Anlauf lösen lassen. Es bleibt also trotz der Häufung von Lösungsversuchen als solches bestehen, und nun tritt ein neuer Faktor hinzu, um den Verlauf der Kurve zu beeinflussen. Die Bedürfnisse selber werden, wie gesagt, in der Regel nicht bekannt gemacht, sondern nur die Inventate, und zwar verbreitet sich die Kenntnis der Inventate nicht allein durch deren körperliche Vervielfältigung, sondern auch durch die Veröffentlichung der Patentanmeldungen, in denen sie beschrieben sind. Das ist deshalb besonders von Bedeutung, weil die Veröffentlichung von Beschreibungen nicht allein meist viel schneller von statten geht, als das körperliche Herstellen und Verbreiten, sondern auch weil das Papier geduldig ist und gestattet, daß nicht bloß die ausführbaren Erfindungen verbreitet werden, sondern auch alle die Versuche, die eben auf dem geduldigen Papier ganz gut aussehen, die aber der Feuerprobe einer körperlichen Ausführung nicht standhalten würden. Unter denjenigen, welchen also das Hauptinventat noch als eine neue Kunde zugetragen wird, gibt es jetzt schon eine ganze Anzahl von solchen, die damit zugleich das Bedürfnis nach dem Unterinventat kennen lernen, und zwar wieder nicht in der Form einer einfachen Mitteilung des Bedürfnisses selber, sondern in der Form des einen oder anderen der bereits gemachten Lösungsversuche. Diese Leute müssen also schon zähere Naturen sein, damit das Bedürfnis, das in dieser Form zu ihrer Kenntnis gelangt, für sie noch einen genügenden Reiz hat, sich daran zu versuchen. Etliche finden sich wohl noch; denn obgleich sie sehen, daß das Bedürfnis schon nicht mehr ganz jungfräulich ist, erkennen sie doch auch, daß die bisherigen Lösungsversuche wenig oder keine Aussicht auf Erfolg bieten. Sie also gesellen sich noch zu denen, die weniger vollständig informiert, das Bedürfnis überhaupt noch für jungfräulich halten. Aber schon wird auf diese Weise eine Abnahme in der Steilheit des Ansteigens der Kurve zustande kommen. Der Prozentsatz dieser vollständiger Unterrichteten nimmt nun von Tag zu Tag zu und damit die Steilheit der Kurve ab, bis sie ein Maximum überschreitet und nun zu fallen beginnt.

Es folgt eine Periode, in der die Unterinventate allmählich anfangen, auf den Markt zu kommen, und die Kenntnis, daß das Bedürfnis nicht mehr jungfräulich ist, sich entsprechend verbreitet und bald allgemein wird. Wenn aber die natürlichen Bedingungen so liegen, daß einerseits Raum für eine Divergenz der Lösungstypen vorhanden ist, andererseits die veröffentlichten Unterinventate sämtlich keine recht befriedigenden Deckungen darstellen, so wird sich immer noch eine ganze Reihe von Erfindern einstellen, die einerseits die Unvollkommenheit der Deckungen sehen, andererseits findig genug sind, um von den zahlreichen natürlichen Möglichkeiten, die noch unerprobt sind, die eine oder andere zu erkennen. Für diese wird also die Aufgabe immer noch Reiz genug haben, um sie zu einem neuen Versuch zu spornen. Aber mit jedem solchen neuen Versuch, der bekannt wird, nimmt die Zahl der unerprobten Möglichkeiten ab, und damit die Anziehungskraft unseres Bedürfnisses, nur pflegt dieser Abfall nicht so schnell zu verlaufen, wie der Anstieg, weil die Erkenntnis von der Unzulänglichkeit der versuchten Lösungen sich erst mit dem Gebrauche allmählich Bahn bricht. Die zweite Periode der Abhängigkeit wird also durch einen verhältnismäßig langsam absteigenden Ast der Kurve dargestellt.

Sind dann endlich alle näherliegenden technischen Möglichkeiten durchprobiert und besteht das Bedürfnis immer noch als solches, das heißt, hat sich keine Lösung gefunden, die es ganz ausreichend befriedigt, so schließt sich an diese beiden ersten Perioden noch eine dritte. Das Bedürfnis ist jetzt aus dem *status nascendi* vollständig herausgetreten und ist in die Reihe der bekannten Bedürfnisse eingerückt. Die Lösungsversuche folgen sich nur noch in sehr viel weiteren Zwischenräumen, und ihre Frequenz nimmt fast gar nicht mehr ab. Die Kurve nähert sich asymptotisch der Nullinie oder einer Konstanten.

Dieser Vorgang ist also gemeint, wenn zum Beispiel der Verfasser des ersten der zitierten Berichte sagt, daß nach der Erfindung des Thomasschen Entphosphorungsverfahrens „eine anfangs sehr stürmische, dann sich allmählich beruhigende, endlich eine fast stille Zeit für Klasse 18" eingetreten sei. Er hat deutlich die drei Perioden empfunden und in diesen wenigen Worten treffend geschildert, und die Wahl des Wortes „daher", mit dem er seine Schilderung anknüpft, läßt auch erkennen, daß er diese Erscheinung auf Grund anderweitig gemachter Erfahrungen als die gesetzmäßige Folge davon anspricht, daß das Hauptinventat bekannt geworden ist.

Wenn wir nun mit dieser Auffassung, daß es die nascierenden Bedürfnisse sind, die Erfinder erwecken, das richtige getroffen haben, so muß dieselbe Erscheinung überall auftreten, wo neue Bedürfnisse entstehen, also auch in den Fällen, in denen die Ursache der Entstehung nicht ein vorhergehendes Inventat ist. Und in der Tat finden sich auch hierfür eine Reihe von Beispielen.

So lesen wir unter „Schußwaffen":

„Da das Laienelement sich mit den Gegenständen dieser Klasse weniger beschäftigt, weil zum Verständnis und zur Darstellung der Vorgänge durchgebildete Techniker gehören, war der Prozentsatz der Erteilungen verhältnismäßig hoch. Erst die oben erwähnten Kriege brachten eine in dieser Klasse ungewöhnlich hohe Zahl von Laienanmeldungen, zum Beispiel auf Patronengürtel, so daß mit der Zahl der Anmeldungen der Prozentsatz der Erteilungen in letzter Zeit fiel."

Unter „Landwirtschaft":

„In Klasse 45 hat der jeweilige Ausfall der Ernte eines Jahres einen oft klar erkennbaren Einfluß darauf, in welcher Richtung sich die Erfindungen vorwiegend bewegen. So ließen nasse Jahre das Augenmerk auf Trockenvorrichtungen für Getreide, reichere Ernten, welche nicht nur den Mangel an Arbeitern, sondern auch an Mähmaschinen in vielen Gegenden fühlbar machten, auf Grasmähmaschinen fallen, welche auch zum Getreidemähen durch besonders anzubringende Ablegevorrichtungen geeignet gemacht werden."

Im einen Fall ist es der Burenkrieg, welcher zum erstenmal die Wirkungen des modernen Infanteriegewehrs in der Praxis zur Geltung bringt und dadurch neue Bedürfnisse schafft; im andern Fall ist es die Jahreswitterung, welche dem Landwirt über die Existenz gewisser unbefriedigter Bedürfnisse die Augen öffnet und den Erfinder in ihm weckt.

Unter „Beförderungswesen" findet sich folgende Stelle:

„Plötzliche Ereignisse, die Verluste an Menschenleben nach sich ziehen und durch die Presse zur Kenntnis der ganzen Welt gelangen, erregen die Gemüter und rufen Erfindungen in großer Zahl wach. So liefen nach dem Unfall in Offenbach zahlreiche Patentgesuche ein auf dem Gebiet der Sicherung der Züge und der Zugdeckung, sowie auf dem Gebiet des Wagenbaues zur Verhütung des Festklemmens der Türen und zur Erleichterung des Entkommens der Reisenden aus dem Innern der Wagen. Die Zahl der ersteren stieg in einem Monat allein auf 48."

Und in demselben Bericht unter „Schiffbau und Seewesen":

„Bei dem Bekanntwerden dieser und jener Mängel, bei

Unfällen, verbunden mit Verlusten an Menschenleben, finden sich sofort die Erfinder mit ihren Vorschlägen ein, ohne daß sie sich immer um die Bedingungen, die zu erfüllen sind, bekümmert hätten. So entstehen auch hier vielfach Erfindungen, die sich bei näherer Prüfung als schon bekannt erweisen oder überhaupt den angestrebten Zweck nicht erreichen lassen."

Endlich unter „Transporteinrichtungen":

„Das plötzliche Anwachsen der Anmeldungen im Jahre 1896 und damit verbunden der geringe Prozentsatz der Erteilungen erklärt sich aus dem Umstand, daß zu jener Zeit die großen Städte mit der staubfreien Müllabfuhr begannen. An der Lösung dieser Aufgabe, die an sich neu war, beteiligten sich die breitesten Schichten der Bevölkerung; Erfahrungen standen nicht zu Gebote, und so entstanden viele Erfindungen, die der Prüfung nicht widerstehen konnten. Nur eine verhältnismäßig geringe Zahl hat es zur Patentierung gebracht, und eine noch geringere hat sich am Leben erhalten können. Zur Zeit ist ein Stillstand auf diesem Erfindungsgebiet eingetreten, da die großen Städte sich zu diesem oder jenem System bekannt haben und zur Einführung von Neuerungen nicht mehr die Hand bieten wollen."

Also jedes Ereignis, sei es ein Krieg, ein nasses Jahr, ein Unglücksfall auf der Eisenbahn oder auf See, oder die Einführung der staubfreien Müllabfuhr, das nur die Eigenschaft hat, eine größere Anzahl von Menschen glauben zu machen, daß irgend ein unbearbeitetes Bedürfnis vorhanden sei, genügt, um Erfinder in großer Zahl zu erwecken. Es genügt, wie gesagt, daß die Menschen an das Bedürfnis und an seine Jungfräulichkeit glauben, und in diesem Punkt unterscheiden sich nun die Erfinder zweiter und dritter Klasse. Die Erfinder dritter Klasse sind diejenigen, die das Patentamt Laien nennt. Sie sind für den prüfenden Beamten immer daran zu erkennen, daß sie sich entweder nicht genügend über dasjenige unterrichtet haben, was bereits auf dem betreffenden Gebiete vorbekannt ist, oder auch daß die Mittel, die sie zur Befriedigung des Bedürfnisses angeben, unzureichend erscheinen. Sie sind also in der Mehrzahl der Fälle nur subjektive Erfinder, aber gerade aus diesem Grunde noch viel stärker, als die Fachleute durch Tagesereignisse zu beeinflussen. Aus diesem Grunde auch wirken auf die Erfinder dritter Klasse immer nur solche Ereignisse, die einiges öffentliches Aufsehen machen. Ein Ereignis, wie die Erfindung des Entphosphorungsverfahrens, gelangt eben nur zur Kenntnis der Fachleute. Daher spielt bei den Laien die Auffindung von Hauptinventaten eine weit geringere Rolle als bei den Erfindern zweiter Klasse, nämlich nur dann, wenn sie dem Wesen der Sache nach in weiten Kreisen bekannt werden. So bemerkt zum Beispiel der Berichterstatter für „Gesundheitspflege": „Als Tummelplatz für Laienerfindungen sind noch die Säuglingsflaschen zu erwähnen". Hier ist also das Hauptinventat das Soxhletsche Sterilisierungsverfahren, welches jede Mutter und jedes Kindermädchen nicht allein kennen lernt, sondern auch praktisch ausüben muß.

Bei der Anführung der Stellen aus den Berichten sind die zahlenmäßigen Belege, aus denen die einzelnen Berichterstatter ihre Schlüsse ziehen, weggelassen worden, um den Leser nicht zu ermüden, und weil in der Wirklichkeit der geschilderte Verlauf der Abhängigkeit der erfindererweckenden Kraft eines Bedürfnisses von seinem Alter auch nicht immer so rein auftritt, daß man aus den Zahlen der Patentanmeldungen ohne nähere Kenntnis der begleitenden Umstände etwas Bestimmtes herauslesen könnte. Es lassen sich aber Beispiele finden, bei denen der Vorgang so typisch verläuft, daß seine zahlenmäßige Darstellung auch im Rahmen der gegenwärtigen Untersuchung lohnend erscheint.

Im Jahre 1894 hatte Moissan gezeigt, daß man im elektrischen Ofen durch Zusammenschmelzen von Kalk und Kohle Calciumkarbid herstellen könne, und noch im selben und in dem folgenden Jahre hatten ein Franzose, Bullier,

---

Moissan, Bullier, Willson, Anhang (35).

und ein Amerikaner, Willson, Patente auf dieses Verfahren genommen. Beide müssen füglich nach unserem Schema als Erfinder zweiter Klasse bezeichnet werden, denn sie griffen nur die Resultate von Moissans Arbeit auf und suchten sie gewerblich zu verwerten. In der Tat hat denn auch die Willsonsche Anmeldung nicht zu einer Patenterteilung geführt, und das Bulliersche Patent ist bald nach der Erteilung für nichtig erklärt worden. Aber hier ergänzen sie die Tätigkeit des Erfinders erster Klasse, denn Moissan hatte seine Arbeiten zunächst nur als wissenschaftliche Entdeckung gemeint und publiziert, und erst ihre Versuche, Calciumkarbid gewerbsmäßig herzustellen und für die Zwecke der Beleuchtung technisch zu verwenden, machten die Moissansche Erfindung in so weiten Kreisen bekannt, daß die nun folgende Entwickelung ausgelöst werden konnte.

Dieses Hauptinventat der Karbid-Darstellung erzeugt nämlich unmittelbar ein neues Bedürfnis, den Acetylenentwickeler. Die Aufgabe, die er zu erfüllen hat, ist außerordentlich einfach, es muß nur Karbid mit Wasser zusammengebracht werden und das gebildete Acetylen aufgefangen und entweder aufgespeichert oder sofort zu einem Brenner geleitet werden. Auf den ersten Blick würde es scheinen, als ob nichts leichter sein könnte, und so viel ist richtig, daß die außerordentliche Einfachheit der Aufgabe eine entsprechend große Mannigfaltigkeit der speziellen Lösungen zuläßt. Es hat sich aber gezeigt, daß bei der praktischen Ausführung eine ganze Reihe von Schwierigkeiten auftritt, die von vornherein nicht leicht zu übersehen sind. Die Bildung des Acetylens ist mit einer bedeutenden Wärmeentwickelung verbunden; es muß von einer Beimischung von Luft möglichst freigehalten werden; die Entwickelung hört nicht auf, wenn man den Wasserzufluß absperrt, weil das im Entwickelungsraum zurückbleibende Wasser immer noch eine zeitlang nachwirkt; die Entfernung des verbrauchten Karbids ist mit Schwierigkeiten verknüpft, weil sie immer nur geschehen kann, nachdem der Entwickelungsraum geöffnet worden ist. Kurz, es zeigt sich, daß diese bei ihrer Stellung scheinbar schon gelöste Aufgabe nicht allein nicht leicht zu lösen ist, sondern vielleicht sogar zu den Aufgaben gehört, die überhaupt nicht in dem Sinne zu lösen sind, wie sie erst gestellt werden.

So sind also in diesem Fall mit besonderer Vollkommenheit alle die Bedingungen erfüllt, die den geschilderten Vorgang erzeugen müssen, und der tatsächliche Verlauf ist entsprechend ungewöhnlich rein und typisch.

Auf Seite 175 sind die Zahlen der Patent- und Gebrauchsmusteranmeldungen auf Acetylenentwickeler für jedes Vierteljahr als Ordinaten einer Kurve eingetragen, die in den nun folgenden Jahren von dem deutschen Patentamt veröffentlicht worden sind. Diese Zahlen stellen aber noch nicht einmal ein ganz richtiges Maß für die erfindererweckende Kraft des Moissanschen Hauptinventats dar, sondern das Bild wird durch zwei Faktoren gefälscht. Die Patentanmeldungen haben nämlich bereits alle die amtliche Prüfung durchgemacht, und es sind daher einerseits diejenigen ausgeschieden worden, welche von vornherein unsinnig waren, und zweitens diejenigen, welche nachweislich schon vorbekannt oder schon einmal angemeldet waren. Besonders der Prozentsatz der letzteren muß aber zunehmen, indem die Zahl der vorhandenen Anmeldungen wächst, also wird die Kurve der veröffentlichten Anmeldungen von Anfang an etwas und dann zunehmend hinter der Kurve der eingereichten Anmeldungen zurückbleiben. Durch diesen Faktor wird also namentlich der abfallende Ast der Kurve steiler gemacht, als er sein würde, wenn die Zahlen der wirklich eingereichten Patentanmeldungen hätten berücksichtigt werden können.

Außerdem darf man annehmen, daß die Zahl der tatsächlich eingereichten Patentanmeldungen selbst auch nicht ein ganz richtiges Bild von der Zahl der erweckten Erfinder darstellt, weil manche Erfinder sich nicht zu einer Patentanmeldung entschließen, und weil auch manche Patentanmeldung dadurch zurückgehalten wird, daß der Erfinder durch den Rat eines erfahreneren Freundes oder eines Anwalts, den er konsultiert, über die voraussichtliche gewerbliche Nutzlosigkeit der beabsichtigten Ausgabe rechtzeitig aufgeklärt wird. Dergleichen und andere Einflüsse überdecken häufig in den Verzeichnissen der Patentämter die äußere Erscheinung der Entwickelung einer Erfindung dermaßen, daß jede Spur von Gesetzmäßigkeit verschwindet. Aber im vorliegenden Fall sind eben die in unserem Schema berücksichtigten Faktoren so stark, daß das erhaltene Bild entsprechend einseitig ausgeprägt ist.

Es zeigt sich vom Jahre 1895 an, also unmittelbar nach dem Bekanntwerden des Bullierschen Patents, ein rasches Ansteigen der Kurve, die im Herbst des Jahres 1898 ihr Maximum mit 128 veröffentlichten Anmeldungen erreicht, und dann ein etwas langsamerer Abfall bis etwa zum Jahre 1902. Hier kann die dritte Periode als erreicht angesehen werden, in der sich die Kurve bis in die letzten Jahre hinein asymptotisch einer Konstanten nähert.

Nun ist neben der Kurve, welche die Frequenz der veröffentlichten Patentanmeldungen darstellt, noch eine zweite Kurve mit einer punktierten Linie in das Diagramm eingetragen, welche die Veränderung der Kurse der Aktien der Auergesellschaft für denselben Zeitraum darstellt, und man sieht, daß ihr rasches Ansteigen und ihre größte Hausse kurz vor das Ansteigen und das Maximum der Frequenz der Patentanmeldungen auf Acetylen-Entwickeler fällt. Obgleich diese zeitliche Beziehung der beiden Vorgänge allein natürlich kein Beweis für ihre gegenseitige Abhängigkeit von einander ist, so spricht doch vieles dafür, eine solche gegenseitige Abhängigkeit anzunehmen. Es ist nämlich auch diese Erscheinung keineswegs alleinstehend, sondern es zeigt sich darin der Ausdruck einer Regel, die ganz besonders in solchen Fällen fast immer beobachtet wird, in denen auch die Erfinder dritter Klasse mitwirken.

Wenn wir nämlich einen kausalen Zusammenhang zwischen den Bedürfnissen *in statu nascendi* und der Erweckung von Erfindern nachzuweisen versucht haben, so ist das doch nicht so zu verstehen, als ob die Bedürfnisse

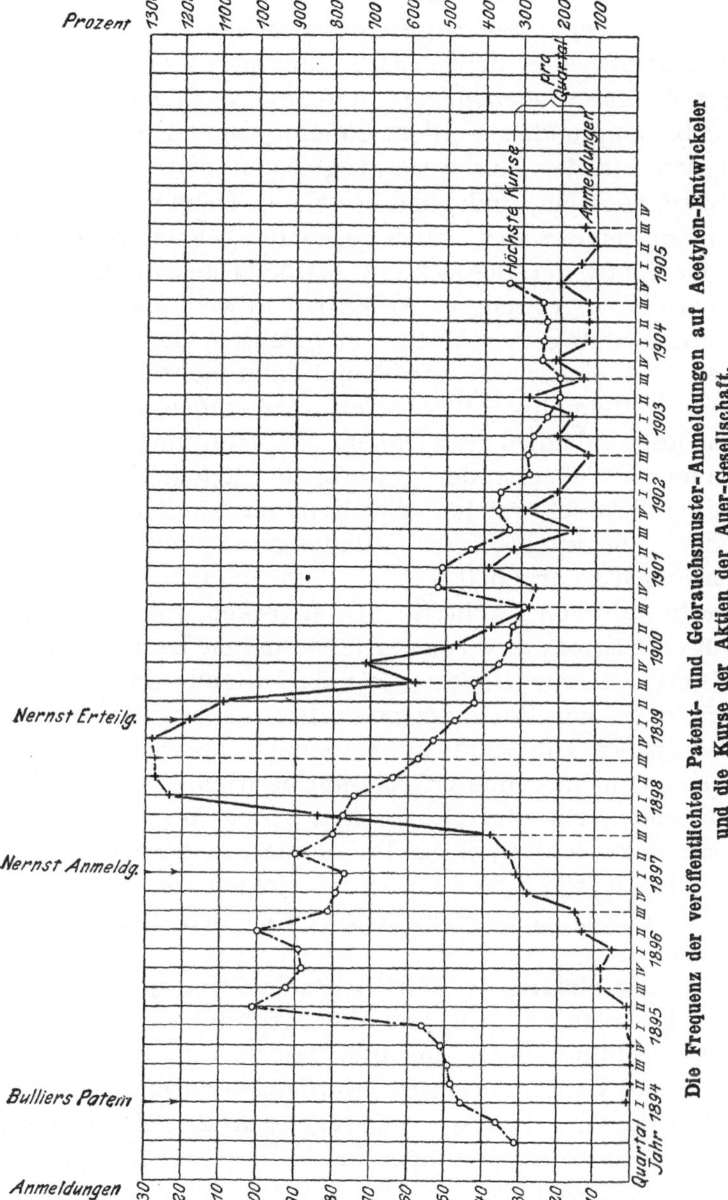

Die Frequenz der veröffentlichten Patent- und Gebrauchsmuster-Anmeldungen auf Acetylen-Entwickeler und die Kurse der Aktien der Auer-Gesellschaft.

unmittelbar Erfinder zeugten. Da nämlich unter unseren heutigen verwickelten gesellschaftlichen Verhältnissen die Bedürfnisse von denen selbst, die sich ihre Befriedigung zur Aufgabe machen, nur in Ausnahmefällen am eigenen Leibe empfunden werden, so muß zwischen den Bedürfnissen und dem durch sie ausgelösten Trieb, sie zu befriedigen, noch ein Bindeglied bestehen. Denn wenn man auch zu Gunsten der Menschheit gerne anerkennen mag, daß das reine Motiv der Beglückung des Nächsten für manche ein Sporn zu angestrengter Arbeit ist, so wird doch zugegeben werden, daß dieses Motiv wenigstens in der Industrie nur ganz ausnahmsweise auftritt und dann meist keine oder nur sehr mittelmäßige Erfolge zu verzeichnen hat. Das gesuchte Bindeglied ist vielmehr die Hoffnung auf Gewinn. Immer ist es erst der gewerbliche Erfolg des Erfinders erster Klasse, welcher die Erfinder zweiter und dritter Klasse aufrüttelt. Eine Erfindung mag noch so geistvoll und noch so originell sein, so wird sie doch keine nennenswerte Zahl von Nacherfindern erwecken, solange nicht ein äußerer Erfolg zu verzeichnen ist, und sie kann andererseits als erfinderische Leistung so unbedeutend sein, wie sie will, bringt sie nur Reichtum und Ehre, so wird sie sofort von der großen Zahl derer aufgenommen und verfolgt werden, die zwar nicht genug Originalität besitzen, um eigene Wege zu gehen, sich aber Fähigkeiten genug zutrauen, an einem einmal gewiesenen Weg die Blumen zu finden.

Noch zwei Zitate mögen hier folgen, die dieses Prinzip sehr anschaulich beleuchten. Von den Straßenbahnen heißt es:

„Der elektrische Betrieb brachte eine größere Anzahl von Unfällen mit sich, und eine Hochflut von Vorschlägen zur Verhütung dieser entstand. Hierzu kam, daß Preise auf die beste Lösung ausgesetzt wurden, wodurch die Erfindertätigkeit aufs höchste angeregt wurde. Nicht weniger als 48 Anmeldungen gingen in einem Monat für Klasse 21 d ein, von denen die meisten sich auf Schutzvorrichtungen bezogen."

Hier also haben wir als Hauptinventat den elektrischen

Betrieb von Straßenbahnen. Seine Einführung erzeugt das Bedürfnis nach Schutzvorrichtungen, und dem Löser der Aufgabe winkt nicht allein ein reicher Gewinn, der etwa aus der Lieferung einer großen Zahl von Schutzvorrichtungen zu erzielen wäre, sondern es ist auch noch ein Preis ausgesetzt, und der Erfolg ist die Erweckung einer Unzahl von Erfindern, die sonst nicht daran gedacht haben würden, Schutzvorrichtungen für Straßenbahnwagen zu konstruieren.

Der zweite Fall zeigt die negative Wirkung desselben Prinzips. Der Berichterstatter für Beleuchtungswesen sagt:

„Auffallend zurückgetreten ist die erfinderische Tätigkeit bei der weiteren Vervollkommnung der gewöhnlichen Petroleumlampe, obwohl die Nachfrage nach Petroleum-Tisch- und Hängelampen noch immer vorhanden und keineswegs anzunehmen ist, daß diese Lampen ihren besten Wirkungsgrad bereits erreicht haben. Die wenigen Patente, welche auf Herstellung unverbrennlicher Dochte und auf Sicherheitsvorrichtungen zum Verhüten von Explosionen beim Umfallen der Lampen genommen wurden, haben keine Bedeutung erlangt. Dieser Stillstand ist zweifellos dem schnellen Umsichgreifen der Gasglühlichtbeleuchtung und dem Umstand zuzuschreiben, daß von seiten der Erfinder die Petroleumlampe ohne Glühstrumpf, wie der Argand- oder Schnittbrenner, als ein veraltetes Gerät angesehen wird, bei dessen Vervollkommnung auf Erlangung wertvoller Patente nicht zu rechnen ist. Es liegt hier also der Fall vor, daß der vom Erfinder auf einem verwandten Gebiet erhoffte Gewinn eine Einschränkung der erfinderischen Tätigkeit auf einem weniger aussichtsvollen Gebiet herbeigeführt hat.“

Der Berichterstatter erkennt also das Vorhandensein eines objektiven Bedürfnisses für die Verbesserung der Petroleumlampe. Das ist zwar schon ein altes Bedürfnis, und man wird daher von vornherein nicht auf viele Lösungsversuche zu rechnen haben. Er glaubt aber zu sehen, daß die Frequenz abnorm zurückgeblieben ist, und schreibt diese Erscheinung dem Umstand zu, daß die Erfinder, durch die Erfolge der Auergesellschaft geblendet, überhaupt für die einfache Petroleumlampe kein Interesse haben.

Dieselbe Erscheinung im positiven Sinne sehen wir nun hier in unserer Kurve ausgedrückt. Es kommt zu den aufregenden Kursen der Auer-Aktien noch hinzu, daß in das Jahr 1897 die Veröffentlichung des Nernst-Patentes fällt, über dessen wirtschaftlichen Erfolg die fabelhaftesten Dinge verbreitet wurden, so daß sogar der Vorschlag auftauchen konnte, der Staat solle Professoren, die in den Staatsanstalten Erfindungen machen, an dem Gewinn besteuern, den sie daraus lösen. Diese Konjunktur erregt in einer großen Anzahl von Leuten die halbklare Vorstellung, daß jede neue Beleuchtung, die erscheint, notwendig auch eine Goldquelle sein müsse, aus der man nur zu schöpfen brauche, um reiche Ernte zu halten. So erlangte die Karbidindustrie ihre erstaunliche Popularität, die durch die tatsächlichen Erfahrungen der nächsten Jahre beinahe ebenso schnell zum Verschwinden gebracht worden ist.

Der Fall ist besonders interessant, weil fast alle Voraussetzungen, auf welche die gesteigerte Frequenz der Erfindungen aufgebaut ist, auf Täuschungen beruhen. Das einzige, was standhält, ist der außerordentliche gewerbliche und technische Erfolg des Auerlichts. Dabei ist zu beachten, daß die Auersche Erfindung seit ihrer Patentierung volle zehn Jahre der stillen Entwickelung hatte durchmachen müssen, bevor es zur Gründung einer gewerblichen Gesellschaft kommen konnte, und wie viele Jahre von Studien und Experimenten noch voraufgegangen waren, davon schweigt die Geschichte. Aber die Gewinne, die Nernst tatsächlich für seine Erfindung erzielt hatte, waren von der Fama ins Maßlose vergrößert, und der mäßige gewerbliche Erfolg, dessen sich seine an sich höchst interessante Erfindung jetzt erfreut, ist nur

---

Nernst-Patent, Anhang (36).

der seltenen Zähigkeit und den ungewöhnlich reichen Mitteln zu danken, mit denen die Allgemeine Elektrizitätsgesellschaft die Erfindung sieben Jahre hindurch verfolgt und ausgebildet hat. Die Karbid- und Acetylenbeleuchtung endlich hat trotz der großen Aufmerksamkeit, die ihr infolge der günstigen Konjunktur zugewendet worden ist, alle Erwartungen enttäuscht, und es scheint heute mehr als je zweifelhaft, ob sie sich überhaupt einen ebenbürtigen Platz unter den älteren Beleuchtungsarten erringen kann.

Aber gerade deshalb ist dieser Fall auch typisch, denn Täuschungen solcher Art in der Entwickelungsgeschichte der Erfindungen nicht nur bei Laien, sondern auch bei Fachleuten, sind außerordentlich häufig. Es läßt sich an vielen Beispielen zeigen, daß auch die bedeutendsten und erfolgreichsten Erfinder zur Zeit, da ihre Erfindungen noch neu sind, eine ganz falsche Schätzung von ihrem Wert haben. So hat zum Beispiel gerade Auer von Welsbach dasjenige seiner Patente freiwillig verfallen lassen, dessen er allein bedurft hätte, um den Markt dauernd zu beherrschen. Der verhältnismäßig schnelle Abfall der Kurskurve in den Jahren 1898 und 1899 ist wesentlich dem Umstand zuzuschreiben, daß diese Tatsache durch Patentprozesse aufgedeckt wurde, so daß trotz des mächtig ansteigenden Bedarfs an Gasglühlicht die Auer-Gesellschaft sich nicht auf der errungenen Höhe halten konnte, da nun eine ganze Schar von Nachahmern sich in das Geschäft eindrängte. Wenn dergleichen also den führenden Fachleuten begegnet, um wie viel leichter werden Laien einer Täuschung unterliegen müssen über Dinge und Verhältnisse, über die sie oft nur vom Hörensagen unterrichtet sind.

Die Neigung, sich Täuschungen aller Art hinzugeben, wird außerdem noch durch einen eigentümlichen psychologischen Vorgang wesentlich unterstützt. Vielleicht nur mit Ausnahme von solchen, die schon eine längere Erfinderlaufbahn hinter sich haben, geraten alle, die eine

---

Auers verfallenes Patent, Anhang (37).

Erfindung konzipiert haben, von der sie glauben, daß sie sich gewerblich verwerten läßt, je nach ihrer Naturanlage in höherem oder geringerem Grade in einen Geisteszustand, der sich mit nichts so gut vergleichen läßt, wie mit dem Zustand eines Verliebten. Genau wie den Verliebten verfolgt den Erfinder der eine Gedanke bei Tage und bei Nacht, und er vermag ihm ohne Unterbrechung nachzusinnen, ohne je zu ermüden. Im Gegenteil, der Gedanke an die Erfindung erzeugt ein eigenes Glücksgefühl, das ihn beständig dazu spornt, zu ihm zurückzukehren, wenn er durch äußere Umstände eine Zeitlang gezwungen war, sich mit anderen Dingen zu beschäftigen. Genau wie ein Verliebter verliert er jedes Maß in der Schätzung des Wertes seiner Erfindung, sieht er nur ihre Tugenden und übersieht er geflissentlich ihre Schattenseiten. Genau wie ein Verliebter wird er von Eifersucht ergriffen, wenn er wahrnimmt, daß andere demselben Gedanken auf der Spur sind, und kann es doch nicht fassen, daß sie vielleicht viel würdigere Bewerber um die Gunst des Erfolges sind, als er. Ihre Arbeiten erscheinen ihm verächtlich, borniert und lächerlich. Und wenn er Zähigkeit genug besitzt, um bis zur Ausführung seiner Idee durchzudringen, so kann ihn oft der klarste Augenschein nicht von der Aussichtslosigkeit seiner Werbung überzeugen. Mag ihm die Natur eine noch so schroffe Ablehnung entgegenbringen, er sieht darin nur Sprödigkeit. Und wenn endlich der Mißerfolg selbst für sein nachsichtiges Urteil nicht mehr zu verkennen ist, tritt oft ein Rückschlag ein, der zu einer ähnlichen Übertreibung in der Geringschätzung führt, wie er sie vorher in der Überschätzung geübt hat. Diese hartnäckige Überzeugung, die den Erfinder treibt, unentwegt dem einzigen Ziele nachzujagen, obgleich jeder ruhiger Urteilende die völlige Aussichtslosigkeit der Arbeit zu sehen glaubt, ist auch schon manches Mal das Geheimnis des endlichen Erfolges gewesen, aber wo der Erfindungsgedanke auf falschen Beobachtungen beruht oder wo sich schließlich dem Vordringen eine unvorhergesehene Schwierigkeit in den Weg stellt, für welche die Natur keine

Lösung bietet, da ist sie auch ebenso oft sein Verderben, wenn nicht rechtzeitig Ernüchterung eintritt.

In diesem Zustand der technischen Verliebtheit sind auch die geistigen Funktionen des Erfinders besonders lebhaft und geschärft und mit einer Leichtigkeit, die oft sein eigenes Erstaunen erregt, findet er zahllose Kombinationen, die ihm alle neu und geistreich zu sein scheinen, und arbeitet sich in die Vorstellung hinein, daß er jeder Schwierigkeit gewachsen sei, da er ja in seinem Ideenreichtum nur zu schöpfen brauche, um sicher das eine oder das andere Mittel zu finden. Und nicht nur er unterliegt dieser Täuschung. Auch allgemein in der Beurteilung der erfinderischen Fähigkeiten eines Menschen wird der Eigenschaft des Ideenreichtums die Hauptrolle im Charakter des Erfinders zugeschrieben. Denn da wir im Leben an anderen fast immer nur den Erfolg sehen, so verknüpft sich die Wirkung des Erfolges mit dieser glänzenden und hervortretenden Geisteseigenschaft, und wir werden unwillkürlich zu der Auffassung geführt, daß die eine aus der anderen folgt. Zu einer richtigen Einschätzung der für den Erfolg im Erfinden maßgebenden Geisteseigenschaften kann man aber so nicht gelangen, sondern man müßte dazu die gesamte Erfinderzunft, also die vielen erfolglosen Erfinder ebensowohl, wie die wenigen erfolgreichen, nebeneinander stellen, und die Eigenschaften aufsuchen, die sie unterscheiden und vernünftigerweise mit dem Erfolg auf der einen und dem Mißerfolg auf der anderen Seite in kausalen Zusammenhang gebracht werden können.

Wir haben im ersten Kapitel Robinsons Theorie der Erfindung kennen gelernt und gesehen, daß die geistigen Funktionen, die das Erfinden ausmachen, sich in Perzeption, Konzeption und Konstruktion einteilen lassen. Dabei unterscheiden sich die Perzeption und die Konstruktion, sofern sie von jeder Konzeption reinlich getrennt werden, überhaupt nicht von Perzeption und Konstruktion auf anderen Gebieten, die Perzeption des Erfinders nicht von der Perzeption des wissenschaftlichen Forschers und die

Konstruktion des Erfinders nicht von der Konstruktion des einfach konstruktiv arbeitenden Ingenieurs. Demnach würde in der Konzeption eigentlich das Wesen der Erfindung wurzeln, und diejenigen Geisteseigenschaften, von denen die Fähigkeit zu konzipieren abhängt, würden für den Erfolg im Erfinden den Ausschlag geben. Mit anderen Worten, der ideenreichste Erfinder würde auch der erfolgreichste sein. Robinson selbst hat für solche Spekulationen allerdings keinen Raum, aber der Schluß drängt sich auf und entspricht eben auch so gut den allgemeinen Erscheinungen, die jeder am Leben wahrzunehmen meint, daß Zweifel über seine Richtigkeit gar nicht aufkommen. Aber die Unsicherheit einer solchen Urteilsbildung liegt auf der Hand, denn die persönlichen Erfahrungen eines einzelnen sind entweder eine rein zufällig ausgewählte Stichprobe aus der Gesamtzahl der Fälle, oder aber, was noch gefährlicher ist, die Auswahl ist durch irgendwelche Umstände beeinflußt, die mit dem Resultat der Untersuchung nichts zu tun haben und es daher fälschen.

Aber hier kann wieder die Statistik der Patentämter helfen, und da begegnet uns eine Erscheinung, die sich so deutlich vordrängt, daß sie gar nicht zu übersehen ist, die sich in allen Ländern mit der größten Gleichmäßigkeit wiederholt und sich über die ganze Zeit, in der überhaupt Aufzeichnungen vorliegen, völlig unverändert erhält. Das ist die ungeheure Überproduktion an Ideen. Wer in den Patentregistern blättert und sich nach dem, was er liest, eine Vorstellung davon zu bilden sucht, auf welche Weise die Erfinderzunft die technischen Fortschritte zustande bringt, der wird wohl daran erinnert, wie im Frühjahr unter einem blühenden Baum der Boden im weiten Umkreise mit Blütenstaub, wie mit Schnee, bedeckt ist. Denn wie die Natur Milliarden von Blütenstaub-Zellen erzeugt und ausstreut, um wenige Hunderte von Blüten zu befruchten, so füllen in den Bibliotheken der Patentämter Wagenladungen von dicken Bänden die Gestelle, und jeder Band ist von der

---

Überproduktion an Ideen, Anhang (38).

ersten bis zur letzten Seite mit knappen Darstellungen von Erfindungsideen angefüllt. Und doch können wir Bände auf Bände durchsehen, ehe wir einmal auf einen Gegenstand treffen, den wir aus der Technik, aus dem wirklichen Leben kennen. Sie alle sind also wie der Blütenstaub zur Erde gefallen und verkommen, und nur eine in Hunderten ist imstande gewesen, das Wachstum von wirklichen Früchten einzuleiten. Dieser kleine Prozentsatz der fruchtbringenden Ideen würde aber noch um ein Vielfaches zu verkleinern sein, wenn wir nicht darauf angewiesen wären, nur die Erfindungsideen zu zählen, die bei den Patentämtern angemeldet werden. Die tatsächliche Produktion ist viel größer, aber sie entzieht sich nicht allein der Zählung, sondern sogar zum allergrößten Teil überhaupt der Beobachtung. Nur dann und wann, durch zufälliges Zusammentreffen von besonderen Umständen gelingt es, ein solches flüchtiges Bild festzuhalten, in dem sich das Sprudeln der ungehemmten erfinderischen Konzeption offenbart, und man kann daher nur aus solchen gelegentlichen Äußerungen der halb Unmündigen über den Umfang dieser Produktion eine vage Vorstellung gewinnen.

Um indessen dem Leser die Möglichkeit zu gewähren, sich selbst von dem einen Begriff zu bilden, was gemeint ist, sei es erlaubt, ein solches Beispiel hier wiederzugeben, das zwar vom untersten Ende der Erfinder-Rangordnung herstammt und vielleicht mehr den Stempel einer Karikatur als den eines ernsten Zeugnisses trägt, aber da es eben einfach aus dem Leben abgeschrieben ist, doch darauf Anspruch machen darf, einen Einblick in das Leben zu gewähren.

Das Folgende ist ein Brief einer Erfinderin an einen Anwalt. Nach einigen einleitenden Worten über den Zweck ihres Schreibens fährt die Verfasserin fort:

„So habe ich erstens einen Plan für eine transportable Wasserleitung für Schlafzimmer, die ohne jede Baulichkeit und ohne jede Extramontur, überall, in jedem Haus und in jedem Zimmer sofort anzubringen ist, wo eine solche sonst nicht anzubringen wäre, weil nicht immer das Schlafzimmer

direkte Verbindung mit der Küche hat, betreffs Anschluß
an die Wasserleitung. Durch betreffende Neuerung fällt
das lästige Heben der plumpen, schwerfälligen Wasser-
kannen weg, die schwächliche und ältere Personen nicht
ungefährdet heben können, und um das Bequem-Praktische
mit dem Schönen zu verbinden, möchte ich betreffenden
Artikel für feinere Häuslichkeiten zugleich als elegante
Zimmerzierde konstruieren lassen, in Form einer Frauen-
figur, deren Oberkörper abgehoben werden kann, zum
Zweck eines Extra-Einsatzes als Bassin. Das geeignetste
Material dazu ist Alumin, das mit einem dazu passenden
Lack, wie Porzellan aussehend, überzogen werden soll, und
zwar, daß das Gewand nach morgenländischer Art in losen
Falten, crêmefarben, mit Rosenknospen besetzt, aussieht,
auch wasserblau mit Goldsternen kann das Kleid der
Wasserkönigin sein, oder meergrün mit Wasserrosen, je
nach Belieben oder Geschmack, oder der Zimmerdekoration
entsprechend. Der Kopf der Figur soll hohl gearbeitet
werden, um einen kleinen Blumentopf einzulassen, be-
wachsen mit lebendem oder künstlichem, sogenanntem
Frauenhaar. Am Busen soll das Kleid ebenfalls eine kleine
Höhlung zur Aufnahme eines kleinen Buketts tragen. Die
eine Hand soll einen kleinen Korb halten für Seife und
Zahnbürste. Die andere Hand soll ein Glas oder Kelch
halten, resp. ein Seerosenblatt als Kelch geformt, wo das
Wasser durch den Blumenstengel in den Blätterkelch sich
ergießt, wenn die Trinkwasserleitung durch den Arm mit
dem Oberkörper verbunden wird, wo dadurch dann auch
keine Karaffe im Zimmer mehr nötig ist. Die Schuhspitzen
sollen die Hähne bilden, die durch Herausziehen als
kleine Wasserrosen sich öffnen, wo oben durch Umdrehen
der angebrachten Schleife dann Wasser fließt. Die beiden
Hähne sowie der Wasserraum müssen betreffs bequemer
Reinigung zum Aufklappen gearbeitet werden, wie zum Beispiel ein Zigarrenetui. Dieses Wasserwerk oder diese Wasch-
tisch-Einrichtung muß, wie selbstverständlich, in der Mitte
auf dem üblichen Waschtischgehäuse angebracht werden.
Für Häuslichkeiten, die betreffs des Kostenpunktes auf

möglichste Einfachheit angewiesen sind, kann eine einfache vasenartige Kanne, ohne Einsatz mit nur einem Hahn, hergestellt werden, oben kann das Trinkgefäß als Deckel dienen, damit das Wasser staubfrei bleibt, alles aus Alumin betreffs ‚unzerbrechlich‘.

„Um nun fernerem Unglück vorzubeugen, gibt es eine Totalabhilfe durch Fabrikation feuerfester Möbel, die, wenn aus Alumin fabriziert, manch andere Vorteile bieten. Sie sind durch ihre leichte Transportfähigkeit praktischer, antiinsektisch und können ohne Lötung fabriziert werden, und zwar zum Auseinandernehmen beim Umzug oder beschränkten Wohnräumen. Selbstverständlich müßte dieses Material mit einem dazu passenden Lack oder Politur, wie Holz aussehend, behandelt werden. Nun handelt es sich darum, ob für den Anfang Alumin nicht teurer ist als Holz, und dann möchte ich dem Widerwillen Rechnung tragen betreffs der Wahl dieses ungewöhnlichen Materials, wenn das aber nicht gelingt, dann müssen wir bedenken, wie viel teurer und ungewöhnlicher ist der Seelenschmerz so vieler Hinterbliebener, die ihr ganzes Leben hindurch ihre im Feuer umgekommenen Angehörigen beweinen. Dieser mein anderer Vorschlag, alle unsere Lieblingsmöbel ‚immun gegen Feuer zu machen‘, ist ein chemisches Verfahren, und wenn das sich nicht bewährt, dann muß ein widerstandsfähiges Holz gefunden werden, wie zum Beispiel Seine Durchlaucht der Fürst Bismarck geräuschloses Holz zum Straßenpflaster erfunden hat. Hat man ein solches geeignetes Material gefunden, dann bietet sich ein großes Feld zur Verwertung bei den zukünftigen Häuserbauten, wo sämtliche Holzpartieen, aus feuerfestem Material genommen, einen vollständig gefahrlosen Bau bilden, worin jeder ruhig schlafen kann. Wäre diese Vorsicht längst Mode gewesen, dann hätte so mancher seine Angehörigen und sein Hab und Gut noch. Und nun habe ich die Idee für eine selbstspielende Violine, die durch einen im Innern des Instrumentes eingefügten Mechanismus mit der Bewegung des Spiels von außen derartig in Verbindung steht, daß jeder ohne Studium spielen kann; zweifellos würden Musikfreunde eher solchem Kunstwerk den Vorzug geben, statt einer leierhaften Musikdose. Dann habe ich eine Neuerung an Nähmaschinen, die, um Krankheiten vorzubeugen, durch ein einfaches Räderwerk das schädliche Treten unnötig macht. Dann habe ich die Idee für ein praktisches System für ein Taschenfeuerzeug. Ferner den Plan eines selbsttätigen Apparates zum Ausziehen und Anziehen der Stiefel, in jeder beliebigen Form zu fabrizieren, wie zum Beispiel als Hund, dessen Vorderpfoten mit dem erforderlichen inneren Mechanismus derart korrespondieren, daß sie die Bewegung bewerkstelligen, die Stiefel vorzuschieben und zurückzuziehen. Dann habe ich die Idee einer Teltower-Rüben-Putzmaschine, die zwar schwierig herzustellen ist und dann wahrscheinlich durch ein einfacheres Mittel mal verdrängt werden wird; es ist das ein chemisches Präparat, worin die Rüben eine gewisse Zeit liegen bleiben, bis die unbrauchbare Außendecke sich löst, wonach sie nur mit klarem Wasser gewaschen werden brauchen. Damit wäre eine ungeheure Ersparnis der Zeit erzielt. Noch habe ich mehrere Ideen, doch ist dieses für den Anfang wohl genug."

Hier also haben wir reine Konzeption in Fülle. Die Schreiberin ist offenbar unfähig, überhaupt zwischen Aufgaben und Lösungen zu unterscheiden, es fehlt ihr gänzlich an Übersicht über die Grenzen des technisch oder gar wirtschaftlich Ausführbaren, sie hat auch nur eine ganz schiefe und unbestimmte Vorstellung von der Natur der Bedürfnisse, die sie durch ihre Erfindungen befriedigen will. Aber eine Eigenschaft besitzt sie in hohem Grade, Ideenreichtum. Daß ihre Perzeptionsfähigkeit fast vollständig verkümmert ist, hat ihre Konzeptionsfähigkeit nicht nur nicht gehemmt, sondern sogar sichtlich beflügelt, denn keinerlei Fesseln der Erkenntnis der Wirklichkeitsgrenzen beengen sie.

Der Fall zeigt also eins. Kann niemand ein erfolgreicher Erfinder sein, ohne die Fähigkeit der Konzeption zu besitzen, so ist doch das Angebot an bloßer Konzeption unendlich viel größer als das von erfolgreicher Perzeption. Und nicht allein viel seltener ist die Fähigkeit, richtig zu

perzipieren; die Arbeit des Perzipierens selbst ist auch viel
mühseliger. Wenn man das Perzipieren nur als Aufnehmen
des Bekannten bestimmt, also als Lernen, so brauchen wir
bloß daran zu denken, welchen Zeitaufwand, welche
dauernde Anstrengung es kostet, auch nur ein Handwerk
zu lernen, geschweige denn im technischen Wissen soweit
vorzudringen, daß man in irgend einem größeren Gebiet
wirklich einen annähernd erschöpfenden Überblick über das
Bekannte besitzt. Wer diese Arbeit nicht geleistet hat, wird
wohl vermöge bloßer, mehr oder minder geistreicher Konzeption Erfindungen machen können, aber wenn er unter
der unendlichen Menge von Kombinationen, die sich seinem
Geiste bieten, eine von denen trifft, die gleichzeitig in der
Natur ihr Gegenstück hat, das heißt ausführbar ist, so wird
das ein Fall sein, als ob er abends durch eine belebte Straße
ginge und einen vollen Geldbeutel fände, der am Morgen
verloren worden wäre. Nun ist aber Perzeption keineswegs
bloß ein Lernen dessen, was andere schon gewußt haben
oder wissen, sondern weit wichtiger ist für den Erfinder
diejenige Perzeption, welche nur durch Beobachtung ausgeübt werden kann. Richtige Beobachtung von Vorgängen
in Natur und Technik ist aber eine höchst seltene
Fähigkeit, die keineswegs dem Durchschnittsmenschen
gegeben ist und auch von dem Begabteren in den meisten
Fällen erst durch lange und gewissenhafte Schulung erworben werden muß.

Als Helmholtz ein Knabe war, soll er gemeinschaftlich
mit einigen Mitschülern den Auftrag erhalten haben,
möglichst genau an einer Uhr, die in einiger Entfernung
in einem Garten aufgestellt war, die Zeit abzulesen. Die
anderen Knaben liefen nach der Uhr und brachten so
schnell wie möglich ihre Ablesung zurück. Helmholtz über-
schlug, wie viel Zeit für den Rückweg anzusetzen sei, und
addierte diesen Betrag zu seiner Ablesung. Das gibt uns ein
Beispiel überlegener Perzeption und zeigt zugleich, daß
Beobachten, selbst des einfachsten Vorganges, nichts
weniger als eine mechanische Tätigkeit ist.

Die Schwierigkeit der Perzeption steigert sich aber

noch in beliebigem Grade, wenn die Beobachtung erst
dadurch möglich wird, daß der Beobachter sich die Versuchsbedingungen selbst herstellen muß, mit anderen
Worten, wenn die richtige Beobachtung die richtige
Anstellung eines Experiments fordert. Dann liegt oft genug
in der Ausführung einer einzigen Beobachtung, also in dem
Akt der Perzeption, allein eine Tat, die den Beobachter
zum Genie stempelt. Aber mag er ein noch so großes Genie
sein, immer werden wir noch dies mit Sicherheit erkennen.
Jeder einzelne Perzeptionsakt, sei er ein bloßer Lernakt, sei
er eine Beobachtung, wird unendlich viel mühevoller sein,
als die bloße Konzeption, die ihn begleitet und ergänzt,
wenn er sich zu einer Erfindung auswachsen soll. Selbst
das einfachste Experiment kann stundenlange Arbeit
erfordern, und manches Experiment erfordert Jahre. Die
Beweglichkeit des Geistes ist dagegen so ungeheuer viel
größer, als die Beweglichkeit des körperlichen Versuchs,
der Rechnung, der Zeichnung, daß man sich diese
Funktionen nur nebeneinander zu vergegenwärtigen braucht,
um zu der Auffassung zu gelangen, daß die Fähigkeit
richtiger Perzeption die ungleich höhere und seltenere
Fähigkeit ist.

Man kann den Weg, den der Erfindergeist durch-
wandern muß, um bis zu seiner Erfindung zu gelangen, als
eine zusammenhängende Kette von Perzeptionen und Konzeptionen beschreiben. Die Perzeptionen sind diejenigen
Teile der Erfindung, welche bereits ausprobiert sind, sei es
durch frühere Forscher, sei es durch den Erfinder selbst,
die Konzeptionen bilden die verbindenden Brücken zwischen
diesen Teilen. Damit die Erfindung brauchbar sei, müssen
auch sie der Wirklichkeit entsprechen. Sieht man von
dieser Bedingung der Verifizierung ihrer praktischen Aus-
führbarkeit ab, so ist es ganz leicht, selbst die weitesten
Abgründe zwischen den Perzeptionen zu überbrücken. Jules
Verne kommt nie um Mittel in Verlegenheit, seine Helden
sicher durch die schwierigsten Situationen hindurchzu-
führen, weil er sich damit begnügen darf, es auf dem Papier
zu tun. In der Wirklichkeit aber wird offenbar der

Erfinder im Vorteil sein, dessen Perzeption die kleinsten Lücken übrig läßt, denn je kleiner die Lücke zwischen zwei sicher perzipierten Teilen der Erfindung ist, desto weniger konzipierbare Überbrückungen werden sich dem Geist bieten, und desto wahrscheinlicher ist es also, daß eine von ihnen die richtige ist, das heißt, diejenige, die auch objektiv eine Lösungsmöglichkeit und womöglich die beste darstellt. Da nun ein mit überlegener Perzeptionsfähigkeit ausgestatteter Geist aus den vorhandenen Indizien weit mehr lernen wird, als ein weniger begabter, so werden für ihn auch diese Lücken um so kleiner sein. Vielleicht sind sie überhaupt ausgefüllt, und die Lösung erscheint ihm schon auf Grund weniger Beobachtungen selbstverständlich, bis zu der ein anderer sich erst durch eine Reihe von Fehlgriffen hintappen muß.

Wenn diese Betrachtung das Richtige trifft, und wenn es ferner richtig ist, was wir dieser Betrachtung vorausgeschickt und weiter oben durch eine Reihe von Beispielen zu zeigen versucht haben, daß nämlich die Perzeption des Erfinders sich dem Wesen nach in nichts von der Perzeption des wissenschaftlichen Forschers unterscheidet, so müßten auch diejenigen Geister zugleich die größten Erfinder sein, die an Perzeptionsfähigkeit am höchsten über ihre Mitmenschen emporragen, also zum Beispiel ein Newton oder ein Helmholtz.

Aber obgleich das nur sehr bedingt zutrifft, ist damit doch nicht gesagt, daß wir die gewonnene Auffassung deshalb verwerfen müßten. Wir haben als Erfinder erster Klasse diejenigen Erfinder bezeichnet, deren erfinderische Arbeit aus innerem Forschungs- und Schaffensdrange herauswächst und keines äußeren Anstoßes bedarf, um Früchte zu treiben, und dieselbe Fähigkeit der Initiative werden wir auch den großen Forschern zuschreiben dürfen. Wenn wir also sehen, daß solche Geister für gewöhnlich keine oder nur wenige Erfindungen hervorbringen, so werden wir füglich nach einem inneren Grunde suchen müssen. Daß ihre Perzeptionsfähigkeit diejenige der übrigen Menschen gewaltig übertrifft, ist ohne weiteres aus

ihren Taten zu erkennen. Wir haben ferner gesehen, daß
wir die Fähigkeit zu konzipieren auch schon bei außerordentlich viel tieferstehenden Geistern in hohem Grade
ausgebildet finden. Wenn also Newton und Helmholtz
keine großen Erfinder gewesen sind, so muß sich in ihrer
Geisteskonstitution noch eine dritte Eigenschaft vorfinden,
die ihre Fähigkeit, zu erfinden, neutralisiert hat, oder es
muß ihnen eine Eigenschaft fehlen, die gerade die großen
Erfinder auszeichnet. Da wir ja doch in Wirklichkeit immer
nur mit den Wirkungen dieser Eigenschaften operieren, die
wir allein wahrnehmen können, so ist es ziemlich gleichgültig, wie wir die Erscheinung in Worte kleiden. Wir
haben aber gesehen, daß jedenfalls bei den Erfindern
zweiter und dritter Klasse die Erfindung immer nach Brot
geht, und darin werden wir wohl auch hier den Schlüssel
der Frage zu suchen haben. Das technische Arbeiten mag
sich noch so sehr vergeistigen, es mag in seinen Ausläufern
den höchsten Leistungen der reinen Wissenschaft immerhin
nahe kommen, so wird man doch als greifbares Ziel der
Arbeit immer nur den gewerblichen Gewinn bezeichnen
können. Auch im Handel begegnen wir ja demselben Zwiespalt; auch der Chef eines großen Hauses arbeitet nicht
eigentlich um Geld, denn er hat viel mehr, als er verzehren
kann oder mag, aber alle seine Handlungen sind doch nur
darauf angelegt, Geld zu verdienen. Und diese Erwerbs-
ader steckt auch immer im großen Erfinder, und wo sie
fehlt, wird sich daher auch eine andere Richtung in dem
Streben zeigen. Daß die Fähigkeit, Erfindungen ersten
Ranges zu produzieren, gerade den großen Forschern nicht
abgeht, beweisen die Erfindungen, die sie machen, sobald
sich ein Ziel oder ein Problem einstellt, das genügende Anziehungskraft für sie bietet. Gilt es den Augenhintergrund
zu untersuchen, so wird Helmholtz über Nacht zum Erfinder
und schenkt der Welt den Augenspiegel, und gilt es die
Beobachtung der Gestirne zu verbessern, so gerät Newton
nicht in Verlegenheit, sondern macht sich an die Konstruktion seines Spiegelteleskops. Um aber in der Technik
heutzutage unmittelbar Fortschritte zu produzieren, muß

der Erfinder notwendig selbst im Gewerbe stehen und sich für den Gewerbebetrieb interessieren.

Etwas anders liegt es schon mit den Chemikern. Die meisten bedeutenden Chemiker sind auch als Erfinder aufgetreten. So hat Hofmann die Anilinfarben entdeckt, Baeyer die Synthese des Indigo, Tiemann das Vanillin. Aber gerade in der Chemie ist wissenschaftliche Entdeckung von gewerblicher Erfindung oft nur in der Art der Verfolgung der Entdeckungen unterschieden, und der Entdecker kann die gewerbliche Ausbeutung seiner Arbeiten auch sehr wohl anderen überlassen, ohne selbst ganz auf die materiellen Früchte zu verzichten. Handelt es sich aber um Erfindungen, wie zum Beispiel den Bunsenbrenner oder die Berzeliuslampe, so begegnen wir auch hier genau derselben Erscheinung. Nur den Zwecken der Forschung zuliebe hat der Forscher erfunden, und er verschenkt seine Erfindung, weil sie ihn als solche, das heißt als Mittel zur Ausbildung oder Vervollkommnung eines Gewerbes überhaupt nicht interessiert. Bei anderen auch findet sich dieses Interesse für das Gewerbe bis zu einem gewissen Grade ausgebildet, wie zum Beispiel bei Lord Kelvin, und die Produktion von zahlreichen Erfindungen ist die Folge.

Wir sehen also, am Können fehlt es den Meistern der Perzeption durchaus nicht, sondern nur am Trieb und für ihre Mitmenschen ist das sicher die größere Wohltat, denn die Erfindungen bleiben doch nicht aus. Es ergibt sich vielmehr, daß so auf einem Umwege auch auf dem Gebiet der rein technischen Erfindung schließlich die Ernte viel reicher ausfällt, als es möglich wäre, wenn sich die geborenen Forscher neben ihrer wissenschaftlichen Arbeit auch mit Erfinden abgeben wollten. Denn eben weil die Erfindung zu allererst auf Erkenntnis beruht, während die Konzeption des eigentlichen Erfindungsgedankens sich aus solcher Erkenntnis nicht selten ganz von selbst einfach durch Stellung der Aufgabe ergibt, so ist es notwendig, daß die Erkenntnis erst errungen und vertieft werde, damit die daraus entspringenden Erfindungen folgen können. Würden also diejenigen Geister, die von

Natur befähigt sind, das Wissen zu erweitern, ihre Zeit
darauf verwenden, den technischen Anwendungen ihrer
Entdeckungen nachzugehen, so würden sie sicher weniger
Entdeckungen machen, und es könnten daher auch nur
weniger Erfindungen zustande kommen. So bildet sich aber
von selbst eine Art Arbeitsteilung aus. Der Forscher treibt
den Stollen geradeaus in den Fels der Erkenntnis, und die
Edelsteine und Erze, die sich etwa zeigen, sind ihm
ebensoviele Spezies, nicht mehr und nicht weniger
interessant, als die Gangart, in der sie eingesprengt liegen.
Und ihm auf dem Fuße folgt der Erfinder voll sichtenden
Verständnisses für die Schätze, die jener freigelegt hat, und
voll Eifer, sie der Mitwelt zugänglich zu machen. So findet
man fast immer auf den Spuren des großen Forschers den
bedeutenden Erfinder. So folgt Siemens in den Spuren von
Faraday, so Bell in den Spuren von Helmholtz, so Marconi
in den Spuren von Hertz.

„Die wahren Weisen fragen, wie sich die Sache verhalte
in sich selbst und zu andern Dingen, unbekümmert um den
Nutzen, das heißt um die Anwendung auf das Bekannte
und zum Leben Notwendige, welche ganz andere Geister,
scharfsinnige, lebenslustige, technisch geübte und gewandte
schon finden werden." (Goethe.)

Für unsere Charakteristik des Erfinders ergibt sich,
daß seine Begabung für reine Perzeption nicht so groß
zu sein braucht, wie die des Forschers, denn es genügt
meist, daß er das Licht sieht, das jene entzünden. Nötig
ist aber, daß sein Interesse für das Können größer sei, als
für das Wissen, und nötig ist vor allen Dingen, daß er Verständnis für das Gewerbe besitze und von Liebe dazu erfüllt
sei. Denn eine Erfindung ist nicht gemacht, wie eine
wissenschaftliche Entdeckung, wenn sie publiziert ist. Sie
hat kein Leben, bevor sie nicht so weit durchgebildet ist,
daß sie auf dem Markt mit anderen Erfindungen den Wettkampf aufnehmen kann, und sie hat keinen Samen, solange
sie noch so zart ist, daß sie nicht von jedem anderen mit
gleichem Erfolge nachgebaut werden kann. Solche Ausbildung und Einführung einer Erfindung erfordert aber

Kämpfe; Kämpfe mit den Vorurteilen der Menge, Kämpfe mit dem widerspenstigen Material und Kämpfe mit den wirtschaftlichen Schwierigkeiten. Diese wirtschaftliche, technische und diplomatische Arbeit ist stets weit schwieriger, als die Arbeit des eigentlichen Erfindens selbst, und daher sehen wir denn auch, daß die hervorragenden Erfinder immer auch hervorragende Geschäftsleute sind. Der reine Techniker mag ein Meister in seiner Art sein, mag als Berechner von Schiffen, von Brücken, von Dampfmaschinen oder von photographischen Objektiven seinesgleichen nicht im Lande haben, trotzdem wird er dem Wesen der Sache nach meist in abhängiger Stellung bleiben, und wenn er nicht das Glück hat, unter einem verständnisvollen Chef zu dienen, so wird er nicht diejenige Unterstützung finden, deren seine Arbeiten bedürften, um so, wie sie es vielleicht verdienen, zur Geltung zu kommen.

Also geschäftliche Begabung muß sich mit einem hohen, wenn auch nicht dem höchsten, Grade von Perzeptionsfähigkeit in einem Geiste zusammenfinden, damit er imstande sei, die obersten Sprossen auf der Stufenleiter des Erfinderruhms zu erklimmen. Watt, Nasmyth, Stephenson, Krupp, Siemens sind durchaus nicht allein technische, sondern vor allen Dingen auch geschäftliche Genies, und die Bedeutung ihrer technischen Begabung im Vergleich zu ihrer geschäftlichen für ihren wirtschaftlichen Erfolg tritt immer mehr in den Hintergrund, je mehr sich ihr wirtschaftlicher Erfolg auswächst. Denn je größer die Mittel werden, über die sie geschäftlich verfügen können, um so leichter wird es ihnen, rein technisch begabte Talente heranzuziehen und durch ihre Dienste die eigenen technischen Fähigkeiten zu ergänzen.

Die Erkenntnis dieser Möglichkeit hat in neuerer Zeit wieder zu einer gewissen Schwerpunktsverschiebung als Folge einer erneuten Arbeitsteilung geführt. Ist ein rein finanziell fähiger Mann imstande, eine große technische Anstalt zu leiten, indem er die erforderlichen technischen Leistungen durch angestellte, rein technisch befähigte Kräfte aufbringen läßt, so muß es offenbar möglich sein,

das ganze Entwickelungsstadium zu überspringen, in dem
der Erfinder gleichzeitig selbst die gewerbliche Ausbildung
seiner Erfindungen durchführen muß, indem man von vornherein ein genügend großes Kapital aufbringt, um eine Erfindung gleich in einem Maßstab zu verwerten, zu dem der
Erfinder selbst vielleicht erst nach einem halben Leben
mühevoller Arbeit gelangen könnte. Außerdem wird dadurch möglich, eine große Zahl guter Erfindungen vor der
wirtschaftlichen Verkümmerung zu retten, deren Urheber
nicht die seltene Gabe besitzen, das technische mit dem
geschäftlichen Talent zu vereinigen.

So sehen wir heute, daß beständig reine Finanzleute
sich mit Erfindern vereinigen, um deren Erfindungen auszunutzen. Ja, viele große Banken halten dauernd ein Konto
zum Ankauf und zur Entwickelung von Erfindungen offen.
Große Summen werden auf diese Weise allerdings auch oft
für Ideen ausgegeben, von denen sich nachträglich herausstellt, daß sie ganz wertlos sind, aber wenn solche Unternehmungen mit Umsicht und Ausdauer und vor allen
Dingen mit den unerschöpflichen Mitteln eines großen
Bankinstituts fortgesetzt werden, so schlägt doch immer von
Zeit zu Zeit eine Erfindung ein und gestattet dann meist,
alle Verluste einer längeren unfruchtbaren Periode abzu-
schreiben. Das Verfahren besteht dann gewöhnlich darin,
daß zur Herstellung und Verbreitung der Erfindung plan-
mäßig eine Gesellschaft gegründet wird, an welcher der
Erfinder als technischer Direktor oder als Aufsichtsrat oder
auch als *consulting engineer* teilnimmt. Auf diese Weise
gelingt es also, ihn fast vollständig von der rein wirtschaftlichen Arbeit zu entlasten, und wenn er seine Sache richtig
zu führen weiß, wird es ihm trotzdem möglich sein, seine
Unabhängigkeit und seine Gleichberechtigung mit den kauf-
männischen Leitern des Unternehmens zu bewahren.

Durch dieses System ist im Laufe der letzten fünfzig
Jahre allmählich ein neuer Stand erwachsen, der in den
Vereinigten Staaten schon seit längerer Zeit viele Mitglieder
zählt und diesseits des Ozeans auch in **nicht** mehr ganz
vereinzelten Fällen auftritt, der Stand des Berufserfinders.

Wird nämlich die Arbeitsteilung um noch einen Schritt weiter getrieben, so gelangt man dazu, auch mit dem regelmäßigen Betrieb, sobald er erst handwerksmäßig geworden ist, den Erfinder nicht mehr zu belasten. Denn je größere Genialität dieser in der Produktion von Erfindungen besitzt, um so weniger wird er geneigt sein, sich zum technischen Verwaltungsbeamten herzugeben, und wird auch für einen solchen Beruf in den meisten Fällen um so weniger begabt sein.

Der wirtschaftliche Betrieb des Unternehmens pflegt durch diese Arbeitsteilung zu gewinnen. Für den Erfinder liegt aber zweifellos eine Gefahr in einer solchen einseitigen Pflege seines Talentes. Zunächst bestehen seine Einnahmen zumeist in vereinzelten großen Gewinnen, die sich über unregelmäßige Zeiträume verteilen. Da er für den systematischen Aufbau eines Vermögens wenig begabt ist — denn sonst würde er es ja vorziehen, im regelmäßigen Betriebe zu bleiben —, so entwickelt sich leicht bei ihm eine starke Spielerneigung, und wir finden daher häufig, daß die Laufbahn solcher Leute zwischen Überfluß und Bankrott pendelt. Aber das ist vielleicht das kleinere Übel. Um mit Erfolg zu erfinden, muß der Erfinder erstens rechtzeitig vor die Aufgaben gestellt werden, die aktuell und womöglich erst *in statu nascendi* sind, und um solche Aufgaben zu lösen, muß seine Perzeption der verfügbaren technischen Mittel auf dem laufenden erhalten bleiben. Beide Bedingungen aber lassen sich mit einiger Vollkommenheit nur erfüllen, wenn er mit dem regelrechten Betriebe in steter Fühlung bleibt, und davon gerade schließt ihn das System aus, dem er sein Dasein verdankt. Wenn ihm also nicht außergewöhnliche Fähigkeiten über diese Klippe hinweghelfen, so versagt seine Produktivität und damit die Grundlage seiner Existenz. So findet man, daß der Berufserfinder es nur dann zu nennenswerten und dauernden Erfolgen bringt, wenn er die Mäßigung besitzt, sich streng zu spezialisieren und die geschäftliche Gewandtheit, mit den Betriebsunternehmungen, die er ins Leben ruft, in fortgesetzter Verbindung zu bleiben.

Vielleicht das bekannteste Beispiel eines solchen Verfalls der Produktivität ist Edison. Zwar bauen sich schon seine Jugenderfolge viel mehr auf ein außergewöhnliches Maß von wirtschaftlichem Wagemut auf, als auf irgend welche wirklich bedeutenden Erfindungen. Aber das völlige Versagen seiner Muse, seitdem er angefangen hat, ausschließlich im Erfinden seinen Beruf zu erblicken, zeigt, daß der Erfinder eben in der Zurückgezogenheit nicht gedeiht.

Will man indessen den Versuch machen, aus solchen allgemeinen Beobachtungen an einzelnen Fällen die äußeren Lebensbedingungen abzuleiten, unter denen die Produktivität des Erfinders sich am freiesten und vollkommensten zu entfalten vermag, so stößt man auf unüberwindliche Schwierigkeiten. Denn nicht nur fordern verschiedenartige Erfindungen ganz verschiedene äußere Entstehungsbedingungen, sondern auch ganz verschiedenartige Veranlagung und Vorbildung. Man denke etwa an die Titanenarbeit des Werkmeisters George Stephenson und daneben an den genialen Griff des Arztes Dunlop, der für seinen Sohn den hohlen Gummireifen konstruierte und dadurch das Zweirad zum Modespielzeug der ganzen Welt und, nachdem die Modewelle vorübergezogen ist, zu einem bleibend unentbehrlichen Verkehrswerkzeug gemacht hat. Das sind zwei erfolgreiche Erfinder auf technologisch ganz nah verwandten Gebieten, aber beide nach Lebensumständen, Veranlagung und Vorbildung grundverschieden. Und wieder ganz andere Entstehungsbedingungen fordert eine Arbeit wie die des Turiner Physikers Ferraris, der aus der Analogie der kreisförmigen Polarisation des Lichtes die Möglichkeit ableitete, ein rotierendes Magnetfeld mit Hilfe zweier Wechselströme darzustellen, und durch ein paar elegante Laboratoriumsversuche die moderne Fernübertragung elektrischer Arbeitsleistung begründete. Die drei Fälle stellen extreme Typen vor, den mit genialem Fleiß arbeitenden Autodidakten, den Dilettanten, der das große Los zieht, und den Gelehrten, der aus seiner Wissenschaft heraus ein grundlegendes

Prinzip entwickelt. Aus so heterogenen Erscheinungen ist aber kaum eine gemeinsame Regel abzuleiten, die nicht gleichzeitig so allgemein wäre, daß sie eigentlich nichts beschreibt.

Bestimmtere Angaben liefert auch hier wieder die Statistik. Wenn man die Annahme zuläßt, daß in einer gegebenen Anzahl von Patentanmeldungen durchschnittlich auch ein bestimmter Prozentsatz von brauchbaren Erfindungen enthalten ist, dann bildet die Zahl der Patentanmeldungen in einem gegebenen Zeitabschnitt ein Maß für die Produktion eines Volkes an Erfindungen. Ganz allgemein zulässig wird die Annahme jedenfalls nicht sein, denn wenn zum Beispiel ein Volk begabter aber weniger produktiv ist, als ein anderes, so wird das fleißigere Volk zwar mehr Patentanmeldungen einreichen, wird aber trotzdem vielleicht weniger wirkliche erfinderische Leistungen aufzuweisen haben als das begabtere.

Aber inwieweit die Zulässigkeit der Annahme etwa einzuschränken ist, wird mit viel größerer Sicherheit zu erörtern sein, wenn erst die Ergebnisse vorliegen, die sich daraus ableiten lassen, und mit diesem Vorbehalt ist es jedenfalls unbedenklich, sie vorläufig zugrunde zu legen.

Da die Produktionen zweier Völker von übrigens gleicher kollektiver Begabung und von gleichem Fleiß sich verhalten werden wie die Volkszahlen, so würde der erste Schritt darin zu bestehen haben, daß man für die einzelnen Völker die zugehörigen Produktionen auf gleiche Volkszahlen reduziert. Man erhält so für jedes Volk eine Zahl, die wir die absolute Produktivität des Volkes nennen wollen, das ist also die Anzahl von Patentanmeldungen, die von beispielsweise je 100000 Einwohnern des betreffenden Landes im Laufe eines Jahres eingereicht werden. In der folgenden Tabelle sind für die Völker, die in der ersten Spalte aufgezählt sind, in der zweiten Spalte die Volkszahlen in Hunderttausenden angegeben und in der vierten Spalte die Zahlen der im Jahre 1900 eingereichten Patentanmeldungen. Die fünfte Spalte enthält die Quotienten aus diesen beiden Zahlen, die absoluten Produktivitäten. In diesen

Vergleichende Übersicht der erfinderischen Produktivität verschiedener Länder.

I.	II.	III.	IV.	V.	VI.		VII.		VIII.
Land	b	e	a	$\dfrac{a}{b}$	verglichen mit	e Mittel	p_s ge-fun-den	be-rech-net	Analphabeten auf Rekruten $^0/_0$
U. S. A.	763	380	22 900	30	angenommen:	—	100	100	keine Angabe
Schweden	51	324	900	18	Maine Minnesota Arkansas Louisiana Mississippi Alabama Georgia	324	98	50	0,08
Norwegen	22	405	262	12	Nebraska Kansas Maine Minnesota	405	37	43	keine Angabe
England	416	94	15 300	37	Massachusetts Rhode Island	94	37	31	3,7 (Brautleute)
Deutschland	564	105	14 800	26	Connecticut New Jersey Rhode Island	106	25	24	0,07
Dänemark	26	133	493	20	New York Connecticut	135	19	23	0,20
Frankreich	390	126	7 020	18	New York Connecticut New Jersey	126	18	20	4,6
Schweiz	33	120	596	18	Connecticut New Jersey	119	17	19	2,0
Belgien	67	71	1 390	21	Rheinprovinz Reuss ält. L. Kgr. Sachsen	71	18	13	10,1
Österreich	262	115	2 155	8	Connecticut New Jersey	119	8	8	23,8
Spanien	180	180	699	4	Illinois Delaware Maryland Ohio	180	7	6	keine Angabe
Ungarn	192	140	770	4	New York	142	5	5	28,1
Italien	287	100	1 030	3	New Jersey Rhode Island	100	3	3	33,8

Anhang (39).

Schlüssel zu der Tabelle.

b = Zahl der Einwohner in Hunderttausenden.

e = Mittlere Entfernung benachbarter Einwohner in der Landesoberfläche in Metern.

a = Zahl der von Einwohnern im Jahre 1900 eingereichten Patentanmeldungen.

$\dfrac{a}{b}$ = Zahl der im Jahre 1900 von je 100000 Einwohnern eingereichten Patentanmeldungen, „absolute Produktivität".

p_s gefunden = Quotient aus der absoluten Produktivität des Landes mit der mittleren absoluten Produktivität der Vergleichsländer, „spezifische Produktivität".

p_s berechnet = $\dfrac{a}{b}\, e \cdot c$, worin c eine Konstante ist, deren Wert durch die Annahme bedingt wird, daß die spezifische Produktivität der Vereinigten Staaten 100 sei, sowie durch den Maßstab, in dem e ausgedrückt ist. Für e in Metern ist c = 0,88.

Werten sind also alle Einflüsse enthalten, welche überhaupt auf die erfinderische Produktivität wirken, sei es fördernd, sei es hemmend. Unter diesen Einflüssen werden im allgemeinen diejenigen am auffallendsten in ihren Wirkungen sein, welche nur vorübergehend auftreten, wie Kriege, politische Umwälzungen, Seuchen, Hungersnöte und dergleichen, weil der daraus resultierende Rückgang in der Zahl der jährlichen Patentanmeldungen unmittelbar durch Vergleichung der Produktionen mehrerer auf einander folgender Jahre erkannt werden kann. Aber diese Einflüsse interessieren uns hier in geringerem Grade als die dauernd wirkenden, eben weil sie vorübergehend sind und daher für die Charakteristik der Erfinderzunft im allgemeinen nur geringe Wichtigkeit haben. Unsere Aufgabe läßt sich vielmehr ungefähr so fassen, daß wir versuchen müssen, die dauernden Einflüsse, wie etwa den der politischen Konstitution, der Religion, der wirtschaftlichen Lage eines Volkes, der geographischen Lage und Beschaffenheit des Landes, seines Klimas und dergleichen zu untersuchen. Gelingt es, einerseits das Vorhandensein solcher Wirkungen auf die Produktivität nachzuweisen, andererseits die einzelnen im praktischen Fall einander überdeckenden Wirkungen zu isolieren, so würde als letztes Agens für die erfinderische Produktion das persönliche Talent des Volkes, also eine physiologische oder ethnologische Eigenschaft der darin vertretenen Rassenmischung übrig bleiben. Allerdings darf hierbei nicht übersehen werden, daß man bei statistischen Untersuchungen solcher Art immer nur zu Durchschnittswerten gelangen kann. Wenn wir also hier von dem Erfindertalent eines Volkes sprechen und auf dem vorgezeichneten Wege etwa zu dem Ergebnis gelangen, daß die Erfindertalente zweier Völker gleich groß sind, so kann trotzdem ein großer Unterschied zwischen beiden Völkern bestehen, denn das eine kann unter einer großen Masse unproduktiven Volks einige wenige sehr leistungsfähige Erfinder besitzen, während bei dem anderen Erfinder von wesentlich geringerer persönlicher Leistungsfähigkeit einen hohen Prozentsatz der Gesamtbevölkerung ausmachen.

Wir haben nun weiter oben gesehen, daß die erfinderische Produktivität der Menschen im allgemeinen nicht eine spontane Lebensäußerung ist, sondern in hohem Grade durch Anregungen von außen ausgelöst wird, und da solche Anregungen zum größten Teil von den Mitmenschen ausgehen, so wird man annehmen dürfen, daß sie am häufigsten in den Ländern an den einzelnen Einwohner herantreten werden, in welchen der lebhafteste Verkehr zwischen den Einwohnern untereinander stattfindet. Der Verkehr der Menschen untereinander wird aber unter sonst gleichen Verhältnissen um so mehr erleichtert und daher um so lebhafter sein, je näher die Bewohner eines Landes aneinander sitzen, oder mit anderen Worten, je dichter das Land bevölkert ist. Diese Lebensbedingung des Volkes hat vor den anderen, die aufgezählt worden sind, den Vorzug, daß sie ihrem Wesen nach durch eine Zahl ausgedrückt wird, und wir dürfen daher hoffen, daß ihr Einfluß sich auch leichter als andere durch eine rechnerische Behandlung isolieren läßt. In die dritte Spalte der Tabelle sind deshalb die Dichtigkeiten der Bevölkerung jedes Landes eingetragen, und zwar nicht unmittelbar, sondern in derjenigen Form, die für den gegenseitigen Verkehr der Einwohner untereinander in Betracht kommen würde, nämlich in Form der mittleren Entfernung zweier Nachbarn. Das ist so zu verstehen, daß wir uns das Land als Ebene vorstellen und annehmen, daß alle Bewohner in gleichen Abständen von ihren nächsten Nachbarn über das ganze Land verteilt wären. Diese mittlere Entfernung der Nachbarn ist dann umgekehrt proportional der Quadratwurzel aus der Dichtigkeitszahl, die erhalten wird, wenn man die Volkszahl durch den Flächeninhalt des Landes dividiert.

In welchem Sinne und in welchem Grade die Entfernung der Nachbarn auf die erfinderische Produktivität wirkt, läßt sich nun in jedem einzelnen Fall direkt ermitteln. Wenn man nämlich zwei Länder miteinander vergleicht, deren Bevölkerungsdichtigkeiten gleich sind, für die also auch der mittlere Abstand zweier Nachbarn gleich ist, und für welche die absolute Produktivität bekannt ist, so wird für das Verhältnis der beiden absoluten Produktivitäten dieser beiden Länder der Einfluß der Entfernung der Nachbarn ausfallen. Nennen wir die Produktivitätszahl, die sich ergeben würde, wenn der Einfluß der Nachbarn aufeinander für alle Völker gleich wäre, die „spezifische Produktivität", so ist für zwei Völker, deren Dichtigkeit gleich ist, das Verhältnis der absoluten Produktivitäten gleich dem Verhältnis der spezifischen Produktivitäten. Wenn man also für jedes Land ein Vergleichsland finden kann, das die gleiche Bevölkerungsdichtigkeit besitzt, und dessen absolute Produktivität bekannt ist, so kann man durch eine Reihe von solchen Vergleichen für jedes Land eine Verhältniszahl bestimmen, welche die spezifische Produktivität relativ zu den übrigen Ländern ausdrückt.

Für diese Methode eignen sich nun sehr gut die Vereinigten Staaten. Die Bevölkerung ist über das ganze Land ungefähr gleichmäßig zusammengesetzt und ist über einige vierzig Staaten mit Dichtigkeiten verteilt, die zwischen 0,5 und 132 Einwohnern pro Quadratkilometer ziemlich kontinuierlich variieren. Außerdem lassen sich für die einzelnen Staaten die absoluten Produktivitäten aus den amtlichen Veröffentlichungen mit genügender Genauigkeit ableiten. In der sechsten Spalte der Tabelle ist nun diese Bestimmung der Verhältniszahlen für die spezifischen Produktivitäten durchgeführt, und zwar ist in jedem Falle eine möglichst große Gruppe von Staaten herangezogen worden, um die Resultate nach Möglichkeit von Zufälligkeiten zu befreien. Bei der Auswahl der Vergleichsstaaten ist in der Weise verfahren worden, daß in der Reihe aller Staaten, die sich ergibt, wenn sie nach ihrer Dichtigkeit geordnet werden, von demjenigen ausgehend, dessen Dichtigkeit der des untersuchten Landes am nächsten kommt, auf und absteigend so viele Staaten hinzugenommen worden sind, daß das Mittel aus den vertretenen Dichtigkeiten gleich der Dichtigkeit des untersuchten Landes ist. Die Verhältniszahlen, die in der siebenten Spalte unter „gefunden" erscheinen, sind die Quotienten aus den absoluten Produktivitäten des betreffenden Landes und den mittleren absoluten Produktivitäten der zugehörigen Gruppe von Vergleichsstaaten. Die danebenstehenden Zahlen der siebenten Spalte, die als „berechnet" bezeichnet sind, sind die Produkte aus den Werten der dritten und der fünften Spalte, also die absoluten Produktivitäten, multipliziert mit den Entfernungen der Nachbarn und einer Konstanten, die so ausgewählt ist, daß der erhaltene Wert für die Vereinigten Staaten gleich 100 wird.

Die rechte und linke Seite der siebenten Spalte stellen also die Ergebnisse zweier verschiedener Methoden dar, die spezifischen Produktivitäten der Völker zu ermitteln, oder mit anderen Worten, ihre absoluten Produktivitäten von dem Einfluß der Bevölkerungsdichtigkeit zu befreien, und die ziemlich gute Übereinstimmung der gefundenen und berechneten Werte kann als eine Bestätigung für die Richtigkeit der Annahmen angesehen werden, aus denen die beiden Methoden abgeleitet sind. Die erste Methode setzt voraus, daß die spezifischen Produktivitäten der Einwohner aller Staaten Nordamerikas gleich sind, und die zweite Methode setzt voraus, daß der Einfluß, den die

Dichtigkeit der Bevölkerung eines Landes auf die erfinderische Produktivität seiner Einwohner ausübt, der mittleren Entfernung zweier Nachbarn umgekehrt proportional ist. Von beiden Voraussetzungen kann man mit großer Wahrscheinlichkeit vorhersagen, daß sie jedenfalls nicht allgemein gelten werden. Wir haben schon bei der Erörterung der erfindererweckenden Kraft der Bedürfnisse gesehen, daß die Produktion an Erfindungen in jedem enger begrenzten Gebiet der Technik stets starken Schwankungen unterworfen ist. Außerdem ist aber auch dauernd die Produktion für verschiedene Gebiete sehr verschieden. In Deutschland zum Beispiel sind im Jahre 1900 in der Elektrotechnik mehr als 1500 Patentanmeldungen eingereicht worden und im Gebiet der Korbflechterei nur 5. Das sind die Enden der Reihe, und dazwischen stufen sich die neunundachtzig Klassen, in die das deutsche Patentamt die Technik einteilt, ziemlich gleichmäßig ab. In Frankreich stehen 1902, dem ersten Jahre, für das eingehendere Zahlenangaben veröffentlicht sind, Fuhrwerke und Fahrräder mit 506 Anmeldungen an der Spitze; es folgen Motoren verschiedener Art mit 483 und dann Automobilismus mit 425; am untersten Ende der Reihe stehen Zähler für Fuhrwerke mit 8 Anmeldungen, und dazwischen verteilen sich die übrigen 90 Klassen. Da nun die Gruppen der Vergleichsstaaten ohne jede andere Rücksicht, ausschließlich nach ihrer Bevölkerungsdichtigkeit, ausgewählt werden müssen, wenn man es vermeiden will, Willkür in die Untersuchung hineinzutragen, so kann man es treffen, daß in der ausgewählten Gruppe zufällig irgend ein Berufszweig stark überwiegt, und die Folge kann dann sein, daß eine ganz abnorme Produktivität erscheint. Diese Gefahr wird um so größer sein, je dünner die betreffende Staatengruppe bevölkert ist, denn eine dichte Bevölkerung wird in geringerem Grade als eine dünnere von den unmittelbaren Hilfsquellen des Landes abhängen und wird sich daher weniger spezialisieren. So finden wir beispielsweise unter den gefundenen Werten eine auffallend hohe Zahl für die spezifische Produktivität von Schweden, und wenn man ihrer Entstehung nachgeht, so ergibt sich, daß sie offenbar aus einer abnormen Spezialisierung der Bewohner der betreffenden Vergleichsstaaten-Gruppe folgt, denn wenn man die Reziproken der mittleren Entfernungen der Nachbarn für sämtliche nordamerikanischen Staaten als Abszissen und ihre absoluten Produktivitäten als Ordinaten einer Kurve aufträgt, so erhält man in der Umgegend der Entfernung 300 Meter ein deutlich ausgeprägtes Minimum. Eine verhältnismäßig starke Abweichung zwischen der gefundenen und der berechneten spezifischen Produktivität findet sich auch bei Belgien. Für die außerordentlich hohe Bevölkerungsdichtigkeit von Belgien, 230 Menschen auf den Quadratkilometer, findet sich kein Beispiel in den Vereinigten Staaten, und es sind daher zur Vervollständigung der Tabelle die am dichtesten bevölkerten Teile Deutschlands zum Vergleich herangezogen worden. Für Deutschland trifft aber die Voraussetzung, daß die spezifische Produktivität für alle Bundesstaaten gleich sei, noch weniger zu als für die Vereinigten Staaten.

Die große Abweichung, die sich bei Belgien findet, legt außerdem die Vermutung nahe, daß sich hier zwei verschiedene Einflüsse verstärken, und diese Annahme gewinnt an Boden, wenn man beachtet, daß auch für andere Länder mit hohen Bevölkerungsdichtigkeiten, wie England und Deutschland, die berechneten Zahlen niedriger ausfallen, als die gefundenen. Dasselbe trifft auch für Italien zu, wenn man die angegebenen Werte bis auf die erste Dezimale vervollständigt, denn es ergibt sich dann für den gefundenen Wert 3,5 und für den berechneten 2,8. Diese Erscheinung würde sich erklären, wenn man annimmt, daß die Funktion, nach welcher der Einfluß der mittleren Entfernung der Nachbarn auf die Produktivität wirkt, keine lineare ist, sondern daß der Einfluß langsamer zunimmt als die Annäherung der Nachbarn. Diese Annahme bestätigt sich ferner, wenn man die Regel auf ein Gebiet anwendet, in dem extreme Verhältnisse stattfinden. In Berlin zum Beispiel wohnen 28 500 Menschen auf dem Quadratkilometer. Ihr mittlerer Abstand in der Ebene ist daher

nur 6,4 Meter. Die absolute Produktivität der Berliner
ist 125. Das würde also eine berechnete spezifische
Produktivität von nur 7 ergeben. Es ist nun schon an und
für sich unwahrscheinlich, daß die spezifische Produktivität
der Berliner besonders niedrig sei, aber selbst wenn sie
wirklich unter dem Durchschnitt des übrigen Deutschlands
liegen sollte, so wird sie jedenfalls nicht so tief liegen.
Diese Erscheinung ist aber gerade als eine Bestätigung
unserer ursprünglichen Annahme anzusehen, denn wir
haben die Größe der mittleren Entfernung der Nachbarn
überhaupt nur eingeführt, indem wir von der Betrachtung
ausgingen, daß der Verkehr zwischen Nachbarn sich proportional ihrer mittleren Entfernung von einander steigert.
Rückt man aber die Menschen so nahe an einander, wie es
in einer Großstadt geschieht, dann fangen sie an, sich
räumlich übereinanderzuschichten, indem sie in drei-,
vier-, fünfstöckigen und höheren Häusern wohnen, und die
Bewohner verschiedener Stockwerke desselben Hauses sind,
soweit der gegenseitige Verkehr in Betracht kommt, nicht
näher an einander als Nachbarn in einem Dorf. Die Entfernung zweier Bewohner von Nachbarhäusern muß sogar
in beiden Häusern bis auf die Straße hinunter gemessen
werden. Die planimetrische Annäherung, die wir hier als
Maß der Erleichterung des gegenseitigen Verkehrs benutzt
haben, wird also nur so lange brauchbare Werte liefern
können, bis eine gewisse Dichtigkeit der Bevölkerung erreicht ist. Allerdings nehmen künstliche Mittel, wie Eisenbahnen, Straßenbahnen und andere Gefährte, Telegraphen
und Telephone einen zunehmenden Anteil an der Ver-
mittelung des Verkehrs, wenn die Bevölkerungsdichtigkeit
zunimmt, aber auch diese Mittel vermögen eben nicht mehr
Schritt zu halten, wenn großstädtische Verhältnisse erreicht
werden oder auch nur anfangen zu überwiegen. Die verhältnismäßig sehr gute Übereinstimmung der übrigen berechneten und gefundenen Werte für die spezifischen Produktivitäten ist also so zu verstehen, daß die beiden Annahmen, aus denen sie abgeleitet sind, innerhalb derjenigen
Grenzen der Bevölkerungsdichtigkeit, zwischen denen wir

uns hier bewegen, noch zulässig erscheinen. Die gefundenen Zahlenwerte selbst würden sich voraussichtlich noch etwas ändern, wenn wir in der Lage wären, die Methode über eine größere Reihe von Jahren auszudehnen, aber man wird kaum fehlgehen, wenn man annimmt, daß die Rangordnung, die durch die Zahlen aufgestellt wird, nicht wesentlich verändert werden dürfte.

Wenn wir nun die anderen Einflüsse ins Auge fassen, von denen angenommen werden kann, daß sie auf die erfinderische Produktivität wirken, so würde man geneigt sein, zunächst an die Verschiedenheiten der Patentgesetzgebung in den verschiedenen Ländern zu denken. Wenn infolge der Eigentümlichkeiten der Gesetzgebung in einem Lande eine Patentanmeldung etwas anderes bedeutete, als in einem anderen Lande, so würden sich offenbar die Zahlen der Patentanmeldungen in den verschiedenen Ländern nicht miteinander vergleichen lassen. Dies trifft zweifellos für die erteilten Patente selbst zu, und es sind eben deshalb Patentanmeldungen und nicht Patente der Betrachtung zugrunde gelegt worden, aber die Zahl der Patentanmeldungen wird kaum anders als etwa durch zwei Faktoren verändert werden. Das sind einmal die Gebühren, die bei der Anmeldung zu entrichten sind, und zweitens die Bestimmungen über die Prüfung der Anmeldungen, durch welche die Erlangung von Patenten erschwert wird, und die daher abschreckend wirken können. Die Unterschiede in den Anmeldungsgebühren sind zwar nicht ganz unbedeutend, aber die Höhe der Gebühren hält sich überall in so mäßigen Grenzen und steht so weit außer Verhältnis zu dem Werte einer guten Erfindung, daß die hohe Meinung, die jeder Anmelder zunächst von seiner eigenen Erfindung hat, in der überwiegenden Mehrzahl der Fälle diesen Einfluß vollständig überdeckt. Die Länder, in denen technisch geprüft wird, in denen also möglicherweise die Furcht vor der Schwierigkeit der Patenterlangung manche Erfinder abschrecken könnte, sind die Vereinigten Staaten, die skandinavischen Länder, Deutschland und Österreich. Wäre also dieser Einfluß von praktischer Bedeutung, so müßten diese Länder scheinbar hinter den übrigen zurückbleiben. Wie man sieht, ist ungefähr das Gegenteil der Fall.

Ein Land dagegen, das zweifellos infolge seiner Gesetzgebung hier in einem zu ungünstigen Licht erscheint, ist die Schweiz. Die Schweiz ist das einzige von allen Patente erteilenden Ländern, welches den Patentschutz auf mechanische Einrichtungen beschränkt und somit unter anderem sämtliche chemische Verfahren ausschließt, und die Schweizer melden daher keine Patente auf alle diejenigen Erfindungen an, die sich auf Verfahren beziehen. Wie groß der Fehler ist, der hierdurch in die Angaben hineingetragen wird, ist nicht ganz leicht zu schätzen. Man wird aber wohl nicht weit fehlgehen, wenn man annimmt, daß alle chemischen Patente wegfallen. Allerdings wird unter Chemie eine nicht ganz geringe Zahl von Erfindungen klassifiziert, die mechanische Einrichtungen, wie Zentrifugen, Schmelzöfen, Mischvorrichtungen und dergleichen betreffen, und daher auch in der Schweiz patentierbar sind. Dafür gibt es aber auch in anderen Gebieten viele Erfindungen, die reine Verfahren betreffen und daher ausgeschlossen sind. In Frankreich fallen auf den Titel „*Arts Chimiques*" rund zehn Prozent aller Patentanmeldungen. Wenn man also annehmen will, daß dieser Prozentsatz auch für die Schweiz etwa zutreffen würde, so würden sich die Produktivitätszahlen entsprechend erhöhen, und Frankreich würde in der Rangordnung um eine Stufe heruntersteigen und der Schweiz seinen Platz einzuräumen haben.

Betrachtet man nun die Zahlen für die spezifische Produktivität, so fällt in erster Linie die außerordentlich hohe Stellung auf, die sich für Schweden und Norwegen ergeben hat, und die verhältnismäßig tiefe Stellung eines in der Industrie so hervorragenden Landes wie Belgien. Auffallend ist auch der tiefe Stand Österreichs und die verhältnismäßig hohe Stellung Spaniens. Diese Erscheinungen erklären sich jedenfalls zum Teil durch die Voraussetzungen, auf welche die hier vorgetragene Untersuchungsmethode aufgebaut ist. Nennt man erfinderische Pro-

duktion die Anzahl der jährlich angemeldeten Patente, so
hat man einen rein quantitativen Maßstab angelegt, der
nichts über die Qualität der angemeldeten Erfindungen aus-
sagt. Eine Hosenklammer für Radfahrer nimmt hier denselben Rang ein, wie das Pupinsche Dämpfungsverfahren
für Telephonleitungen. Auf der anderen Seite ist die Produktivität, die wir hier ermitteln, stets die kollektive Produktivität des ganzen Volkes. Beteiligt sich also aus irgend
welchen Gründen ein erheblicher Prozentsatz der Bevölkerung überhaupt nicht an der Arbeit des Erfindens, so
wird dadurch unsere Produktivitätszahl heruntergedrückt,
ohne daß deshalb gerade gesagt wäre, daß das eigentliche Talent zum Erfinden fehlt. Man wird also nach Einflüssen zu suchen haben, welche die Beteiligung an der
Erfinderarbeit auf eine verhältnismäßig kleine Zahl von Einwohnern eines Landes einschränkt, um eine Erklärung für
niedrige Produktivitätszahlen zu gewinnen, und umgekehrt.

    Naheliegend wäre es etwa in diesem Zusammenhang,
an den Prozentsatz von Frauen in den untersuchten Ländern
zu denken. Die meisten Patentämter veröffentlichen unter
ihren sonstigen statistischen Mitteilungen überhaupt nichts
über das Verhältnis der Frauen zu den Männern als Erfinder. Nur in der *Official Gazette*, der amtlichen Publikation der Vereinigten Staaten, findet sich einmal die Notiz,
daß im Lauf des Jahrhunderts von 1795 bis 1895 ein
Promille aller Patente an Frauen erteilt worden sei. In
dem Bericht des *Comptroller General* des englischen Patent-
amtes für 1900 dagegen findet sich die Angabe, daß im
Lauf dieses Jahres rund zwei Prozent aller Patentanmeldungen von Frauen herstammen. Hieraus kann man also
einerseits sehen, daß die Frequenz der Frauen unter den
Erfindern sich im Lauf des Jahrhunderts mehr als ver-
zwanzigfacht hat, wenn man in Bezug auf diesen Punkt
englische und amerikanische Verhältnisse als ungefähr
gleichartig ansehen darf, aber andererseits ist auch der
gegenwärtige Prozentsatz noch so gering, daß er für die
Genauigkeiten, die hier in Frage kommen, vernachlässigt
werden kann. Wäre der Prozentsatz in anderen Ländern

wesentlich höher, so wäre er wohl von den Statistikern beachtet und verzeichnet worden. Fallen also die Frauen als Erfinder aus, so werden offenbar diejenigen Länder nach unserer Methode zu hohe spezifische Produktivitäten zeigen, bei denen verhältnismäßig weniger Frauen auf eine gegebene Anzahl von Männern kommen, und umgekehrt. Geht man aber diesen Zahlen nach, so ergibt sich, daß ihr Einfluß zu klein ist, um hier erheblich ins Gewicht zu fallen. Die größten Abnormitäten finden sich in Dänemark, das auf 1000 Männer 1150 Frauen zählt, und in den Vereinigten Staaten, wo auf 1000 Männer nur 950 Frauen kommen. Die beiden anderen Skandinavier, Schweden und Norwegen, haben 1060 Frauen auf je 1000 Männer, England 1050, Deutschland 1030, Frankreich nur 1014. Wenn also auch durch die Berücksichtigung dieses Faktors die Werte der Produktivitätszahlen sich etwas verschieben würden, so würde die allgemeine Rangordnung doch kaum gestört werden. Höchstens würde Dänemark mit seinen fünfzehn Prozent Frauenüberschuß um eine Stelle aufrücken und demnach über Deutschland rangieren.

Ein weiterer Einfluß, durch den die Produktivitätszahlen verschoben werden können, muß durch die Beschaffenheit des Landes ausgeübt werden. Wenn ein Land, wie Skandinavien und die Schweiz, zum Teil vergletschert ist, oder wie die Vereinigten Staaten Tausende von Quadratmeilen unbewohnter Steppen und Heiden besitzt, so wird die Entfernung der Nachbarn zu groß erscheinen, denn tatsächlich wird nicht das ganze Land für die Bevölkerungsdichtigkeit in Betracht kommen, sondern nur die bewohnten Teile, und in diesen wird die Bevölkerung wirklich viel dichter sitzen, als wenn man sie über die ganze bewohnte und unbewohnte Fläche gleichmäßig verteilt denkt. Dieser Faktor wird also in dem Sinne wirken, daß die Länder, die größere unbewohnbare Flächen enthalten, in der Rangordnung eine höhere Stelle einnehmen, als ihnen eigentlich zukommt.

Der Versuch, diesen Einfluß rechnerisch zu isolieren, stößt zunächst auf die Schwierigkeit, für die verschiedenen

Länder vergleichbare Angaben über den Prozentsatz an unbewohnbarem Boden zu erhalten. Sodann aber wirken unbewohnbare Strecken auf den Verkehr der Anwohner je nach ihrer Beschaffenheit so verschieden, daß ihr Flächeninhalt kein brauchbares Maß für diese Wirkung abgeben kann. So kann ein See, obgleich er selbst unbewohnbar ist, doch den Verkehr der Anwohner geradezu begünstigen. Steppen werden den Verkehr verhältnismäßig wenig hindern, zumal wenn sie von Eisenbahnen durchzogen sind, und Gletscher, die zwar an sich immer ein Verkehrshindernis bilden, können bei gleichem Flächeninhalt je nach ihrer Gestalt und ihrer Lage zu den benachbarten Landstrichen in ganz verschiedenem Grade wirken. Aber ein oberflächlicher Überschlag, der sich leicht anstellen läßt, scheint zu zeigen, daß auch dieser Faktor die gefundene Rangordnung nicht wesentlich umstellt. Insbesondere behaupten Schweden und Norwegen ihren Platz.

Ein Einfluß, dessen Wirkung sicher nicht ganz unbedeutend sein kann, ist das Klima des Landes. Man kann das schon an den Schwankungen der Produktivität in den verschiedenen Jahreszeiten erkennen. In der Kurve, Seite 175, welche die Frequenz der Anmeldungen auf Acetylen-Entwickeler ausdrückt, sind diejenigen Ordinaten einpunktiert, die den Sommermonaten, von Juli bis September jedes Jahres, entsprechen, und man sieht ganz deutlich, daß in diesen Zeiten die Produktion immer ganz erheblich gegen die übrigen Jahreszeiten zurückbleibt. Aber es ist Sache der allgemeinen Erfahrung, daß für intensive Arbeit jeder Art ein gemäßigtes Klima wenigstens den westeuropäischen Rassen am zuträglichsten ist, und für den Vergleich der hauptsächlichsten Industrieländer Europas und der Vereinigten Staaten von Nordamerika und die Ermittelung der besten Bedingungen für die Entwickelung einer hohen erfinderischen Produktivität fällt dieser Einfluß so ziemlich aus.

Danach können also die ermittelten Werte der siebenten Spalte als im wesentlichen zutreffend angesehen werden. Sie bedeuten, um zu wiederholen, daß die erfinderischen

Produktivitäten der aufgeführten Völker sich danach abstufen würden, wenn sie auf gleiche Dichtigkeit gebracht würden. In diesen Zahlen drücken sich also außer der kollektiven natürlichen Veranlagung dieser Völker auch alle anderen etwa vorhandenen Einflüsse noch aus, die in der voraufgehenden Betrachtung unberücksichtigt gelassen worden sind. Auf die relative natürliche Begabung der verschiedenen Völker wird weiter unten noch einzugehen sein, aber gerade die Bevölkerung der Vereinigten Staaten, die an der Spitze der Reihe stehen, ist ein Gemisch aus allen europäischen Nationen, und man sollte daher als wahrscheinlich ansehen können, daß ihre Begabung ein Mittel aus den verschiedenen europäischen Begabungen darstellt. Allerdings findet bei jeder Kolonisation eine gewisse Auslese unter dem Stamm des Mutterlandes statt, denn die seßhafteren und weniger unternehmungslustigen Elemente ziehen es vor, zu Hause zu bleiben. Aber daß durch diese Ursache allein ein so erdrückendes Übergewicht zustande kommen sollte, wie es hier erscheint, ist schwer zu glauben. Es liegt näher, nach einem Einfluß zu suchen, der trotz nicht allzu großer Unterschiede in der natürlichen Veranlagung zum Erfinden diesen großen Unterschied in der erfinderischen Produktivität hervorbringen kann.

Wir haben nun am Beispiel des Acetylen-Entwickelers nachzuweisen versucht, daß als Hauptagens bei der Erweckung von Erfindern die Hoffnung auf Gewinn anzusehen ist, und wenn man von diesem Gesichtspunkt aus etwa die Schilderungen von der Lebenshaltung und der ganzen sozialen Stellung der industriellen Arbeiter der am höchsten entwickelten Industriegebiete Deutschlands, die Carl Fischer und William Bromme veröffentlicht haben, mit denen vergleicht, die Münsterberg und West von der Lage der Industriearbeiter in den Vereinigten Staaten entwerfen, so läßt sich verstehen, daß die wirtschaftlichen Verhältnisse in dem einen Lande in hohem Grade dazu angetan sind, die erfinderische Produktivität

Fischer, Bromme, Münsterberg, West, Anhang (40).

auf das äußerste zu steigern, im anderen Lande sie ungefähr in demselben Grade zurückzuhalten. Gerade West hebt sehr bestimmt den großen Unterschied in der Behandlung der Akkordarbeit hüben und drüben hervor und führt die wirtschaftlichen Erfolge der Amerikaner gewiß zum großen Teil mit Recht darauf zurück, daß dort das System der willkürlichen Verkürzung der Akkordsätze unbekannt sei oder wenigstens lange nicht in dem Maße geübt werde, wie bei uns. Die Schilderungen des Herrn Bromme bestätigen in zahlreichen Einzelheiten seine Ausführungen, und die Mitteilungen des Herrn Münsterberg über die Arbeiterorganisationen der Vereinigten Staaten geben uns einen Schlüssel zur Aufdeckung der Ursachen dieser diametral entgegengesetzten Löhnungssysteme und ihrer Wirkung auf die erfinderische Produktivität.

Wo mit einem stetig überfüllten Arbeitsmarkt gerechnet werden kann, und die mangelhafte Ausbildung der Intelligenz und des Selbstbewußtseins der Arbeiter deren Zusammenschluß zu wirklich mächtigen Organisationen erfolgreich verhindert, ist es das nächstliegende und einfachste Auskunftsmittel des Unternehmers jeder ungünstigen Marktlage gegenüber, die Löhne herabzusetzen, und die Wirkung auf die erfinderische Produktivität des Landes ist eine dreifache.

Die erste Wirkung ist ohne weiteres die Konsequenz des Systems. Wenn die einzige Folge jeder Verbesserung der Produktionsmittel, die der Arbeiter empfindet, darin besteht, daß seine Akkordsätze verkürzt werden, so würde er Selbstmord begehen, wenn er sich abmühen wollte, solche Verbesserungen zu erfinden, und in neunundneunzig Fällen aus hundert wird er sich hüten, diejenigen Erfindungsideen überhaupt bekannt werden zu lassen, die bei der beständigen Beschäftigung mit den Arbeitsmaschinen doch nicht ausbleiben pflegen.

In zweiter Linie muß das System der Akkordverkürzung zu einer allgemeinen Herabdrückung der Lebenshaltung der Arbeiter führen, und in einer großen Zahl von tüchtigen Köpfen wird dadurch jede Möglichkeit der geistigen Leistung einfach durch Nahrungssorgen erstickt. Die Erfahrung zeigt denn auch, daß der Arbeiter als Erfinder bei uns in Deutschland und überhaupt auf dem europäischen Kontinent keine nennenswerte Rolle spielt.

Aber endlich wirkt das System auch auf die Produktivität der Unternehmer selbst in demselben Sinne. Sie alle mit Ausnahme der wenigen Erfinder erster Klasse bedürfen des Anstoßes, um Erfinder zu werden, und wenn sich für ihre wirtschaftlichen Schwierigkeiten immer die bequeme Ausflucht bietet, die Akkordschraube noch etwas weiter anzuziehen, so haben sie es nicht nötig, auf Verbesserungen ihrer Hilfsmittel zu sinnen, oder gar sie mit hohen Kosten und vielem Zeitaufwand einzuführen und auszuprobieren.

Nach demselben Schema, aber im entgegengesetzten Sinne, wirkt die Organisation der industriellen Unternehmungen der Vereinigten Staaten. Die Macht der Arbeitervereine bietet überall dem Unternehmer einen unüberwindlichen Widerstand, wo er etwa versucht sein sollte, dem Druck seiner Konkurrenz oder einer ungünstigen Marktlage durch Lohnkürzungen auszuweichen. Daher bleibt ihm kein anderes Mittel übrig als die Vervollkommnung der Betriebsmittel. Nur dadurch, daß man die Aufgabe löst, mit Hilfe einer kleineren Zahl von Arbeitern dasselbe zu leisten, was vorher mit Hilfe einer größeren geleistet wurde, kann man die Unkosten vermindern, ohne die Arbeiter selbst schlechter zu stellen. Der amerikanische Unternehmer muß also erfinden, wenn er nicht bankrott werden will. Da nun offenbar mehr erfunden wird, wenn mehr Köpfe sich mit den vorliegenden Aufgaben beschäftigen, so ist er auch gezwungen, seinen Betrieb so einzurichten, daß für jeden, der daran mitarbeitet, die höchsten Prämien auf erfinderische Beiträge zum Besten des Betriebes stehen. Er wird also jeden Verbesserungsvorschlag, der ihm von seinen Angestellten zugetragen wird, dankbar aufnehmen und wird sorgfältig darauf bedacht sein, zu verhindern, daß seine Leute ihre Ideen für sich behalten, oder gar dem nächsten Konkurrenten zutragen. Unterstützt wird dieser Einfluß durch die amerikanische Gesetzgebung, welche vorschreibt, daß nur dem wahren Erfinder in Person ein Patent auf seine Erfindung erteilt werden darf, so daß der Unternehmer, selbst wenn er wollte, gar nicht in der Lage ist, sich die Erfindungen seiner Angestellten anzueignen, ohne mit ihnen zu paktieren. Demgegenüber gilt es bei uns noch zum Teil als Recht, daß alle Erfindungen technischer Angestellter einfach dem Unternehmer gehören.

Um die Bedeutung der Lebenslage der arbeitenden Klassen der verschiedenen Länder für deren erfinderische Produktivität auch zahlenmäßig zu zeigen, ist noch eine achte Spalte zu der Tabelle hinzugefügt worden, in welche die Prozentsätze der Analphabeten eingetragen sind, die bei der Rekrutenaushebung oder bei Eheschließungen festgestellt werden. Man sieht, daß die Rangordnung, die sich nach diesen Zahlen ergeben würde, ungefähr mit der nach den spezifischen Produktivitäten zusammenfällt. Besonders der tiefe Stand Belgiens findet hier sein Gegenstück und ebenso der Italiens. Auch die Skandinavier behaupten hier wieder ihren Platz. Für die Vereinigten Staaten ist leider keine bestimmte Angabe ermittelt worden, aber ihre Volksschulen sind anerkannt mustergültig. Englands Proletariat steht in der Schulbildung verhältnismäßig tief, und wenn England trotzdem den ersten Platz unter den Hauptindustrieländern Europas einnimmt, so erklärt sich das ohne weiteres zum Teil aus der allgemein günstigen wirtschaftlichen Lage seiner Arbeiter, zum Teil aus dem Umstand, daß Englands Industrie nicht nur das größte Alter, sondern auch die ruhmreichste Vergangenheit unter denen aller Länder der Welt hinter sich hat, so daß hier die Tradition die mangelhafte Volksbildung wettmacht.

Fassen wir also zusammen, was aus dieser Untersuchung zu lernen ist, so gelangen wir zu folgender Auffassung. In erster Linie übt die Bevölkerungsdichtigkeit einen fördernden Einfluß auf die erfinderische Produktivität aus. Aber dieser Einfluß ist kein unmittelbarer, sondern er wirkt nur dadurch, daß er den Verkehr zwischen den Einwohnern des Landes erleichtert, und er ist im wesentlichen proportional der Erleichterung des Verkehrs. In zweiter Linie ist zu erkennen, daß die Produktivität immer da am größten ist, wo die Industrie am vollkommensten entwickelt ist. Also wird man nach Möglichkeit alle Hindernisse zu beseitigen haben, die sich etwa der Entwickelung der Industrie in den Weg stellen. Bei gleicher tatsächlicher Dichtigkeit der Bevölkerung wird man also die erfinderische Produktivität des Volkes steigern, wenn man die Verkehrsmittel vervollkommnet und billiger macht. Ferner steigt der Gesamtwert der Produktivität wiederum proportional dem Prozentsatz der Bevölkerung, welcher sich an der erfinderischen Arbeit beteiligt, und da die industriellen Arbeiter diejenigen sind, welche vor allen anderen berufen sind, Verbesserungen aufzufinden oder die Aufmerksamkeit auf Verbesserungsmöglichkeiten zu lenken, so wird die Pflege der Intelligenz und der wirtschaftlichen Lage der industriellen Arbeiter auch unmittelbar die erfinderische Produktivität des Volkes fördern. Jede Verbesserung der Volksschulen wird hier reiche Zinsen für das Land einbringen. Die vollständigere Heranziehung der Arbeiterklasse zum Mitwirken an der Erfindertätigkeit kann ferner zweifellos durch solche Maßnahmen der Gesetzgebung erheblich gefördert werden, die darauf abzielen, das Eigentumsrecht des Erfinders an seinem geistigen Erzeugnis auch seinem Arbeitgeber gegenüber sicher zu stellen, aber eine Geschäftstaktik wie das System der Akkordverkürzung wird man schwerlich durch Gesetze ausrotten können. Dagegen hilft nur die wachsende Einsicht der Unternehmer selbst und das allmähliche Erstarken der Arbeiterorganisationen. Man sieht jedenfalls aus den gegebenen Zahlen ganz deutlich, daß diejenigen Länder, in denen die Arbeiter das größte Maß von Freiheit und Ansehen genießen, weit höhere Produktivitätszahlen erreichen, als diejenigen, in denen noch ein schwerer politischer und wirtschaftlicher Druck auf ihnen lastet.

Einfluß der Verkehrsmittel auf die Produktivität, Anhang (41).

Alle diese Betrachtungen beweisen nun aber keineswegs, daß nicht trotzdem vielleicht gerade die Italiener die begabtesten unter den westlichen Kulturvölkern sind, denn sie beziehen sich eben ausschließlich auf die Erfinder der zweiten und dritten Klasse. Die Erfinder der ersten Klasse kommen in diesen Zahlen schon deshalb nicht zur Geltung, weil sie naturgemäß nur einen ganz kleinen Prozentsatz der Gesamtbevölkerung ausmachen. Außerdem lassen sich ihre Leistungen nicht, wie es hier zunächst geschehen ist, einfach nach ihrer Quantität messen, und für die Würdigung der Qualität der Leistungen ist die Voraussetzung, auf welche die ganze Untersuchung aufgebaut ist, offenbar unzulässig. Anstatt anzunehmen, daß in einer gegebenen Zahl von Patentanmeldungen immer ein gewisser Prozentsatz von guten Erfindungen steckt, wäre es vielmehr etwa die Aufgabe, den Prozentsatz zu ermitteln, den in jedem Lande die bedeutenden Erfindungen unter den eingereichten Patentanmeldungen darstellen, um darin ein Maß für die relative erfinderische Begabung jener Länder zu gewinnen. Eine solche Methode wird nun vielleicht in späterer Zeit durchführbar sein, wenn einmal exakte Angaben über längere Zeiten vorliegen. Heute aber muß man sich noch mit einem viel oberflächlicheren Verfahren begnügen, weil eine Erfindung immer erst, sozusagen historisch werden muß, damit man ihren Wert oder Unwert mit einiger Sicherheit abwägen kann. In einer größeren Anzahl von Kulturländern und zum Teil gerade in den wichtigsten ist aber die Patentgesetzgebung noch zu jung, um in diesem Sinne Brauchbares zu liefern. Es muß daher der Versuch gemacht werden, auch ohne die Hilfe der amtlichen Patentstatistik zu einigermaßen exakten Angaben zu gelangen, und dies kann auf folgendem Wege gelingen.

Es ist vor kurzem eine Geschichtstabelle aller naturwissenschaftlichen Entdeckungen und Erfindungen von einiger Bedeutung erschienen. Allerdings macht dieses Buch keinen Unterschied zwischen beiden, aber einerseits

---

Geschichtstabelle der Entdeckungen, Anhang (42).

haben wir schon gesehen, daß die Art der natürlichen Veranlagung, die ihre Produktion fördert, für beide Formen von geistiger Leistung ziemlich dieselbe ist, und zweitens haben wir erkannt, daß nahezu alle naturwissenschaftlichen Entdeckungen mittelbar Erfindungen hervorrufen, und können daher ohne Bedenken annehmen, daß ein Volk, das in beiden hervorragt, auch für die eine von beiden begabt ist. Es ist also nur nötig, eine solche Geschichtstabelle durchzuzählen und zu verzeichnen, wie viele Namen jede Nation beigesteuert hat. Diese Methode kann etwa als eine Umkehrung der ersten angesehen werden. Dort haben wir versucht, die Größe des vorhandenen Talents durch die Zahl der Anmeldungen auszudrücken, hier legen wir eine gewisse Größe des Talents zugrunde und ermitteln die Zahl der vorhandenen Talente.

Zwei Bemerkungen müssen vorausgeschickt werden, bevor die Tabelle, die so erhalten wird, im einzelnen betrachtet werden kann. Die Zahlen der letzten Zeile sind offenbar wesentlich unzuverlässiger als die übrigen. Die Verfasser des Buches haben bei der ersten Auflage eine so große Arbeit des Sammelns und Sichtens bewältigen müssen, daß es ihnen unmöglich gewesen ist, auf allen Gebieten die Spezialliteratur heranzuziehen. Die Fortschritte der letzten 25 Jahre sind aber noch nicht in die Lehrbücher übergegangen, und ihre Verzeichnung mußte daher schon aus diesem Grunde unvollständig werden. Dann aber wird auch für diese neuesten Arbeiten die Kritik noch sehr unsicher ausgefallen sein, weil man eben den Erfindungen, die noch keine genügend lange Geschichte hinter sich haben, nicht mit derselben Bestimmtheit ihre weitere Entwickelung und daher auch nicht ihre wahre Bedeutung ansehen kann. Deshalb wird man gut tun, die letzte Zeile überhaupt aus der Betrachtung ausscheiden zu lassen.

An zweiter Stelle ist zu bemerken, daß das Übergewicht, das Deutschland durch diese Zahlen zugesprochen wird, offenbar zu groß erscheint. Allerdings ist die mit „Deutschland" bezeichnete Spalte nicht auf das heutige

Deutsche Reich beschränkt, sondern umfaßt auch Österreich. Daß Deutschland in der naturwissenschaftlichen Forschung und in der Produktion von Erfindungen tatsächlich zurzeit alle anderen Nationen übertrifft, wird an und für sich wohl nicht falsch sein, aber es sind ohne weiteres Gründe dafür zu erkennen, daß deutsche Verfasser eines solchen Buches trotz bewußter Unparteilichkeit dazu neigen müssen, eine große Zahl von Erfindungen und Entdeckungen Deutschen zuzuschreiben, die möglicherweise richtiger anderen Nationen zukommen sollten. Das ergibt sich dadurch, daß als Quellen vornehmlich deutsche Bücher benutzt werden, die bekanntlich oft genug der nationalen Eitelkeit zuliebe manche Erfindungen Deutschen zuschreiben, die von ausländischen entsprechenden Werken mit derselben Bestimmtheit Ausländern zugesprochen werden. Außerdem verzeichnen aber die Lehrbücher auch einen größeren Prozentsatz der Leistungen der eigenen Nation, so daß bei der überwiegenden Benutzung deutscher Quellen ein größerer Anteil an ausländischen Leistungen übersehen wird als an deutschen.

Aber wenn wir das Resultat annehmen, daß Deutschland zurzeit an der Spitze marschiert, so sehen wir gleich, daß dies nicht immer der Fall gewesen ist. Um vergleichbare Werte abzulesen, muß man immer nur die Zeilen ins Auge fassen, denn die Zahlen der Kolumnen beziehen sich auf verschieden lange Zeitabschnitte. In jeder Zeile aber bedeutet die größte Zahl, daß zu der Zeit, der die Zeile entspricht, das Land, dem die größere Zahl angehört, allen anderen voraus ist. Diese Maximalzahlen sind der Übersichtlichkeit halber fett gedruckt, und man kann so mit einem Blick übersehen, wie die Meisterschaft im Lauf der Geschichte gewandert ist. Zu Beginn der christlichen Ära stehen die Griechen und Römer noch an der Spitze, und die Griechen übertreffen die Römer erheblich. Mit dem Untergang der römischen Herrschaft treten dann die Araber die Erbschaft der Griechen an und behalten durch fünf Jahrhunderte die Führung, nämlich bis in die Zeit der Renaissance. Dann treten die Italiener ein und behaupten bis an das Ende des fünfzehnten Jahrhunderts unbestritten den ersten Rang. Hier werden sie von den Deutschen abgelöst, denen aber die Engländer und die Franzosen so nah auf den Fersen sind, daß der kleine Rangunterschied zwischen diesen drei führenden Nationen auch durch Zufälle der Verzeichnung verursacht sein kann.

Sehr merkwürdig ist es, wie wenig die Wirkung des Dreißigjährigen Krieges sich äußert. Während seiner ganzen Dauer hält sich Deutschland überhaupt ziemlich unverändert auf der Höhe. Erst seine Nachwirkungen erzeugen einen bemerkbaren Rückgang, durch den es während des achtzehnten Jahrhunderts an die zweite Stelle gerückt wird, so daß es nicht vor dem Beginn des neunzehnten Jahrhunderts seinen früheren Rang wieder behaupten kann. Es zeigt sich an dieser Erscheinung, daß wir es hier eben nicht mit den Leistungen der großen Masse der Durchschnittserfinder zu tun haben, die in hohem Grade von der wirtschaftlichen Prosperität des Landes abhängen, sondern mit den Arbeiten der Erfinder erster Klasse, einzelner besonders begabter Forscher, die persönlich die allergeringsten Ansprüche an das Leben stellen und keines äußeren Anstoßes bedürfen, um Entdeckungen nachzugehen. England und Frankreich zeigen eine stetig bis in die Neuzeit steigende Produktion an Erfindern.

Am Fuß jeder Spalte ist die Summe aus den Zahlen der ganzen Spalte gezogen, und dic folgenden Völker sind nach den Werten dieser Summe geordnet. An der Spitze stehen die Vereinigten Staaten mit 141 Namen. Das ist eine beachtenswerte Leistung angesichts des Umstands, daß sie erst um die Mitte des achtzehnten Jahrhunderts überhaupt in den Wettkampf eingetreten sind. Während wir aber gesehen haben, daß ihre spezifische Produktivität an Patentanmeldungen die aller anderen Länder weit hinter sich läßt, werden sie in der Produktion an wirklichen Erfindern auch noch in der neuesten Zeit von den führenden europäischen Nationen erheblich übertroffen. Es kann das als eine Bestätigung der Auffassung angesehen werden, die auf Grund der ersten Untersuchung gewonnen worden ist, daß ihre

hohe Produktivität vornehmlich den Leistungen der unteren
Bevölkerungsschichten zuzuschreiben sei. Die führenden
Geister unter ihren Erfindern erreichen dagegen nicht einen
gleich hohen Durchschnittsgrad an wissenschaftlicher
Bildung wie diejenigen Europas, und da gründliche wissenschaftliche Schulung bei der hohen Entwickelung der
Technik von Jahr zu Jahr in zunehmendem Maße eine unerläßliche Vorbedingung für die Fähigkeit der Erzeugung
bahnbrechender Entdeckungen ist, so sind sie tatsächlich
zurzeit noch weniger befähigt, als die Europäer, grund-
legende und originale Erfindungen zu machen. Andererseits findet die weit vollkommenere Ausbildung des Prinzips
der wirtschaftlichen Anspornung zum Erfinden in diesen
Zahlen keinen Ausdruck. So finden wir denn kaum eine
einzige von den wirklich großen Erfindungen, auf denen
unsere heutige materielle Kultur aufgebaut ist, unter dem
Namen eines Amerikaners gebucht. Ihre Erfindungen
tragen ein ganz bestimmtes Gepräge. Sie sind meist Verbesserungen europäischer Ideen und erwecken häufig den
Eindruck, als wären sie ungemein fleißige Arbeiten von
Dilettanten. So figuriert beispielsweise in L. Darmstaedters
und R. du Bois-Reymonds Geschichtstabelle die Nähmaschine, die bekanntlich bei uns erst von Amerika aus eingeführt worden ist, dreimal als Erfindung verschiedener
Europäer, bevor sie in Amerika endlich diejenige praktische
Durchbildung erhält, die sie erst zu einem brauchbaren
Werkzeug erhoben hat. Der Amerikaner war also
weniger originell als die europäischen Erfinder, aber er hat
mit eiserner Zähigkeit an seiner Maschine so lange gebessert, bis er sein Ziel erreicht hatte. Diese Art der Arbeit
ist zweifellos ebenso verdienstvoll oder oft auch viel ver-
dienstvoller, als die der originalen Köpfe, die zwar neue
Wege weisen, aber ihre Ideen nicht ausreichend durchzu-
bilden vermögen. Aber Erfindungen dieser Art erfahren
nicht die gleiche Würdigung in den Lehrbüchern, und viele
von ihnen mögen daher den Verfassern des Buches überhaupt entgangen sein.

Die Skandinavier stehen auch hier wieder in der

vordersten Reihe, ein Zeichen, daß für die Bildung der hohen spezifischen Produktivität, die wir für sie gefunden haben, natürliche Begabung nicht zum wenigsten beiträgt. Unmittelbar hinter ihnen erscheinen hier die Schweizer, eine Bestätigung für unsere Annahme, daß wir sie nach der ersten Methode infolge der Eigentümlichkeit ihres Patentgesetzes zu tief eingeschätzt hatten.

Dann folgen Holland und Rußland, die beide in der ersten Untersuchung übergangen werden mußten, weil Holland kein Patentgesetz besitzt und weil in Rußland die Patenterteilung noch nach so primitiven Methoden vor sich geht, daß sie nicht mit denen der anderen Länder vergleichbar erschien. Spanien verdankt seine Stellung nur seiner ehemaligen Blüte im sechzehnten Jahrhundert, in dem es noch ein nahezu ebenbürtiger Konkurrent der führenden Kulturländer war. Denn auch wenn man in Betracht zieht, daß die letzten Zahlen der Kolumne mit 4 multipliziert werden müssen, um mit den Zahlen der Blütezeit verglichen zu werden, weil sie sich ja nur auf je fünfundzwanzig Jahre beziehen, ist immer noch ein starker Abfall zu erkennen. Es ist danach mit Spanien bedeutend schlechter bestellt als mit Italien, das im neunzehnten Jahrhundert wieder beinahe ebenso viele Namen aufweist wie in der Zeit der Renaissance. Der Riesenfortschritt der jetzt führenden Völker zieht eben auch die an und für sich zum Zurückbleiben prädisponierten Völker in Mitleidenschaft.

Belgien tritt erst sehr spät in den Wettkampf ein und müßte in der Neuzeit eine höhere Stelle erhalten, als ihm auf Grund der Gesamtsummen am Fuße der Spalten zukommt, da es in der Mitte des neunzehnten Jahrhunderts sowohl Holland wie Rußland übertrifft, aber eine tiefe Stellung fällt ihm auch unter Berücksichtigung dieses Umstandes zu, eine Erscheinung, die nach den vorausgehenden Ausführungen der ungünstigen Lage seines Proletariats zuzuschreiben sein dürfte. In allerneuester Zeit erscheint auch Japan auf dem Kampfplatz.

Diese beiden Untersuchungen scheinen also zu zeigen, daß bei den Skandinaviern alle diejenigen erfinderer-

weckenden Einflüsse am vollkommensten vereinigt sind, die
von der Bevölkerung selbst abhängen, vortreffliche Schulbildung, das größte Maß von politischer Freiheit und
Gleichheit, verbunden mit einer hohen natürlichen Begabung. Wenn sie gegenüber den anderen führenden
Kulturvölkern nicht mehr hervortreten, als es tatsächlich
der Fall ist, so dürfte das auf die ungünstigen klimatischen
Verhältnisse ihres Landes zurückzuführen sein, die sowohl
einer wesentlichen Erhöhung der Bevölkerungsdichtigkeit
wie einem erheblichen Aufschwung ihrer Industrie unüberwindliche Hindernisse in den Weg stellen.

Unter den tatsächlich führenden Völkern zeigen die
Vereinigten Staaten und Deutschland die interessantesten
Erscheinungen. Deutschland verdankt seinen ersten Rang
ohne Zweifel vornehmlich der musterhaften Ausbildung
seines höheren wissenschaftlichen Unterrichts, aber in der
spezifischen Produktivität wird es von den Vereinigten
Staaten vollständig in den Schatten gestellt. Dieses eigentümliche gegenseitige Verhältnis der beiden Länder gestattet eine ziemlich sichere Prognose für die nächste Zukunft. Damit beide Länder einander ebenbürtig werden,
müßte Deutschland seine spezifische Produktivität, Amerika
seinen Prozentsatz an Erfindern erster Klasse erhöhen.
Deutschlands Fortschritte in diesem Sinne werden mit dem
Wachstum der politischen Mündigkeit seiner arbeitenden
Klassen, Amerikas mit der Vervollkommnung und Verbreitung der höheren Schulbildung Schritt halten. Welchem
von beiden Völkern die Meisterschaft bleiben wird, wird davon abhängen, welcher von beiden Entwickelungsvorgängen
schneller und welcher langsamer fortschreitet.

Zählung der Erfinder und Entdecker verschiedener Nationen und Zeiten

nach L. Darmstaedter und R. du Bois-Reymond, 4000 Jahre Pionier-Arbeit.

Jahre	Griechen	Römer	Araber	Italien	Deutschland	England	Frankreich	U. S. A.	Skandinavien	Schweiz	Holland	Rußland	Spanien	Belgien	Portugal	Indien	China	Japan	Insgesamt
0—600	**16**	10	1													1	1		29
600—1000	2		**6**		2		1		2				1			1			15
1000—1200			**6**	2	1				1				1			1			12
1200—1300			1	**7**	2	1	3				1	1	1						17
1300—1400			2	**5**	5		2						1						15
1400—1500			1	**15**	13	3	1						6						39
1500—1600				47	**49**	12	14		1	5	5	1	19						153
1600—1700				26	**52**	49	50		7	4	21	2	2						213
1700—1750	1			4	41	**52**	47		9	4	10	1	1						170
1750—1800				12	81	**111**	90	9	14	14	6	4	3						344
1800—1825				9	**102**	99	95	4	8	5		7							329
1825—1850				12	**195**	137	112	36	13	7	6	6	1	7					532
1850—1875				13	**291**	128	101	53	13	22	5	11		12			1		650
1875—1900				12	**230**	84	76	39	25	7	5	11	2	4	3			2	500
Insgesamt	19	10	17	164	**1064**	676	592	141	83	68	59	44	38	23	3	3	2	2	3018

A. du Bois-Reymond, Erfindung.

Fünftes Kapitel.

Wirkungen der Erfindung.

Es sprach der Geist: Sieh auf! Die Luft umblaute
Ein unermeßlich Mahl, soweit ich schaute,
Da sprangen reich die Brunnen auf des Lebens,
Da streckte keine Schale sich vergebens,
Da lag das ganze Volk auf vollen Garben,
Kein Platz war leer und keiner durfte darben.
C. F. Meyer.

Der Ausdruck „Kampf ums Dasein" gibt den Sinn des Darwinschen „*struggle for existence*" nur unvollkommen wieder. *Struggle* ist Streben, Ringen, setzt aber nicht notwendig einen Gegner voraus; Kampf dagegen erweckt die Vorstellung von der Vernichtung oder mindestens der Schädigung des Besiegten, und diese Bedeutung findet im Ringen um das Dasein zwar ihre Stelle, deckt sich aber nicht erschöpfend mit dessen Wesen. Die Triebfeder ist immer nur die Vermehrung der Volkszahlen unter dem Druck der natürlichen Fortpflanzung, und jede Auffindung eines Mittels, diesem Fortpflanzungsdruck auszuweichen, ist ein Sieg im Ringen um das Dasein. Wenn also beispielsweise der Urmensch dadurch, daß er sich bekleidet, die Fähigkeit erlangt hat, einem Klima zu trotzen, dem sein nackter Bruder unterliegen würde, so hat er über ihn einen Sieg errungen, ohne ihm etwas zu Leide zu tun. Dieser Zwiespalt im Wesen des Ringens um das Dasein zwischen denjenigen Mitteln, die zum Ziele führen, ohne den Mitmenschen zu schädigen, und denen, die nach dem Schema arbeiten: *ôte-toi que je m'y mette!* zieht sich von den ersten Zeiten, da das Tier Mensch wurde, bis in unsere Tage durch die ganze Entwickelungsgeschichte der materiellen Kultur. Sein Ursprung läßt sich auf die Zeit zurückführen, als in den Kampf ums Dasein das Prinzip des Besitzes eingeführt wurde, die Konvention, nach welcher der Reichere dem Ärmeren gegenüber als überlegen gilt, unabhängig davon, ob ihre persönlichen Eigenschaften dieses gegenseitige Machtverhältnis rechtfertigen. Diese Anerkennung des Besitzrechts ist der erste Schritt zur Abschaffung des bewaffneten Kampfes von Mann gegen Mann um das Futter und um die Weiber.

Die ältesten Bereicherungsmethoden allerdings sind von jenem Kampf überhaupt nicht zu unterscheiden, aber sie tragen in sich ein ihrem eigenen Wesen entgegengesetztes Prinzip. Der persönliche Raub entwickelt sich zum Krieg und der Krieg verlangt eine Organisation und wird dadurch zum Vater des Staates. Der Einzelne muß auf seine persönlichen Ansprüche gegen den Nächsten zugunsten der Allgemeinheit gutwillig verzichten und wird dadurch mittelbar vom Kriege selbst zum Frieden erzogen.

Aber der Krieg selber ist unter allen bekannten Mitteln der Bereicherung das unvollkommenste. Allerdings darf man in der Beurteilung seines Wertes oder Unwertes ethische Gesichtspunkte nicht gelten lassen. Ihnen mag man heute mehr oder minder praktisches Gewicht beimessen, soweit sich aber aus den Anfängen der geschichtlichen Überlieferung und den Ergebnissen der anthropologischen Forschung die wahren Beweggründe für das allmähliche Überwiegen der Arbeit und des Handels über den Krieg als Bereicherungsmittel erkennen lassen, kommen für jene Zeiten ganz andere Unvollkommenheiten in Betracht.

Der Krieg kann niemals die Gesamtmenge der Subsistenzmittel vermehren, sondern sie immer nur vermindern. Daher hat ein dauernder Kriegszustand stets eine allgemeine Verarmung der ganzen beteiligten Menschheit zur Folge und die Bereicherung, die er im besten Falle bewirkt, ist durch die Menge der Habe des besiegten Volkes begrenzt und demnach um so enger begrenzt, je ärmer die Völker überhaupt sind. Der Krieg kann also seinem eigenen Zweck nur dadurch gerecht werden, daß er beständig zeitlich oder örtlich unterbrochen wird, damit die Völker sich davon erholen und neue Reichtümer anhäufen können, die einen erneuten Krieg erst wieder lohnend erscheinen lassen. Das ist auch richtig für Kriege, deren Zweck nicht bloß der Raub von beweglicher Habe, sondern eine Gebietserweiterung ist, denn ohne zwischen die Kriege Zeiten der Ruhe einzuschalten, kann auch das siegreiche Volk seines eroberten Besitzes nicht froh werden.

Auch als Mittel zur Aufnahme des Fortpflanzungsdrucks ist der Krieg aus demselben Grunde ebenso unvollkommen, wie er direkt wirkend ist. Zwar schafft er durch Abtötung der Krieger Platz für die heranwachsende Jugend, aber immer nur auf Kosten der Kriegstüchtigkeit des Stammes.

Um den Wert eines Verfahrens für die Verminderung des Fortpflanzungsdrucks richtig abzuschätzen, muß man sich klar machen, daß es sich dabei immer nur um ganze Völker handeln kann. Der Einzelne kann sich unter den Volksgenossen emporarbeiten und schnell zu völliger Freiheit von Nahrungssorgen gelangen, ohne daß damit der allgemeine Zustand des Volkes um ein Haar gebessert wird. Er kann das auch in einer Zeit, in der sich die durchschnittliche Lebenshaltung des Volkes, dem er angehört, bemerkbar verschlechtert. Für das Volk aber kommt nicht eine einzige Generation in Betracht, sondern stets ein längerer Zeitraum, denn das Leben eines gesunden Volkes umfaßt so viele Generationen, daß jede einzelne im Vergleich damit immer nur als eine kurze Episode gelten kann. Um also den Wert des Mittels zu schätzen, muß man es in Gedanken so lange dauernd anwenden, bis mehrere Generationen Zeit gehabt haben, seine Wirkungen zu verspüren, oder mit anderen Worten, bis seine Wirksamkeit auf die Vermehrung selber sich hat bemerkbar machen können. So wird zum Beispiel eine Gebietserweiterung in einfachster und direktester Weise der lebenden Generation Erleichterung verschaffen, aber die unmittelbare Folge ist eine erhöhte Vermehrung und nach sehr wenigen Generationen wird der Zustand wieder genau derselbe sein, wie vorher. Als dauerndes Verfahren ist daher die einfache Gebietserweiterung sehr unvollkommen, denn wenn auch die ganze bewohnbare Erdoberfläche dem Volk zur Verfügung stände, so würde sie in einer Zeit bevölkert werden, die gegen die Lebensdauer des Menschengeschlechts als verschwindend klein anzusehen ist, wie dies tatsächlich einmal geschehen sein muß. Unter gewöhnlichen Verhältnissen aber, selbst in den ersten Anfängen der historischen Zeit, war eine Gebietserweiterung immer nur möglich durch Verdrängung der Einwohner des eroberten Landes, und da eine solche Verdrängung nur ausnahmsweise eine vollständige Ausrottung darstellte, so haben Gebietserweiterungen immer nur auf sehr kurze Zeit wirkliche Erleichterungen verschafft.

Das, was aufgesucht werden muß, wenn man ein solches Verfahren beurteilen will, sind also die Grenzen seiner Anwendbarkeit und die Grenzen seiner Leistungsfähigkeit. So ist zum Beispiel der allmähliche Übergang von der Jagd zur Viehzucht und von der Viehzucht zum Ackerbau ein außerordentlich viel wirksameres Mittel, als die Eroberung neuer Gebiete, denn die Bewirtschaftung des Landes ist einer fast unbegrenzten Steigerung in der Intensität fähig. Eine gute Vorstellung von den Leistungen dieses Verfahrens gewährt die interessante Angabe, daß heute in den Vereinigten Staaten ungefähr ebensoviele Indianer leben sollen, wie zur Zeit, als die „Mayflower" landete, obgleich diese Zahl in den ganz kleinen Reservationen zusammengedrängt ist und damals den ganzen Kontinent bewohnte.

Betrachtet man von diesem Gesichtspunkte aus den Handel, so läßt er sich in zwei deutlich verschiedene Entwickelungsstufen einteilen, zwischen denen in der Wirklichkeit natürlich alle möglichen Übergänge stattfinden mögen. Der Handel, den ein zivilisierteres, also besser organisiertes und daher mächtigeres Volk mit einem Volke treibt, das sich noch im Urzustande befindet, ist die primitivere Form, dem einfachen Raubkriege noch sehr nahe verwandt. Die Einfuhrartikel, die gewonnen werden, sind Sklaven und die Rohprodukte des ausgebeuteten Landes, für die in wertlosen Gegenleistungen gezahlt wird, weil die Verkäufer sie nicht zu schätzen verstehen oder die auch einfach geraubt werden. Solange unausgebeutete Gebiete zur Verfügung stehen, kann das so arbeitende Volk eine dauernde Verbesserung seiner Lage herstellen, aber das Verfahren hat noch deutlich den

---

Zahl der Indianer, Anhang (43).

Charakter des Raubbaus, denn es ist einfach durch die Größe der Vorräte an Ausfuhrware in dem bearbeiteten Gebiete begrenzt. Außerdem aber hat das Verfahren auch die Tendenz, sich in kurzer Zeit selbst zu untergraben, denn diese Art der Ausbeutung eines Landes führt zur Kolonisation, und nach einigen Generationen tritt die Kolonie als selbstständiger Staat mit allen Fähigkeiten und Kenntnissen des Mutterlandes in den Wettbewerb ein.

So führt der Raubhandel ganz von selbst zur zweiten und höheren Stufe, dem Tauschhandel, das ist dem Handel zwischen zwei ebenbürtigen Nationen. Da in beiden der Fortpflanzungsdruck ihrer als gleich angenommenen Kulturstufe entsprechend ungefähr derselbe ist, so würde es zunächst scheinen, als müßte es unmöglich sein, daß sie sich einfach durch den Austausch ihrer Subsistenzmittel gegenseitig eine Erleichterung verschaffen könnten, aber wenn sie verschiedene Rohprodukte liefern, ist die Möglichkeit offenbar. Schweden schickt beispielsweise Eisen nach Italien und Italien Apfelsinen nach Schweden. Wenn das System vollkommen arbeitet, werden beide Völker dadurch so gestellt, als ob ihnen beiden alle Subsistenzmittel beider Länder zur Verfügung ständen. Die Grenze der Leistungsfähigkeit des Verfahrens liegt bei der Grenze der Ausfuhrfähigkeit des ärmeren Landes. Ist also die Menge der Apfelsinenwerteinheiten, die Italien erzeugen kann, kleiner als die Menge der Eisenwerteinheiten, die Schweden erzeugen kann, so kann Italien nicht mehr Eisen bekommen, als es zu kaufen vermag, und Schweden muß seine Eisenproduktion entsprechend einschränken. Also auch dieses Mittel ist verhältnismäßig unvollkommen. Allerdings kann seine Leistungsfähigkeit dadurch erhöht werden, daß der Handel auf mehrere Länder und auf eine große Zahl von verschiedenen Handelsartikeln ausgedehnt wird, aber solange man an dem reinen Handel, das heißt dem bloßen Austausch vorhandener Waren festhält, ist er im Prinzip mit einem Zustand erschöpft, in dem alle miteinander handeltreibenden Völker aller Rohprodukte teilhaftig sind, die in allen Ländern vorkommen. Ihre Rangordnung, nach dem Reichtum bemessen, richtet sich nach dem Wert ihrer Ausfuhr, denn danach bestimmt sich, wieviel jedes Land von den anderen kaufen kann.

Eine ungeheure Erhöhung der Leistungsfähigkeit des Handels tritt nun ein, sobald die Bearbeitung der Rohprodukte hinzugenommen wird. Man kann allerdings die Arbeit auch einfach als eine Ware klassifizieren, und soweit deren Austausch allein in Frage kommt, wird sie dadurch auch genügend definiert. Aber sobald man die Produktion der Waren ins Auge faßt, die nicht mehr bloße Rohstoffe, sondern Industrie-Erzeugnisse sind, zeigt sich ein ganz neues Prinzip. Gleiche Art der Arbeit vorausgesetzt, ist ihre Menge nur begrenzt durch die Zahl der Arbeiter, und da ja die Möglichkeit einer Vermehrung der Volkszahlen gerade als Maßstab für den Grad der Vollkommenheit des betrachteten Systems gewählt worden ist, so scheint mit der Einführung der Industrie das Ideal erreicht zu sein. Je mehr sich die Bevölkerung vermehrt, um so mehr Arbeit kann sie leisten, also um so mehr Waren kann sie produzieren. Es wäre also dem Fortpflanzungsdruck jeder Widerstand entzogen und es müßte eine unbegrenzte Erhöhung der Bevölkerungsdichtigkeiten die Folge sein. Die Prämisse ist richtig, aber zur Erzeugung von Waren gehört nicht allein Arbeit, sondern man braucht auch Rohstoffe, die durch die Arbeit in Industrie-Erzeugnisse umgewandelt werden sollen, und die Produktion an Rohstoffen ist begrenzt. Allerdings läßt sie sich durch den Handel ergänzen, wie wenn die Engländer rohe Baumwolle aus ihren Kolonien nach Manchester und Birmingham einführen und dort verspinnen und verweben, und die allmähliche Ausgestaltung des gegenseitigen Ineinanderarbeitens von Industrie und Handel führt bald zu einer so verwickelten Organisation, daß sich immer wieder neue Kombinationen bieten, die hier und da eine Steigerung der Gesamtleistungen zulassen. Diese Entwickelung ist eine langsame und ziemlich stetige, weil die Produktionsverhältnisse der Ausfuhrländer sich nur allmählich mit der Steigerung der Bodenkultur, der Erschließung von neuen oder dem Verarmen von alten Bergwerken und dergleichen ändern. Gleichzeitig und Hand in Hand damit gehen politische Verschiebungen der Machtverhältnisse, die nicht unmittelbar mit den wirtschaftlichen Erfolgen zusammenhängen. Diese Verschiebungen beruhen auf der inneren individuellen Entwickelung der Völker, und beide Entwickelungen, sowohl die wirtschaftliche, wie die rein politische, halten ungefähr mit einander Schritt, so daß die Geschichte ein wechselndes Bild gewährt, in dem einmal die eine und dann die andere Form des Aufblühens überwiegt, ohne daß die eine oder die andere je ein bedeutendes Übergewicht zeigt. Wo dem Handel und der Industrie besonders günstige Bedingungen geboten sind, prägen sie dem betreffenden Volk einen vorwiegend kommerziellen Charakter auf, wie bei den Phönikiern, den Karthagern, den Venezianern, den Holländern und den Engländern. Charakteristisch für diesen Kulturgrad ist die griechische Geschichte, in der sich das kommerzielle Prinzip vertreten durch die Ionier unter der Führung Athens mit dem politischen unter der Führung Spartas ungefähr die Wage hält, und charakteristisch ist auch für jene Zeiten das schließliche Überwiegen des politischen Prinzips nicht nur im Kampf um die Hegemonie im Innern, sondern auch im Zusammenbruch gegenüber den Hauptvertretern des politisch kriegerischen Systems, den Römern.

Aber sachlich verändert ist an den Grundbedingungen der Existenz der Völker auch bis zum Ende des achtzehnten Jahrhunderts nichts Wesentliches, und bis in diese Zeit hinein sehen wir daher abwechselnd die wirtschaftlichen Verschiebungen durch die politischen bestimmt, und umgekehrt, ohne daß sich sagen ließe, daß in ihrem gegenseitigen Verhältnis zu einander das eine oder das andere Prinzip merklich dauernd überwiegt.

Nun hat aber von den Urzeiten an außer Eroberungskrieg, Handel und Industrie noch ein viertes Agens beständig an der Entwickelung der materiellen Kultur mitgewirkt, die Erfindung. Sie bildet den Ausgangspunkt für jede Art von Industrie, und ein Beharrungszustand zwischen Krieg, Handel und Industrie ist nur denkbar, wenn die Erfindung vollständig stagniert. Denn wenn man sich einen solchen Beharrungszustand konstruierte, so würde er darin bestehen, daß alle Völker alle Rohstoffe teils aus ihren eigenen Gebieten, teils durch den Handel von auswärts beziehen, deren sie unter den betreffenden politischen Verhältnissen und Transportbedingungen habhaft werden können und sie dauernd nach den Methoden verarbeiten, die sie von ihren Vätern erlernt haben. Sobald aber durch die Einführung neuer Erfindungen in die Industrie neue Bearbeitungsmethoden entwickelt werden, steigert sich dadurch die Leistungsfähigkeit des betreffenden Volkes, und das Gleichgewicht ist gestört. Aber bis zum Ende des achtzehnten Jahrhunderts befindet sich die Entwickelung der Erfindungen noch in dem Zustande, der am Anfang des vorigen Kapitels skizziert worden ist, in dem sie so vereinzelt auftreten, daß die erfindererweckende Kraft jeder neuen Erfindung nur auf wenige Individuen wirken kann, die etwa zufällig mit ihr in Berührung kommen, und daher teils örtlich beschränkt bleibt, teils nach kurzer Zeit wieder erstirbt, weil für die Fortentwickelung in dem betreffenden Gebiete die Lebensbedingungen noch nicht vorhanden sind. So schreiten also die Veränderungen der Industrien selber noch viel langsamer fort, als die Verschiebungen, die Handel und politische Entwickelungen in die Produktion und den Transport der Rohstoffe hineintragen, und der materielle Kulturzustand scheint daher zu stagnieren und seine Bedeutung für die Veränderungen der Machtverhältnisse der Völker zu einander tritt gegen die politischen Verschiebungen in den Hintergrund.

In das Ende des achtzehnten und den Anfang des neunzehnten Jahrhunderts fällt nun jene Übergangszeit, in der die gegenseitige Steigerung der erfindererweckenden Kraft der neuen Erfindungen und der Produktion von Erfindungen durch die neu erweckten Erfinder so weit fortgeschritten ist, daß die der Entwickelung der Technik feindlich gegenüberstehenden Einflüsse siegreich überwunden werden. Insbesondere zwei Erfindungen greifen störend in das Gleichgewicht von Industrie und Handel ein: die Dampfmaschine und der elektrische Telegraph. Die Dampfmaschine wirkt einmal befruchtend auf sämtliche Handwerke, indem sie die verfügbaren Kraftaufwendungen mit einem Schlage ins ungeheure vermehrt und zweitens vielleicht in noch höherem Grade, indem sie, auf das Transportwesen angewendet, die hemmende Wirkung der Entfernungen bis auf ein vergleichsweise verschwindend kleines

Maß einschränkt. Der elektrische Telegraph ergänzt diese Wirkung durch Schaffung eines Nachrichtendienstes, der fast vollständig von Raum und Zeit unabhängig geworden ist. Mit der bloßen Erfindung dieser neuen Hilfsmittel war es aber noch nicht getan. Damit der Dampf seine volle Wirkung auf den Warentransport ausüben konnte, mußte erst die Welt mit Schienensträngen überzogen und der Ozean mit Dampfschiffen bevölkert werden, und damit man sich des elektrischen Telegraphen mit Erfolg bedienen konnte, mußte erst das Netz von Leitungen erbaut und von Unterseekabeln verlegt werden, an dem wir noch heute arbeiten. Daher tritt eine wesentliche Änderung des Gleichgewichts der wirksamen Kräfte auch nur allmählich ein, und die folgende Epoche setzt erst etwa um die Mitte des neunzehnten Jahrhunderts mit solcher Kraft ein, daß ihre Wirkungen bemerkbar werden.

Diese Wirkungen lassen sich etwa durch folgendes Schema beschreiben. Die Menge der Arbeit, die ein Volk leisten kann, ist einmal abhängig von der Zahl der Arbeiter und zweitens von der Menge der Rohstoffe, die es zu verarbeiten bekommen kann. Die Zahl der Arbeiter ist zwar unbegrenzt, denn je mehr lohnende Beschäftigung zur Verfügung steht, desto mehr wächst in ganz kurzer Zeit die Volkszahl unter dem Druck der Fortpflanzung, aber die Menge der Rohstoffe ist begrenzt durch die Hilfsquellen des eigenen Landes und durch die Transportmittel. Je entfernter die Produktionsstätte der Rohstoffe ist, desto teurer sind sie, und die Begrenzung der Bereicherungsfähigkeit der einzelnen Völker ist daher zwar durch ihre Ausfuhr ausgedrückt, aber die Ausfuhr ist nicht das *primum agens* in der Begrenzung der Bereicherungsfähigkeit. Das *primum agens* sind vielmehr die Transportverhältnisse, denn ein Volk, das weiter von der Produktionsstätte der Rohstoffe entfernt sitzt, als ein anderes, kann mit diesem in der Verarbeitung der betreffenden Rohstoffe nicht erfolgreich konkurrieren. Durch die ungeheure Verbesserung der Transportmittel, die der Dampf und der elektrische Telegraph in das Wirtschaftsgetriebe der Welt eingeführt haben, ist nun auf einmal ein Zustand angenähert, dessen ideale Grenze beschrieben werden kann, indem man sagt, daß allen

Völkern alle Rohstoffe der Welt zu praktisch gleichen Preisen vor der Tür stehen. Alle können jetzt gleich leicht aus dem unendlich reichen Behälter des Weltmarktes schöpfen.

Scheinbar ist dadurch wieder das Ideal erreicht, daß die Völker in die Lage versetzt werden, dem Fortpflanzungsdruck frei auszuweichen, ohne sich gegenseitig zu bekämpfen, denn sie können nun auf einmal ihre Produktion beliebig steigern, indem sie einfach mehr und mehr Arbeiter zur Verwandlung der Rohstoffe in Industrie-Erzeugnisse heranziehen. Ist das richtig, so müßten wir von jener Zeit an eine geometrische Steigerung der Volkszahlen aller derjenigen Völker beobachten, die an den Segnungen der neuen Verkehrsmittel teilhaben, denn die natürliche Vermehrung arbeitet nach einer geometrischen Progression, sobald der Gegendruck durch die Begrenzung der Subsistenzmittel aufgehoben wird. Und eben das sehen wir. Werden die Bevölkerungszahlen der westlichen Kulturvölker als Ordinaten, die Zeit als Abszisse einer Kurve aufgetragen, so finden wir um die Mitte des neunzehnten Jahrhunderts eine scharfe Biegung nach oben und unmittelbar anschließend einen stetigen Zuwachs der jährlichen Steigerung. Erst in den siebziger Jahren beginnt der jährliche Zuwachs wieder abzunehmen, und die Kurve nähert sich daher allmählich einer Konstanten, und erreicht sie in unseren Tagen tatsächlich in manchen Ländern, wie zum Beispiel in Frankreich. Es muß also wiederum ein Agens eingetreten sein, das den Fortgang des Prozesses hemmend beeinflußt oder, mit anderen Worten, das die Bereicherungsmöglichkeit begrenzt, die aus dem Prinzip des Handels und der Industrie auch unter der Voraussetzung idealer Transportmittel zu schöpfen ist.

Wir sehen aber eins. Mit jedem Jahr beginnen die rein politischen Machtverschiebungen mehr und mehr hinter den wirtschaftlichen zurückzubleiben oder, was dasselbe ist, von ihnen beherrscht zu werden, und die Konkurrenz der Völker untereinander spitzt sich immer mehr und mehr auf ein einziges Ziel zu: den Streit um die Märkte. Zu Beginn dieser neuen Epoche, als auf einmal der Weltmarkt allen Völkern

Weltmarkt, Anhang (44).

eröffnet wurde, stand ihnen allen nicht bloß ein Einkaufs-
markt, sondern auch ein Ausfuhrmarkt von nahezu uner-
schöpflicher Aufnahmefähigkeit zu Gebote, weil die Völker,
die sich an dieser Entwickelung beteiligten, nur einen kleinen
Teil der Gesamtbevölkerung der Erde darstellten, und weil
die neue Bewegung auch nur von einem Teil dieser Völker
konsequent aufgenommen und ausgebeutet wurde. Aber die
Folgen des Systems selber führten auf doppelte Weise dazu,
diesem Zustande in kurzer Zeit ein Ende zu machen. Da
die Produktionsfähigkeit einer Industrie jetzt nur noch von
der Zahl der Mitarbeiter abhing und diese sich reißend ver-
mehrte, war sie praktisch unbegrenzt, und die Geschwindigkeit, mit welcher der vorhandene Bedarf an irgend einem
Industrie-Erzeugnis gedeckt werden konnte, übertraf daher
um ein vielfaches das Wachstum des Bedarfs. Wenn heute
die Konkurrenz der Engländer, der Franzosen und der Amerikaner in der Produktion von Dynamomaschinen ausgeschaltet
würde, so würde Deutschland allein in wenigen Jahren mit
Leichtigkeit imstande sein, den Weltbedarf zu decken. Noch
mehr ist das der Fall, wenn es sich um ein Erzeugnis handelt,
das nicht in dem Maße wie das gewählte Beispiel zu seiner
Produktion geschulter Arbeiter bedarf. In allen Fällen aber
würde die Schwierigkeit, schnell genug die genügende Zahl
von Arbeitskräften zu beschaffen, das alleinige verzögernde
Agens sein. Wird also einer solchen Entwickelung nur Zeit
gegeben, einige Generationen von neuen Arbeitern heran-
wachsen zu lassen, so findet sie überhaupt kein Hindernis.

In anderer Weise aber wird die Aufnahmefähigkeit der
Märkte dadurch erstickt, daß mit dem Aufblühen irgend einer
Industrie in einem Lande sofort der Wetteifer der übrigen
Länder herausgefordert wird, es dem ersten gleichzutun.
Es füllen sich also nicht allein die Märkte, die sie bieten,
sehr schnell an, sondern sie nehmen nun ihrerseits ebenfalls
die betreffende Industrie auf und treten in die Reihen der
Konkurrenten ein. Dies ist der Vorgang, den wir im Laufe
der letzten Generation besonders rein in Japan beobachtet
haben, und in China scheint sich eine ähnliche Entwickelung
vorzubereiten. Bei der blinden Jagd nach neuen Märkten wird

übersehen, daß der ganzen Bewegung die Übervölkerungsfrage zugrunde liegt. Gerade volkreiche Länder mit alter, aber stagnierender Kultur der Einfuhr zu erschließen, ist besonders verlockend, weil hier die Waren meist nur angeboten zu werden brauchen und nicht das Bedürfnis danach erst mühsam entwickelt werden muß, und weil ein volkreiches Land weit mehr Waren verbraucht, als ein dünn bewohntes. Sobald aber solche Völker einmal aus ihrer Lethargie erwachen, werden sie zu weit gefährlicheren Konkurrenten als etwa die eigenen Kolonien, weil ihre Dichtigkeit ihnen die Möglichkeit gewährt, fast ohne jede Änderung ihrer Lebensbedingungen aus der Rolle des passiven Verbrauchers zu der des aktiven Produzenten überzugehen. Dann aber gesellt sich zu der rein wirtschaftlichen Gefahr, die auf diese Weise heraufbeschworen worden ist, auch noch die des vermehrten Bevölkerungsdrucks, der die Folge davon sein muß, wenn ein weniger dicht sitzendes Volk mit einem dichter sitzenden in Verkehr gerät.

Die Leistungsfähigkeit der Industrie, der die Rohstoffe in beliebiger Menge zur Verfügung stehen, ist also ebenfalls nicht unbegrenzt, und der Raum, den sie schafft, wird schnell durch den Fortpflanzungsdruck ausgefüllt, denn kein Land kann mehr Ware erzeugen, als es verkaufen kann, und die Aufnahmefähigkeit der Märkte ist daher das Maß für die Bereicherung der modernen Industriestaaten. Indem die Märkte sich sättigen, wird der Wettstreit immer heftiger und noch dadurch verschärft, daß sowohl die Fabrikanlagen, wie die Bevölkerungszahlen der produzierenden Länder selber sich dem kurz vorher noch verhältnismäßig freien Markte angepaßt hatten. Das ist der Zustand, in dem wir augenblicklich leben. Jedes Volk macht alle nur erdenklichen Anstrengungen, sich der Konkurrenz der übrigen zu erwehren. Durch Schutzzölle, Grenzsperren und dergleichen künstliche Mittel und Mittelchen versucht man wenigstens das eigene Land seiner Industrie als Markt zu erhalten, durch Beschränkung der Einwanderung sucht man der zunehmenden

---

Chinesische Gefahr, Anhang (45).

Übervölkerung zu steuern und durch gewaltige Kriegs-
rüstungen sucht man die anderen von einem ernsthaften Zu-
sammenstoß abzuschrecken. Wo einmal durch irgendwelche
Umstände das Gleichgewicht gestört wird, kommt es zu
blutigen Kriegen, und wenn der Frieden zurückkehrt, ist es
wieder das eine Ziel, den besiegten Gegner aus einem möglichst großen Teil seiner Märkte herauszuverhandeln und die
eine Klage, daß sich die übrigen Völker, die bei dem Kampf
die Zuschauer spielen durften, inzwischen in den nicht direkt
umstrittenen Märkten festgesetzt haben.

Jeder, der dieses Schauspiel miterlebt, muß sich ängst-
lich fragen, was das Ende sein wird. Es kann zwar nicht
die Aufgabe dieser Untersuchung sein, die künftige Entwickelung der Weltgeschichte vorherzusagen, aber indem wir
die Wirkungen der technischen Erfindungen bis in die Gegenwart hinein zu analysieren suchen, finden wir, daß sie bisher
von allerhand anderen Wirkungen begleitet und überwuchert
sind. Wir müssen uns also einen hypothetischen Kulturzustand konstruieren, in dem sie reiner hervortreten würden,
und indem wir das tun, werden wir bemerken, daß wir gerade
diejenigen Voraussetzungen zu machen haben, deren zu-
künftiges Eintreffen eine notwendige Folge der jetzt wirksamen Kräfte zu sein scheint.

Es scheint ganz unvermeidlich, daß das Prinzip der
Eroberung noch jungfräulicher Märkte in verhältnismäßig
wenigen Jahren abgewirtschaftet haben wird. Die leitenden
Politiker pflegen ziemlich übereinstimmend zu prophezeien,
daß vorher ein allgemeiner Weltkrieg entbrennen wird, aber
wenn auch ein solches Ereignis einige, vielleicht unerwartete
Machtverschiebungen nach sich ziehen kann, so kann es doch
die allgemeine Fortentwickelung der wirtschaftlichen Kultur
kaum wesentlich beeinflussen oder auch nur aufhalten, denn
die wirtschaftliche Entwickelung schreitet jetzt so schnell
vorwärts, daß nach Wiederherstellung des Friedens der ursprüngliche Zustand sich nach ganz kurzer Zeit wieder ausbilden muß. Um also mit Hilfe von Kriegen ein System zu
konstruieren, das dauernd Abhilfe schaffen würde, müßte
man fortlaufend periodische Kriege voraussetzen, die so

schnell auf einander folgen, daß die friedlichen Zwischenzeiten nicht genügen, um die Zerstörungen auszubessern. Das wäre also in das Moderne übersetzt, eine Neubelebung des Kulturzustandes der Steinzeit.

Dabei ist allerdings ein Umstand außer acht gelassen worden. Handel, Industrie und Erfindung stehen miteinander in einem inneren Zusammenhang und einem Gegenseitigkeitsverhältnis derart, daß jede von diesen Bereicherungsmethoden die beiden anderen zur notwendigen, natürlichen Voraussetzung hat. Ob sie alle oder ob die eine oder andere von ihnen auch den Krieg zu ihrer natürlichen Ergänzung nötig haben, ist eine offene Frage. Die Erfahrung spricht insofern dafür, als bisher die Kriege nicht aufgehört haben und heute, bei einem Aufschwunge von Handel und Industrie, der die höchsten Blüte-Epochen aller Zeiten in den Schatten stellt, ein notwendigeres Übel zu sein scheinen, als je zuvor. Trotzdem hat man von jeher gerade den Handel und die Industrie als kriegsfeindliche Bereicherungsmethoden gepriesen. Längere Dauer friedlicher Zeiten hat allerdings die Völker, die sie genossen, stets untüchtig gemacht, und man mag daher vielleicht nicht ohne Grund der Ansicht huldigen, daß der Krieg als Zuchtrute für das Gedeihen der Menschheit notwendig ist, ähnlich wie körperliche Strapazen für den einzelnen; aber man wird nicht behaupten, daß er in irgend einer Form für den Handel und die Industrie wirklich förderlich sei. Es läßt sich aber auch deutlich erkennen, daß weder Handel noch Industrie ausschließlich friedliche Tendenzen erzeugen. Beide fordern allerdings den Frieden für ihr Fortbestehen und müssen daher in den Völkern, die sie vornehmlich ausüben, fortwährend den Wunsch wachhalten, Kriege zu vermeiden, aber sie befördern auch gleichzeitig die entgegengesetzten Neigungen, denn sie schaffen beständig Rivalitäten zwischen benachbarten Handel und Industrie treibenden Völkern. Der Raubhandel setzt die Bekriegung der unzivilisierten Völker voraus, mit denen er betrieben wird, und schafft Rivalitäten zwischen konkurrierenden Kolonialmächten. Der Tauschhandel nähert die Völker einander, die ihn treiben, aber da er niemals rein auftritt, sondern in der Wirklichkeit immer verwickeltere Beziehungen zwischen mehr als zwei Völkern erzeugt, so erregt er Konkurrenz um die Kolonien und um die Märkte. Die Konkurrenz um die Märkte wird, wie wir gesehen haben, durch die konsequente Ausübung der Industrie noch verschärft. Daher wird die Beantwortung der Frage, ob Handel und Industrie die Menschen zum Frieden oder zum Kriege geneigter machen, in jedem Falle davon abhängen, welche Kräfte in den vom Handel und der Industrie geschaffenen Beziehungen gerade die stärkeren sind.

Es ist natürlich unmöglich, die Industrie in ihrer Wirkung vom Handel ganz getrennt zu betrachten, und noch weniger kann man von der Erfindung als einem Prinzip für sich reden. Wohl aber kann man von dem Überwiegen des einen oder anderen Prinzips in einem Kulturzustand sprechen. So überwiegt im ganzen Altertum und im Mittelalter bis in den Anfang des neunzehnten Jahrhunderts der Handel. Von dem Zeitpunkt an aber, da die Transportmittel genügend vervollkommnet sind, um zu verhindern, daß die Benutzung der Rohstoffe ein Monopol derjenigen Völker ist, die zufällig nahe genug an den Produktionsstätten sitzen, um sie billig zu bekommen, erlangt sofort die Arbeit als Ware ein solches Übergewicht, daß von nun an von einer entschiedenen Hegemonie der Industrie über den Handel gesprochen werden kann. Die friedliche Tendenz der Industrie überwiegt, solange sich Märkte für den Absatz ihrer Erzeugnisse finden, aber sobald die Märkte anfangen sich zu sättigen, führt auch ihre Hegemonie zum Kriege, wie wir das gerade in unseren Tagen erleben.

Wird nun ein Zustand vorausgesetzt, in dem alle Märkte vollständig gefüllt sind, so müßte zunächst die Industrie stagnieren, denn sie könnte nur noch gerade so viel produzieren, daß diejenigen Waren beständig ersetzt werden, welche durch den Gebrauch abgenutzt oder zerstört werden. Die Bevölkerungszunahmen müßten dann aufhören, und die rein politischen Interessen müßten allmählich wieder anfangen, die wirtschaftlichen in den Hintergrund zu drängen.

Nun aber haben wir gesehen, daß die Produktion an

Erfindungen nach einer geometrischen Progression wächst. Und jede Erfindung, die sich industriell verwerten läßt, schafft sofort für den Erfinder einen neuen Markt, der immer so lange neue Vergrößerungen des Industriegebietes gestattet, dem die Erfindung angehört, bis die Nachfrage wieder befriedigt ist. Deckt die Erfindung ein dauerndes Bedürfnis, so kann sich diese Erweiterung des betreffenden Industriegebietes dauernd in der Größe erhalten, welche das betreffende Bedürfnis fordert. Anstatt also das Eintreten eines vollständigen, allgemeinen Stillstandes anzunehmen, werden wir schließen können, daß die allmähliche Sättigung aller Märkte, der wir entgegengehen, zu einer Hegemonie der Erfindung als Bereicherungsprinzip führt. Dasjenige Volk, welches die meisten Erfindungen hervorbringt, wird dann die größte Bevölkerungszunahme zu verzeichnen haben, und die übrigen Völker werden zu seinen Schuldnern werden.

Diese Bereicherungsmethode hat nun vor den anderen gerade diejenigen Vollkommenheiten voraus, die wir bei jenen vergeblich gesucht haben. Sie ist zunächst in ihren Leistungen ganz unbegrenzt. Allerdings kann man von Industrie-Artikeln nicht leben. Würde also das Angebot an Lebensmitteln versagen, so würde damit die weitere Vermehrung ein Ende haben müssen, aber diese Möglichkeit ist gar nicht zu fürchten. Erstens ist die Erdoberfläche nur teilweise für die führenden Rassen bewohnbar, und der Ertrag des Tropengürtels an Lebensmitteln könnte schon mit den heute bekannten Verfahren der Bewirtschaftung noch fast beliebig gesteigert werden. Dann aber kann man mit sehr großer Wahrscheinlichkeit annehmen, daß die Ernährungschemie noch große Fortschritte machen wird, so daß die weitere Vermehrung des vorhandenen Schatzes an Erfindungen nicht allein Verkaufsmärkte, sondern auch Einkaufsmärkte sich selber zu schaffen imstande ist.

Endlich hat die Erfindung, als Bereicherungsmethode betrachtet, noch die merkwürdige Eigenschaft, daß sie den Erfinder bereichert, ohne seine Mitmenschen ärmer zu machen. Schon an dem Beispiel der Erfindung der Kleidung haben wir das gesehen und das Prinzip ist auf beinahe jede Erfindung anzuwenden. Die Erfindung bereichert also, ohne gleichzeitig Konkurrenzdruck zu schaffen, sie schafft fast ausnahmslos auf einige Zeit eine Erleichterung des Konkurrenzdruckes, und wenn sie dann rechtzeitig durch andere Erfindungen abgelöst wird, muß eine fortdauernde Aufnahme des Fortpflanzungsdruckes die Wirkung einer Hegemonie der Erfindung sein. Und das gilt schon von kleinen und unbedeutenden Erfindungen, deren Ergebnis nur ist, daß sie etwa irgend ein neues Industrie-Erzeugnis in die Welt bringen. Denken wir aber an große Erfindungen, wie zum Beispiel das Telephon, so ist die Wirkung eine noch viel weitertragende. Nicht allein eine sehr große Zahl von Fabriken ist in allen Industrieländern entstanden, die Hunderttausende von Arbeitern mit dem Bau von Telephonen und dem unendlich mannigfaltigen Zubehör beschäftigen, sondern alle größeren Staaten halten jetzt ganze Heere von Beamten, die den Telephondienst versehen, und obgleich die Erfindung nun schon über dreißig Jahre alt ist, ist die Zahl der Menschen, die daraus ihre Nahrung ziehen, noch stetig im Wachsen. Das Telephon ist eine amerikanische Erfindung, und wir sehen, daß sie nicht bloß Amerika bereichert hat, wie etwa die Ausbildung einer spezifisch amerikanischen Industrie oder einer amerikanischen Handelsverbindung es getan haben würde, sondern auch alle übrigen Staaten gleichzeitig und in annähernd gleichem Grade.

Wird also einmal ein Zustand erreicht, in dem alle Märkte der ganzen Welt dermaßen gesättigt sind, daß es nicht mehr lohnend erscheint, sich darum zu streiten, dann wird als einzige Methode zur Aufnahme des Fortpflanzungsdrucks die Produktion neuer Erfindungen übrig bleiben und diese Methode wird die Wirkung haben, die friedlichen Beziehungen zwischen den Nationen beständig zu nähren und zu entwickeln und doch dabei keine Rivalitäten zwischen ihnen zu verursachen. Dasselbe Prinzip ist, wie gesagt, schon wirksam, seitdem das Tier Mensch geworden ist, und seine Wirksamkeit hat bis in unsere Tage zugenommen, aber es konnte nicht zur Hegemonie über die Prinzipien des Handels und der Industrie gelangen, weil diese in den zahlreichen noch vorhandenen jungfräulichen Märkten und Kolonialgebieten noch immer genug Nahrung fanden, um aus sich selbst heraus zu gedeihen. Aber muß man nicht annehmen, daß die eigentliche Hegemonie der Erfindung stets als Phantom der Zukunft vor uns her rücken wird? Denn wenn jede neue Erfindung immer wieder neue Märkte schafft, so kann offenbar niemals eine wirkliche Verstopfung der Märkte eintreten, und der Krieg um die Märkte würde demnach nur *in perpetuum* erklärt sein. Dieser Widerspruch beruht aber nur auf der Wahl desselben Ausdrucks für zwei verschiedene Dinge. Wenn heute der Kolonialpolitiker neue Märkte erschließt, so ist das wörtlich zu verstehen, denn er macht ein Gebiet, das bisher unzugänglich war, zugänglich oder er verwandelt ein Gebiet, das bisher eine Wüste und daher bedürfnislos war, in ein Kulturland, das Bedürfnisse hat und für ihre Befriedigung zahlt. Wenn aber Graham Bell das Telephon erfindet, so verwandelt er die ganze Kulturwelt in einen Markt für ein Bedürfnis, das sie vorher nicht gekannt hat und für dessen Befriedigung sie zahlen kann, ohne selbst ärmer zu werden, weil sie durch die Benutzung des Telephons in den Stand gesetzt wird, mehr Werteinheiten für sich zu gewinnen, als sie dafür zahlt.

Heute geht nun diese Art von Gewinnung neuer Märkte mit der hier und da in der Welt noch möglichen buchstäblichen Erschließung neuer Märkte Hand in Hand und die völlige Erschließung der ganzen Erdoberfläche, die jetzt schon fast vollendet ist, wird dadurch nicht verzögert, sondern es werden nur die Erstickungserscheinungen gemildert, die sonst ohne Zweifel dadurch erzeugt werden würden. Der Unterschied zwischen dem Zustand von heute und dem hypothetischen Zustand, den wir konstruieren, ist also nur der, daß heute noch neben der Erfindung als Bereicherungsmittel der Völker, der Eroberungskrieg, der weitere Ausbau der Verkehrsmittel, die Auffindung neuer Bergwerke und dergleichen einhergeht, während die konstruierte Kultur als einziges Bereicherungsmittel die Erfindung kennen würde. Ob eine solche Kultur jemals in voller Reinheit entwickelt werden wird, kann man natürlich nicht wissen. Aber da wir gesehen haben, daß alle anderen Methoden, dem Fortpflanzungsdruck

auszuweichen, um so schneller an die Grenzen ihrer Leistungsfähigkeit gelangen, je konsequenter sie durchgeführt werden,
während der Bereicherung der Kulturvölker durch fortgesetzte
Produktion von Erfindungen überhaupt keine sichtbaren Grenzen gesteckt sind, daß sie vielmehr um so schneller fortschreitet, je intensiver sie ausgenutzt wird, so scheint es nicht
zu gewagt, anzunehmen, daß wir einem Kulturzustand entgegengehen, der dem von uns konstruierten sehr nahe kommt.

Ein Einwand gegen diese Hypothese ist aus der Geschichte zu schöpfen. Seitdem die nordischen Völker die
Herrlichkeit des römischen Reiches über den Haufen geworfen
und angefangen haben, sich aus seinen Trümmern ihre eigene
neue Kultur aufzubauen, ist mehr oder minder deutlich zu
erkennen, daß die Welt immer irgend einer leitenden Idee
nachjagt, die dann der betreffenden Zeit ihr Gepräge aufdrückt. In der ersten Zeit träumen sie von einer Wiederaufrichtung des römischen Reiches, dann träumen sie von einer
Eroberung des Heiligen Landes und der Aufrichtung einer allgemeinen Kirche. Dann bricht die Renaissance und die Reformation herein, und nachdem sich die protestantischen und
katholischen Völker blutig auseinandergesetzt haben, kommt
die Zeit des Ringens um die politische Macht, erst zwischen
den Königen untereinander und dann zwischen den Völkern
und den Königen. Endlich wird mit der Mitte des neunzehnten
Jahrhunderts die politische Epoche durch das technische Zeitalter abgelöst. Es würde also nichts näher liegen, als auch diese
neueste Richtung nur als eine weitere Phase der inneren Entwickelung der Völker anzusehen, die sich bald ausleben und
dann irgend einer anderen Zeitströmung Platz machen wird.
Und in der Tat kann man wohl schon heute in der Literatur
und in der allgemeinen Geschmacksrichtung der Menschen ein
gewisses Abwenden von dem Hauptgegenstand des Interesses
der sechziger und siebziger Jahre des vorigen Jahrhunderts,
der naturwissenschaftlichen Erkenntnis und der technischen
Erfindung bemerken.

Aber wer so urteilen wollte, würde eins übersehen. Alle
die früheren geistigen Strömungen, die einander ablösend
die Kulturwelt beherrscht haben, waren eben nur rein

geistige Strömungen und konnten daher ebenso verschwinden, wie sie gekommen waren, nicht ohne Wirkungen zu hinterlassen, aber im wesentlichen rein geistige Wirkungen hinterlassend. Die technische Epoche aber hat gewaltige materielle Umwälzungen erzeugt. Sie hat, das ist die Hauptsache, die Bevölkerung der Kulturländer verdoppelt und in den Kolonialgebieten, die den bewohnbaren Teil der Erdoberfläche bedecken, große neue Bevölkerungen ins Leben gerufen. Diese Bevölkerungen verdanken ihr Dasein der Anwendung der technischen Erfindungen, und wollte sich daher die Menschheit von dieser Richtung wieder abwenden und sie zum alten Eisen werfen, so müßten sofort die Volksmassen Hungers sterben, die im Verhältnis zu dem Zustand vor Eintritt des technischen Zeitalters überzählig sind. Das Ende des technischen Zeitalters kann also nicht ein einfaches Übergehen zur Tagesordnung mehr sein, wie etwa das Ende der Epoche der Kreuzzüge oder der Reformation, sondern es kann nur durch materielle Hindernisse herbeigeführt werden, wie zum Beispiel die Erschöpfung der Kohlengruben oder dergleichen.

Aber ein weiterer Fortschritt in der eingeschlagenen Richtung wäre allerdings durch die Notwendigkeit der Ernährung der vorhandenen Bevölkerungen nicht bedingt. Gegen die Annahme, daß es damit in einem ähnlichen Sturmschritt weiter vorwärts gehen sollte, wie heute, und auch nur bis auf den oben angedeuteten, hypothetischen Zustand der Hegemonie der Erfindung als Bereicherungsmittel führen sollte, ließe sich auch noch eine andere Erfahrungstatsache anführen. Alle Völker haben in ihrer Entwickelung eine gewisse Analogie zu dem Leben des einzelnen Individuums gezeigt, eine Periode der Kindheit, der Blüte und des Niedergangs. Wenn also die Blütezeit der gegenwärtig führenden Völker sich in ihrer Fähigkeit zeigt, große technische Fortschritte zu machen, so wäre zu schließen, daß der notwendig folgende Niedergang sich auch in einem Verfall der technischen Leistungsfähigkeit zuerst offenbaren würde.

Zweierlei Betrachtungen aber müssen das Gewicht dieses Einwandes wesentlich vermindern. Es ist sehr fraglich, ob

das Schema der Kindheit, der Blüte und des Niederganges
hier überhaupt ohne weiteres anwendbar ist. Ein allgemeiner
Niedergang der ganzen Menschheit hat bisher nicht stattgefunden, vielmehr zeigen alle etwas sorgfältigeren Untersuchungen über diese Frage, die zu allen Zeiten besprochen
worden ist, das Gegenteil. Wenn also bei einzelnen Völkern
tatsächlich ein Verfall eingetreten ist, so muß man sich das
ungefähr so vorstellen, wie wenn an einem sonst gesunden
Baum einzelne Äste abgestorben sind. Nun wird es schon
nicht zulässig sein, die ganze Familie der westlichen Kulturvölker als eine Rasse zu behandeln, aber selbst wenn man das
tun will, ist es sehr zweifelhaft, ob man für die Beantwortung
der Frage der größeren oder geringeren Wahrscheinlichkeit
ihres bevorstehenden Niederganges wirklich geschichtliche Erfahrungen zur Verfügung hat. Denn keine einzige geschichtliche Epoche, und soweit sich erkennen läßt, auch keine vor-
geschichtliche, hat eine so tiefgreifende Umgestaltung aller
materiellen Lebensbedingungen gesehen, wie sie in unseren
Tagen durch die technischen Erfindungen herbeigeführt worden ist. Die Einwirkung plötzlich und stark veränderter
Lebensbedingungen auf die biologische Entwickelung einer
Spezies ist aber nur in vereinzelten Fällen und sehr unvollkommen beobachtet worden. Sie würde danach darin bestehen, daß die Spezies entweder ziemlich schnell ausstirbt
oder sich entsprechend schnell vermehrt. Der letztere Fall
zum Beispiel hat sich bei der Einführung der Kaninchen in
Australien, der Sperlinge und der Pferde in Amerika ergeben.
Ob bei einer solchen Vermehrung irgendwelche wesentlichen Änderungen in der allgemeinen Konstitution der Spezies vor
sich gehen, ist zweifelhaft. Die Wahrscheinlichkeit spricht
aber dafür, daß solche Änderungen, falls sie überhaupt eintreten, nicht Verschlechterungen der Rasse sein werden, jedenfalls nicht Verschlechterungen im Sinne einer Verminderung
ihrer Lebensfähigkeit, denn eine solche Annahme wäre im
geraden Widerspruch mit der Erfahrung der starken Vermehrung. Da wir nun bei den Kulturvölkern in unseren
Tagen als einziges sicher feststellbares Symptom der Einwirkung der Erfindungen eine ähnlich reißende Vermehrung

16*

wahrnehmen, so ist jedenfalls die Möglichkeit nicht von der Hand zu weisen, daß dieser neue Einfluß eine Verjüngung der Rasse und somit eine Steigerung ihrer Lebensfähigkeit zur Folge haben könnte.

Damit ist es nicht im Widerspruch, wenn angeblich gerade in neuester Zeit Nervosität, Überarbeitung oder wie man solche Berufskrankheiten sonst nennen mag, in steigendem Maße um sich greifen sollen. Diese Behauptungen sind an und für sich nicht viel wert, weil sie sich meist nur auf einzelne Fälle stützen, mit denen der Beobachter zufällig in Berührung gekommen ist, und von der Statistik nicht genügend bestätigt werden. Aber wenn wir uns die Frage vorlegen, welche Erscheinungen wir beobachten würden, wenn wir eine Spezies plötzlich stark veränderten Lebensbedingungen aussetzen, so wäre die Antwort kaum zweifelhaft. Die Anpassung, das heißt die positive Umänderung der Konstitution der Rasse im Sinne einer besseren Ausrüstung für die neuen Existenzbedingungen, kann erst eintreten, wenn durch eine Reihe von Generationen eine Auslese stattgefunden hat. Die Auslese ist also dasjenige was vorangeht, ihre Wirkung kann erst nachfolgen, und die Auslese besteht in nichts anderem, als daß die schwachen und für die neuen Lebensbedingungen weniger tauglichen Individuen frühzeitig zugrunde gehen. Beobachtet man also wirklich eine Zunahme eines solchen frühzeitigen Zugrundegehens schwächlicherer Naturen, so ist man ebenso berechtigt, auf eine kommende Verbesserung der Rasse zu schließen, wie auf das Gegenteil.

Mag uns nun aber ein Niedergang bevorstehen oder ein weiterer Aufschwung, soviel ist gewiß, daß solche Veränderungen in der Konstitution der Menschheit erst merkbar werden können, wenn eine längere Reihe von Generationen Zeit gehabt haben wird, die Wirkungen jener Auslese durch wiederholte Vererbung anzuhäufen. Wie wir nun gesehen haben, zeigt wenigstens die Erfahrung von heute, daß der Fortschritt der Technik und insbesondere die Produktion von Erfindungen nach einer geometrischen Progression wächst. Wenn er aber auch nur seine heutige Geschwindigkeit beibehalten würde oder wenn er selbst in der Lebenszeit der folgenden Generationen merklich langsamer würde, so kann doch das natürliche Altern der Völker überhaupt nicht annähernd damit Schritt halten. Man wäre also durchaus berechtigt, in einer Betrachtung, in der die Entwickelung der Technik das Hauptagens ist, die biologische Entwickelung der daran beteiligten Völker einfach als vergleichsweise stillstehend zu betrachten. Man braucht ja nur um das Alter einer einzigen Generation zurückzugreifen, um zum Beispiel die Karte von Afrika noch völlig leer zu finden. Aber ehe das heute lebende Geschlecht abgetreten sein wird, wird Afrika von einer Küste zur anderen von Schienenwegen und Telegraphendrähten durchzogen sein und die dann folgende Generation wird von Kairo nach Kapstadt ebenso schnell und sicher über Land reisen, wie man heute von New York nach San Francisco reist. Was sind aber zwei bis drei Generationen gegen das Leben der Völker? Sie zählen etwa so, wie die Jahre im Leben eines Menschen.

Dürfen wir also auch nur voraussetzen, daß noch auf einige Generationen hinaus die verschiedenen heute auf einander wirkenden Kräfte sich nicht wesentlich verändern werden, so ist an einen kommenden Stillstand auch nach der vollständigen Sättigung aller noch freien Märkte nicht zu denken. Denn, bestünde auch die Neigung, ihn eintreten zu lassen, etwa weil die Menschheit des ewigen Hastens müde würde, so würde sofort der Fortpflanzungsdruck, der bis dahin weniger fühlbar gewesen wäre, weil er keinen starken Widerstand gefunden hätte, von neuem einsetzen und zu weiteren Anstrengungen spornen. Und wenn jene Sättigung der Märkte einmal eingetreten ist, dann ist kein anderes Mittel mehr übrig, diesem Druck auszuweichen, als die ständige Produktion neuer Erfindungen. Schon heute kann man überall da, wo ähnliche Bedingungen örtlich oder vorübergehend eintreten, beobachten, wie die Industrie in diesem Mittel stets ihre Zuflucht sucht. Immer, wenn eine Depression im Gewerbe eintritt, kann man wahrnehmen, daß, lange bevor der neue Aufschwung einsetzt, alle Fabrikanten sich abmühen, neue Erfindungen auszubilden, um ihre stagnierenden Geschäfte wenigstens im Gange zu halten. Denn eine Handelsdepression wirkt in demselben Sinne, wie eine Vermehrung der Bevölkerung, die durch die wirtschaftliche Lage des Landes nicht gerechtfertigt ist. Sie macht eine Anzahl Arbeiter brotlos und zwingt sie, solange die Not dauert, ihre Lebenshaltung herabzusetzen.

Der Unternehmer allerdings wird in den wenigsten Fällen durch die Rücksicht auf den Stand der Arbeitslosigkeit im Volke zu Anstrengungen getrieben. Zum Teil freilich deckt sich sein Interesse unmittelbar mit dem der Arbeiter, weil er sich für die Ausnutzung der fetten Jahre gerüstet halten muß, die nach der Überwindung jeder Depression zu folgen pflegen, und daher bestrebt sein muß, sich den Stamm seiner eingearbeiteten Leute zu erhalten. In erster Linie aber drückt ihn die Sorge um die Verzinsung des Kapitals, das er in Fabrikgebäuden, Bergwerken, Hüttenbetrieben, Maschinen, Eisenbahnen und Schiffen angelegt hat. Ihm würde deshalb auch ein Mittel willkommen sein, das nicht gleichzeitig die Zahl der lohnend beschäftigten Arbeitskräfte vermehrt. Wenn wir also als Regel annehmen wollen, daß die Einführung neuer Erfindungen immer eine Vermehrung der lohnend beschäftigten Arbeitskräfte im Gefolge hat, so müssen wir versuchen, uns davon Rechenschaft zu geben, auf welche Weise eine solche Wirkung zustande kommen kann, ohne daß der Urheber der Erfindung selbst ein Interesse daran hat, ihr Vorschub zu leisten oder sie überhaupt zu berücksichtigen.

Der Erfindung des Telephons ist schon in dem Sinne gedacht worden, daß es außerordentlich erweiterte Ernährungsmöglichkeiten geschaffen hat, so daß nach seiner Einführung eine viel größere Zahl von Menschen dasselbe Land bewohnen kann, aus dem vorher nur eine kleinere Zahl ihren Unterhalt zog. Und dieselbe Erscheinung ergibt sich auch ohne weiteres überall bei der Einführung eines wirklich neuen Industrie-Erzeugnisses. Wird zum Beispiel eine solche Erfindung herausgebracht wie das Fahrrad, so sehen wir zunächst eine große Anzahl von ganz neuen Fabriken entstehen, die sich alle mit Arbeitern füllen. Darum haben aber die bereits vorhandenen Fabriken nicht etwa weniger zu tun. Im Gegenteil, alle Maschinenfabriken werden angespannt, um die neuen Fahrradwerke mit den nötigen Werkzeugen auszurüsten, das Baugewerbe bekommt zu tun, um die erforderlichen Werkstätten zu errichten, die Stahl- und Gummiwerke müssen ihre Produktion erhöhen, um das Material zu liefern und die Verkehrsanstalten werden durch den Versandt des Materials und der neuen Ware stärker als bisher in Anspruch genommen. Und das sind nur die Vergrößerungen, die unmittelbar aus der Einführung der Erfindung entspringen. Damit haben aber Hunderttausende von Arbeitern in allen den Ländern, die sich an der Produktion der neuen Erfindung beteiligen, Raum zum Leben erhalten und alle diese Leute haben Bedürfnisse und bilden also selbst wieder einen Markt für Verbrauchsgegenstände aller Art und ermöglichen dadurch allen anderen Betrieben, die sich mit der Befriedigung dieser Bedürfnisse beschäftigen, sich ebenfalls zu vergrößern.

Aber solche Erfindungen, wie das Telephon und das Fahrrad, sind selten günstige Ausnahmen. Das Bestreben der Unternehmer, dem Konkurrenzdrucke auszuweichen, äußert sich vor allen Dingen gerade in jener Klasse von Erfindungen, für die in den Vereinigten Staaten der Ausdruck *labour saving devices* eingeführt worden ist. Dabei handelt es sich keineswegs darum, etwa Arbeit zu ersparen, sondern „*labour*" steht hier in demselben übertragenen Sinne, wie wenn wir von „Arbeitsmarkt" sprechen, das heißt für Arbeitskräfte. Diese will der Fabrikant ersparen, er ist darauf bedacht, mit einer kleineren Anzahl von Arbeitern dieselben Leistungen zu erreichen, die bei seinen bisherigen Betriebseinrichtungen eine größere Zahl forderten. Hier also scheint das Interesse und das Bestreben der Unternehmer mit dem Interesse des Volkes im geraden Widerspruche zu stehen. Damit ist denn auch die Erscheinung in vollem Einklange, die aus der Geschichte der Industrie genugsam bekannt ist und die jeder, der diese Dinge verfolgt, in dem einen oder anderen Falle im Leben zu beobachten Gelegenheit hat, die Erscheinung, daß die Arbeiter, wo sie sich stark genug fühlen, sei es durch offenen Aufruhr und Gewalttätigkeiten, sei es durch allerhand Mittel des passiven Widerstandes, sich der Einführung solcher Maschinen widersetzen. Und doch ist dieser Widerspruch der Interessen nur scheinbar. Nehmen wir ein

konkretes Beispiel eines typischen *labour saving device*, wie
den Ersatz der gewöhnlichen Universaldrehbank durch die
selbsttätig arbeitende Revolverbank, so ist es allerdings leicht,
sich ein Rechenexempel zusammenzustellen, das eine bedeutende Herabsetzung der beschäftigten Arbeiterzahl ergibt.
Eine Revolverbank wird etwa das Dreifache von dem leisten,
was ein geschulter Dreher schaffen kann, der an einer Universaldrehbank arbeitet, in günstigen Fällen noch bedeutend
mehr. Außerdem genügt zur Überwachung von drei Revolverbänken meist ein einziger Mann, der nicht einmal ein geschulter Dreher zu sein braucht. Schafft also ein Fabrikant
neun gewöhnliche Bänke ab und stellt dafür drei Revolverbänke ein, so kann er neun Dreher entlassen und braucht
dafür nur einen ungelernten Arbeitsmann einzustellen, ohne
daß seine Produktion sich verändert hat. Ziehen wir also
vom Standpunkte des Landes die Bilanz, so finden wir, daß
durch diese Erfindung acht Leute brotlos geworden sind.

Ein solches Exempel ist aber eben nur ein willkürliches
Schema, das auf Vereinfachungen beruht, die sich bei
näherer Betrachtung des wirklichen Lebens als unzulässig
erweisen. Die Revolverbank kostet das Doppelte oder Dreifache des Preises einer gewöhnlichen Drehbank. Der Unternehmer erspart also nicht den ganzen Arbeitslohn der entlassenen acht Arbeiter, sondern nur einen Teil davon. Wir
haben nun allerdings angenommen, daß er durch den Eintausch von Revolverbänken für gewöhnliche Bänke genau
deren bisherige Produktion ersetzt hat, aber die Produktion
einer Fabrik ist nicht durch die Anzahl der Maschinen bestimmt, die in ihren Werkstätten stehen, sondern durch die
Lage des Marktes, die fortwährenden Schwankungen unterworfen ist. Es wird sich also nur zufällig und auf kurze
Zeit eine so vollkommene Deckung ergeben können, und da
die Revolverbänke in ihrer Produktion starrer sind als Universalbänke, das heißt weniger vielseitig, so wird er darauf
bedacht sein müssen, das höhere Anlagekapital auch vollkommener zu verzinsen als bisher. Nun hat er durch die
Abschaffung der neun gewöhnlichen Bänke, für die nur drei
Revolverbänke eingestellt worden sind, Platz für sechs Bänke

frei gemacht und dieser Platz repräsentiert ein weiteres Kapital, das er verzinsen könnte, wenn er imstande wäre, für die neun gewöhnlichen Bänke lauter Revolverbänke einzustellen. Um das zu erreichen, müßte er aber seine Produktion verdreifachen, und dazu gibt ihm die Herabsetzung seiner Produktionskosten die Möglichkeit, denn er kann ja nun den Verkaufspreis vermindern, da er hoffen darf, daß ihm alsdann ein Teil der Aufträge zufließen wird, die vorher seiner Konkurrenz zugute kamen. Nun ist aber der Erfinder und Fabrikant der Revolverbank in der Regel mit dem Gebraucher nicht eine Person. Er also hat ein Interesse daran, daß möglichst viele Gebraucher seine Erfindung verwenden und er wird daher alles aufbieten, um zu erreichen, daß nicht allein unser erster Fabrikant der Vorteile seiner Erfindung teilhaftig wird, sondern möglichst viele. Er wird daher seine Anstrengungen darauf richten, der Konkurrenz unseres ersten Unternehmers ebenfalls das Einstellen von Revolverbänken nach Möglichkeit zu erleichtern, und da sie vielleicht schon die Wirkungen der Preisherabsetzung verspüren, die der erste Fabrikant hat eintreten lassen, so werden sie dem Lieferanten der Bänke auf halbem Wege entgegenkommen. So wird also dessen Produktion und damit sein Betrieb vergrößert und schon aus diesem Grunde kann sich die Bilanz nicht ganz so ungünstig stellen, wie es erst den Anschein hatte.

Die Folge des ganzen Vorgangs endlich ist eine bedeutende Herabsetzung der Preise für alle diejenigen Artikel, die sich auf Revolverbänken herstellen lassen, denn alle Fabrikanten solcher Artikel sind gezwungen, mit ihren Preisen so weit herunterzugehen, daß sie eben noch unter Berücksichtigung aller in ihren Betrieben mitspielender Faktoren eine genügende Verzinsung ihres Kapitals erzielen. Eine solche Ermäßigung der Preise irgend eines Verbrauchsgegenstandes oder einer Gruppe von Verbrauchsgegenständen führt nun zu einer Vergrößerung des Verbrauchs, und die Frage, ob die Bevölkerungsbilanz positiv oder negativ ausfallen wird, wird demnach davon abhängen, ob diese Erhöhung des Verbrauchs so groß wird, daß sie den Ausfall an den Arbeitskräften wieder wett macht, welche die Produktion fordert. Denn würde, um bei den Zahlen unseres Beispiels zu bleiben, die Nachfrage nach Dreherei-Erzeugnissen verneunfacht, so würden auch bei Verwendung von Revolverbänken wieder ebensoviele Arbeiter mit ihrer Herstellung beschäftigt werden können wie vorher bei Verwendung der gewöhnlichen Bänke. Dabei würde dann der ganze Zuwachs unberücksichtigt gelassen sein, der durch die Preisherabsetzung aller sonstigen Industrie-Erzeugnisse herbeigeführt werden muß, von denen die Dreherei-Artikel Teile sind. Die Bilanz wird also schon auf Null gebracht sein, ehe wirklich eine Verneunfachung des Verbrauchs der Dreherei-Artikel allein erreicht ist.

Bei der Frage, in welchem Maße sich der Verbrauch eines Artikels hebt, wenn sein Preis zurückgeht, spielt nun ein Prinzip mit, das ganz allgemein bewirkt, daß die Nachfrage nicht proportional der Preisermäßigung wächst, sondern nach einer höheren Potenz davon. Diese Wirkung beruht auf der ungleichen Verteilung des Reichtums. Von den 34 Millionen Preußen, die heute leben, können nur wenig über vier Millionen überhaupt zur Einkommensteuer herangezogen werden, weil das Jahreseinkommen der übrigen den Betrag von 900 Mark nicht erreicht. Rechnet man die Angehörigen der Besteuerten hinzu, so erreichen sie die Zahl von etwas über 13 Millionen, das ist also noch nicht die Hälfte der Bevölkerung. Bei jeder Steuerstufe, um die man herabsteigt, vermehrt sich die Zahl der entsprechend Eingeschätzten ungefähr proportional dem Quadrat des Jahreseinkommens. Nun werden nur solche Handelsartikel von allen Bewohnern des Landes gekauft, welche für die Erhaltung des Lebens bei den gerade herrschenden Zuständen auch von dem Ärmsten für durchaus notwendig gehalten werden. Jeder andere Handelsartikel wird seine bestimmte Verwendungsgrenze haben müssen. So werden Automobile, Dampfyachten und ähnliche Luxusgegenstände nur bei den Allerreichsten vorkommen, Uhren, Operngucker, Kameras, elektrische Lampen und so fort werden je nach ihrer größeren oder geringeren Vollkommenheit mehr oder weniger tief in der Vermögensskala herabsteigen. Silberne

Löffel und Gabeln werden sich noch in erheblichen Mengen bei dem Mittelstande vorfinden. Porzellan wird dort noch allgemein sein, aber bei den ärmeren Familien nur noch in einzelnen Stücken vorkommen, und die Ärmsten werden sich statt dessen mit emailliertem Blechgeschirr und mit irdenen Töpfen und Schüsseln behelfen.

Wenn nun durch eine Verbesserung der Herstellung irgend ein Bedarfsartikel nur um wenige Prozente billiger wird, oder wenn ein bis dahin verwendeter Artikel durch einen billigeren verdrängt wird, so wird sein Verbrauch nicht im Verhältnis der Preisermäßigung wachsen, sondern die Verwendungsgrenze wird im Verhältnis der Preisermäßigung in der Vermögensskala herunterrücken, und da die Anzahl der Mitglieder jeder nächstfolgenden Vermögensstufe außerordentlich viel größer ist, als die der nächsthöheren, so wird der Verbrauch auch diesem Zuwachs an hinreichend kaufkräftigen Personen entsprechend steigen. Es kann sich also beispielsweise leicht ergeben, daß eine Preisverminderung um zehn Prozent eine Verdoppelung oder Verdreifachung des Verbrauchs nach sich zieht. Wird also auch diejenige Zahl von Arbeitern brotlos, die bisher den teureren Artikel herstellte, so wird sie nicht nur durch eine gleiche Zahl von anderen Arbeitern ersetzt, die den billigeren Artikel erzeugen, sondern die Herstellung des billigeren Artikels kann nach kurzer Zeit eine größere Anzahl von Arbeitern ernähren, als der teurere vorher ernährte, und außerdem wird die Lebenshaltung der großen Zahl von Mitgliedern der nächsttieferen Steuerstufe verbessert worden sein, die ja jetzt eines Vorteils teilhaftig geworden sind, den vorher nur noch eben die Mitglieder der nächsthöheren Steuerstufe sich gönnen durften.

Dieser letztere Punkt ist von besonderer Wichtigkeit. Alle die vorausgehenden Betrachtungen nämlich über die verschiedenen Möglichkeiten, dem Fortpflanzungsdruck auszuweichen, haben die stillschweigende Annahme zur Voraussetzung, daß die durchschnittliche Lebenshaltung der Menschen sich nicht ändert. Werden aber einem Volke, besonders nach einer Zeit des Wachstums der Bevölkerungszahl, die Mittel zur weiteren Aufnahme des Fortpflanzungsdruckes entzogen, so wird notwendig die Neigung erzeugt, die Lebenshaltung zu verschlechtern. Das Volk wird sich in solchen Zeiten einem Zustande nähern, wie wir ihn in der höchsten Ausbildung bei den Chinesen kennen, deren Bedürfnislosigkeit die der heutigen Europäer um das zwei- bis dreifache übertrifft. Wir sehen nun, daß die Wirkung der Einführung neuer Erfindungen nicht damit erschöpft ist, daß unter sonst gleichbleibenden Verhältnissen für eine größere Bevölkerungszahl Raum geschaffen wird, sondern dies geschieht unter gleichzeitiger Hebung der Lebenshaltung gerade des ärmeren Teiles der Bevölkerung. Wir brauchen uns keineswegs den großen Unvollkommenheiten unseres heutigen Wirtschaftssystems zu verschließen und werden doch anerkennen müssen, daß selbst die Ärmsten heute materielle und kulturelle Vorteile genießen können, die noch vor einem Jahrhundert zum Teil den Reichsten verschlossen waren. Haben also die modernen Erfindungen ein Wirtschaftssystem erzeugt, das zunächst eine Unterdrückung großer Bevölkerungsschichten geschaffen hat, wie sie frühere Zeiten kaum in größerem Umfange gekannt haben, so trägt andererseits auch jede neue Erfindung zur Emanzipation der Bedrückten bei, indem sie ihnen Mittel zur Befriedigung ihrer vorhandenen und selbst neuer Bedürfnisse in erreichbare Nähe rückt und damit die Gesamtheit ihrer Bedürfnisse vermehrt. Denn nur durch Selbsthilfe kann eine wirksame Emanzipation der Bedrückten zustande kommen, und zur Selbsthilfe bedarf es, als eines Ansporns, vor allem der Empfindung und des Bewußtseins der Bedrückung, die wieder am wirksamsten durch Erregung neuer Bedürfnisse erweckt werden. Darin liegt also noch eine weitere Vollkommenheit der Erfindung als Bereicherungsmittel der Völker, daß sie der Neigung, durch Verschlechterung der Lebenshaltung dem Fortpflanzungsdrucke auszuweichen, beständig entgegenarbeitet.

Dasselbe Prinzip bestimmt natürlich nicht nur den Verbrauchszuwachs an solchen Gegenständen, die der Privat-

---

Neigung die Lebenshaltung zu verschlechtern, Anhang (46).

mann für seinen Hausbedarf anschafft, sondern es beherrscht in noch höherem Grade die Geschäfte. Denn der Geschäftsmann wird in seinen Anschaffungen ausschließlich von der Rücksicht auf die Kosten geleitet, und jede Anschaffung ist für ihn selbstverständlich, sobald er sich eine genügende Verzinsung davon versprechen kann. Handelt es sich also um einen Gegenstand, der nicht dem unmittelbaren Gebrauche durch den Privatmann dient, sondern der Vervollkommnung der Geschäftsbetriebe, so kann die Preisermäßigung eine noch weit größere Steigerung der Aktiva der Bevölkerungsbilanz herbeiführen. Durch die Einführung der Revolverbänke in die Maschinenfabriken werden alle Maschinen billiger. Eine große Anzahl von Geschäften, die vorher mit unvollkommneren Hilfsmitteln auskommen mußten, werden instand gesetzt, ihre Betriebe lohnender zu gestalten und daher wieder diejenigen Waren, die sie erzeugen, billiger anzubieten, und der Verbrauch aller dieser ganz verschiedenartigen Waren wächst wieder nach einem entsprechend erhöhten Maßstabe.

Nach demselben Gesetz wird die Bevölkerungsbilanz ausnahmslos positiv ausfallen müssen, wenn die Erfindung einer besseren oder wohlfeileren Einrichtung das Aussterben einer weniger guten oder teureren zur Folge hat. Der Verdrängung der Bierkorke durch den modernen Flaschenverschluß ist im dritten Kapitel in diesem Sinne gedacht worden. Daß durch die Einführung dieser Erfindung die Korkfabriken einen sehr erheblichen Ausfall gehabt haben müssen, liegt auf der Hand, aber auf der anderen Seite werden wir uns der interessanten Bemerkung von Göhre erinnern, daß diese Erfindung mehr für die Bekämpfung des Alkoholismus getan habe, als alles Predigen, weil sie es dem Arbeiter ermöglicht, die Bierflasche halb auszutrinken und den Rest für die folgende Mahlzeit aufzusparen, während er sonst darauf angewiesen war, Schnaps zu trinken, den er in hinreichend kleinen Portionen kaufen konnte. Obgleich also durch die neue Erfindung der eigentliche Handelsartikel, das Bier, in diesem Falle gar nicht billiger geworden ist, ist seine Ver-

---

Bemerkung von Göhre, Anhang (47).

wendungsgrenze nach unten verschoben worden, und die ungeheure Verbreitung des modernen Bierflaschenverschlusses läßt kaum einen Zweifel bestehen, daß mit dessen Herstellung jetzt erheblich mehr Leute beschäftigt werden, als früher in den Korkfabriken. Dem Lande also ist für die brotlosen Korkarbeiter ein reichlicher Ersatz erwachsen.

Einen ähnlichen Fall bilden die Setzmaschinen. Man konnte noch vor wenigen Jahren die Drucker darüber klagen hören, daß die Setzer der Einführung von Setzmaschinen einen hartnäckigen Widerstand entgegenstellten, weil der Arbeiter an einer Setzmaschine ungefähr drei- bis viermal soviel Satz in der Stunde fertig bringt, wie ein Handsetzer. Aber wenn man es auch den Setzern nicht verdenken kann, daß sie versuchten, sich diese Konkurrenz vom Leibe zu halten, so war ihre Politik doch kurzsichtig, denn schon heute kann man wahrnehmen, daß die größere Wohlfeilheit von Drucksachen deren Verbrauch außerordentlich gesteigert hat, und von Beteiligten wird versichert, daß gerade in den Ländern, in denen das Handsetzen fast nur noch für Spezialarbeiten angewendet wird, für die sich Setzmaschinen nicht eignen, tatsächlich jetzt schon mehr Leute mit der Bedienung von Setzmaschinen beschäftigt werden, als vorher mit der Hand setzten. Und das Land selbst gewinnt dabei nicht nur an der Vermehrung der Setzer, sondern alle übrigen Arbeiter, die bei der Erzeugung und Verbreitung von Drucksachen beteiligt sind, haben sich in gleichem Maße vermehren können.

Förmlich überraschend ist diese Wirkung der Einführung neuer Erfindungen in manchen Fällen, in denen die Produktion gerade desjenigen Artikels vergrößert wird, den die Erfindung zu verdrängen bestimmt scheint. Bekannt ist es, daß fast alle Chausseen in Preußen erst nach Einführung der Eisenbahnen erbaut worden sind und die Vermehrung der Kanäle in Deutschland in unseren Tagen ist ein weiterer Schritt in dieser Richtung. Aber das klassische Beispiel für diese Art der Wirkung der Erfindungen ist die Steigerung des Gasverbrauches durch die Fortschritte der elektrischen Beleuchtung. Als zu Anfang der achtziger Jahre die Aufmerksamkeit des Publikums durch eine Reihe von Ausstellungen auf die schnell wachsenden Erfolge der elektrischen Beleuchtungstechnik hingelenkt worden war, und unter den Aktionären der Gaswerke beinahe eine Panik zu entstehen drohte, trat William Siemens dieser Strömung entgegen, indem er vorhersagte, daß die Gasbeleuchtung nicht nur neben der elektrischen ihren Platz behaupten, sondern ihren Arbeitsbereich in Zukunft sogar noch bedeutend erweitern würde. Damals mögen seine Worte den Gasmännern wie ein bloßer tröstlicher Zuspruch geklungen haben, den der Sieger dem Besiegten gern gönnen kann, aber obwohl die folgenden zehn Jahre zeigten, daß er die Geschwindigkeit des kommenden Fortschritts der Elektrotechnik beträchtlich unterschätzt hatte, erfüllte sich seine Prophezeihung Wort für Wort für das Gas. Der Konkurrenzdruck hatte Jahrzehnte hindurch gefehlt, der nötig war, um die Gastechniker aufzurütteln und dazu anzuspornen, Verbesserungen der Gasbeleuchtung einzuführen, welche durch die Fortschritte der Wissenschaft und der allgemeinen Technik längst vorbereitet waren. Einer der Brüder der Familie Siemens selbst war es, der in jener Zeit die Regenerativlampe einführte, und noch ehe die größeren Städte sich Elektrizitätswerke erbaut hatten, sah man überall in den Straßen und Häusern das Auerlicht erscheinen. In den letzten Jahren endlich hat dessen Überlegenheit über das elektrische Glühlicht wieder im umgekehrten Sinne eine ähnliche Reaktion auf das elektrische Licht ausgeübt. Durch die Verbreitung des Auerstrumpfs ist die Aufmerkamkeit der Techniker auf die Tatsache gelenkt worden, daß es zahlreiche Körper gibt, die bei Weißglut mehr Licht ausstrahlen als Kohle. Den Reigen eröffnet die Nernstlampe und die einfache Kohle ist heute schon fast überall aus den Bogenlampen verschwunden, um der mit Metallsalzen imprägnierten Kohle Platz zu machen, und in der Glühlampe beginnen Osmium, Tantal und andere Metalle sie zu ersetzen. Dieser Wettstreit kann noch lange so fortgehen, ohne daß die Beteiligten zu fürchten brauchen, daß sie sich gegenseitig das

---

William Siemens über die Zunahme des Gasverbrauchs, Anhang (48).

Brot aus dem Munde nehmen werden, denn das Auge, dem das Tageslicht das Natürliche ist, wird nie durch irgend eine noch so vollkommene künstliche Beleuchtung vollständig befriedigt werden.

Haben wir also schon im vorigen Kapitel erkannt, daß eine Wechselbeziehung zwischen der Bevölkerungsdichtigkeit und der Produktion von Erfindungen besteht, so können wir jetzt das Bild vervollständigen. Die Erfindung ist die Mutter aller Industrie. Sie begründet sie nicht allein, sondern sie ist auch unablässig an ihrem Fortbestand und an ihrer Erweiterung tätig. Die Industrie aber stellt der Erfindung fortwährend neue Aufgaben und die nascierenden Aufgaben erwecken die Erfinder. Die Industrie fordert einerseits ein nahes Zusammenwohnen der Menschen und ermöglicht andererseits die Ernährung einer viel dichteren Bevölkerung, als ohne sie durchführbar sein würde. Durch die Annäherung der Menschen an einander wird aber wieder die erfindererweckende Kraft der Industrie gesteigert und eine Steigerung in der Produktion von neuen Erfindungen und damit eine weitere Steigerung der Industrie ist die Folge. Diese eigentümliche Verkettung der verschiedenen wirksamen Faktoren derart, daß sie in Bezug auf ihr gegenseitiges Kausalverhältnis alle miteinander vertauscht werden können, ist die Quelle jener Erscheinung der geometrischen Progression der Kultur, auf die im Laufe dieser Untersuchung wiederholt hingewiesen worden ist.

Wenn wir nun erkannt zu haben glauben, daß die Wirkung der Einführung neuer technischer Erfindungen am Ende fast ausnahmslos eine positive Bevölkerungsbilanz ergibt, so haben wir zugleich gesehen, daß dieser Vorgang keineswegs immer so verläuft, daß er von Anfang an von den beteiligten Kreisen der Bevölkerung als ein Segen empfunden wird. Selbst das schließliche Ergebnis braucht durchaus nicht allen Individuen Vorteile gebracht zu haben, wenn es auch das Volk im ganzen gefördert hat, denn setzen wir zum Beispiel voraus, daß die Einführung des Flaschenverschlusses den Absatz der Korkfabriken dauernd vermindert hat, so sind eben die betroffenen Korkarbeiter damit dauernd brotlos geworden und alle diejenigen, die nicht Beweglichkeit genug besessen haben, rechtzeitig umzusatteln, sind wirtschaftlich ruiniert und müssen zugrunde gehen. Je intensiver und konsequenter daher in einem Lande die Erfindung als Bereicherungsverfahren ausgenutzt wird, desto häufiger muß eine solche Ausschaltung einzelner Gruppen der Arbeiterbevölkerung eintreten und die Folge muß auf die Dauer sein, daß allmählich in der ganzen Bevölkerung diejenigen Elemente ausgemustert und dem Untergang preisgegeben werden, welche nicht die Fähigkeit besitzen, ohne viel Besinnen von einer Art des Betriebes zur andern überzugehen. Bei der Umwandlung einer Pferdebahn in eine elektrisch betriebene wird unter hundert Kutschern immer eine gewisse Zahl von solchen Leuten gefunden werden, die schlechterdings nicht zur Anlernung als Maschinisten taugen, und von diesen wieder wird ein gewisser Prozentsatz außerstande sein, sich einen anderen Dienst zu verschaffen, wenn ihre Beschäftigung als Pferdebahnkutscher aufhört. Die anderen aber, die Anpassungsfähigkeit genug besitzen, sind die Sieger im Kampf ums Dasein und diese Qualität der Anpassungsfähigkeit an irgend eine beliebige Art der Arbeit, die sich gerade bietet, ist daher diejenige, welche durch die neuen Lebensverhältnisse am stärksten herangebildet wird. Das ist eine von den Ursachen für die viel beachtete und beklagte Erscheinung des Aussterbens der eigentlichen Handwerker. Wenn ein Mann, um zu leben, imstande sein muß, heute Korke zu schneiden und morgen Drahtbügel zu pressen, so kann er sich offenbar nicht für so verschiedenartige Beschäftigungen durch eine mehrjährige Lehrzeit ausbilden. Die wirkliche Ausbildung zu irgend einem Handwerk wird ihn vielmehr notwendig spezialisieren und wird ihn gerade dadurch weniger tauglich machen, den Anforderungen des Lebens zu genügen, sobald der Absatz des besonderen Handwerks, das er gelernt hat, durch das Aufkommen irgend einer neuen Erfindung nachläßt.

Auf der anderen Seite sind die Unternehmer gezwungen, gerade dieser selben Richtung der Entwickelung Vorschub zu leisten. Jede neue Erfindung von größerer Bedeutung verlangt für ihre Ausbeutung eine große Zahl von neuen Ar-

beitern. Geht ihre Einführung so langsam vorwärts, daß die
natürliche Vermehrung durch die Fortpflanzung oder der Zu-
zug von außerhalb dieses Bedürfnis decken kann, so entsteht
keine Schwierigkeit, die neuen Werkstätten zu füllen. In der
Regel aber wird heute schon vielfach und in steigendem
Maße die ganze neue Anlage für die mehr oder minder sicher
errechnete Erhöhung des Absatzes projektiert, und wenn also
nicht zufällig die Gründung des neuen Unternehmens mit
einer Zeit der Arbeitslosigkeit zusammenfällt, so wird nicht
die kleinste von den Schwierigkeiten, die der Unternehmer zu
überwinden hat, darin bestehen, die nötigen Arbeitskräfte zu
gewinnen. Er also wird einen Vorteil im Kampf ums Dasein
erzielen, wenn es ihm gelingt, seine Einrichtungen von vornherein so zu treffen, daß sein wirtschaftlicher Erfolg möglichst
wenig von der Schulung der Arbeiter abhängt, die er einstellt. Er wird mit anderen Worten alle seine neuen Einrichtungen darauf zuzuschneiden haben, daß sie von ungelernten
Arbeitsleuten bedient werden können und doch dasselbe
leisten, wie die älteren Einrichtungen, deren Produktion noch
in weit höherem Grade von der Geschicklichkeit der Arbeiter
abhing. Er gewinnt dabei in mehr als einer Hinsicht. Einerseits wird der ungelernte Arbeitsmann im allgemeinen nicht
einen ebenso hohen Lohn beanspruchen können wie der Handwerker und andererseits wird gewöhnlich die Qualität der Arbeit erhöht, mindestens aber die Gleichmäßigkeit der Qualität.

Indem also zuerst nur mit der Absicht, die teureren
Menschenkräfte durch billigere Maschinenkräfte zu ersetzen,
die Art der Produktion allmählich umgestaltet wird, hat diese
Umgestaltung noch eine andere Wirkung, die sich sehr bald
zum Selbstzweck entwickelt, nämlich die Steigerung der Genauigkeit in der Herstellung der einzelnen Teile der produzierten
Ware. Man vergegenwärtige sich zum Beispiel die Herstellung
eines Magazingewehrs. Es hat vielleicht einige fünfzig Teile.
Der Büchsenmacher alten Stils schmiedete sich erst jeden
einzelnen Teil vor, feilte ihn dann vor, bohrte, fräste, drehte
je nach Bedarf und paßte schließlich alle Teile derart an einander, daß sie ein vollständiges Gewehr bildeten. Der erste
Schritt der einfachen Arbeitsteilung bestand darin, daß jedem

Arbeiter nur die Herstellung je eines bestimmten Teils anvertraut wurde, so daß er sich auf diesen besonders einarbeiten konnte. Er arbeitete seinen Teil noch verhältnismäßig roh vor und am Ende kamen alle Teile bei dem Monteur zusammen, der sie dann erst fertig machte und zusammenpaßte. Es kam aber bei dieser Art der Arbeit nicht darauf an, daß man einen Teil aus einem solchen Gewehr herausnehmen und in ein anderes einsetzen konnte, denn es mußte doch jedes besonders gepaßt werden. Nun tritt an die Stelle des einzelnen Teilproduzenten die Maschine und sofort ergibt sich, daß die Herstellung auf der Maschine nicht teurer ausfällt, wenn man sie von vornherein dafür einrichtet, daß alle produzierten Teile so gleichmäßig sind, daß sie unter einander ausgetauscht werden können. Das ergibt zunächst eine große Ersparnis in der Montage, die nun fast ganz darauf zurückgeführt werden kann, daß eben einfach die fertigen Teile zusammengestellt werden. Dann aber ergibt sich ein weiterer großer Vorteil im Handel, denn wenn ein Teil zerbrochen oder sonst schadhaft geworden ist, kann man ohne weiteres einen Ersatzteil nachliefern. Der Verbraucher oder der Händler kann sich sogar mit Vorteil einen Vorrat von den Ersatzteilen hinlegen, die erfahrungsmäßig häufiger verbraucht werden, und kann sie dann einfügen, sobald sich das Bedürfnis ergibt.

Die Methode, nach der diese Art der Fabrikation ausgeführt wird, besteht darin, daß außer den Produktionsmaschinen gleich beim Beginn der Produktion eine große Anzahl von sehr genauen und subtilen Meßvorrichtungen hergestellt oder angeschafft wird und daß von jedem wesentlichen Maß eines jeden Teils durch sorgfältige Versuche festgestellt wird, welches die obere und untere noch zulässige Abweichung von der eigentlich angestrebten Größe ist. Bei der Ablieferung der einzelnen Teile gelangen sie dann nicht gleich zur Montage, sondern durchlaufen vorher noch eine Kontrollstation, in der alle diejenigen ausgemustert werden, deren Abmessungen die vorgeschriebenen Grenzmaße über- oder unterschreiten. Für manche Teile, die einerseits in großen Mengen hergestellt werden müssen, andererseits eine große Genauigkeit fordern, wie zum Beispiel für die Kugeln der Kugellager von Fahrrädern, wird auch wieder das Nachmessen und das Ausmustern der mißlungenen Stücke von Maschinen besorgt.

Und diese Methode führt nun ganz von selbst noch einen Schritt weiter. Während man zuerst einen Vorteil darin fand, die verschiedenen Stücke derart unter die einzelnen Arbeiter zu verteilen, daß jeder nur solche herzustellen hatte, für die er besonders durch Übung oder persönliche Begabung befähigt war, gestattet diese große Genauigkeit der Herstellung, daß man jetzt ohne Schwierigkeit die ganze Produktion teilen kann. Es ist heute gar nichts Seltenes, daß man die schwereren Teile irgend einer Maschine möglichst am Orte des Verbrauchs, also beispielsweise in Deutschand, herstellt, aber gewisse Teile, für die etwa besonderes Material oder besondere Einrichtungen und dergleichen erforderlich sind, im Auslande, wie etwa in den Vereinigten Staaten. Diese Teile, deren Transport keine Schwierigkeit macht, werden dann nach Deutschland verschifft und an Ort und Stelle in die halbfertigen Maschinen eingesetzt. Sobald ein Unternehmer seinen ganzen Betrieb auf die Herstellung eines bestimmten Teiles oder einer bestimmten Klasse von Teilen, wie also zum Beispiel der Stahlkugeln für Fahrräder, zuschneiden kann, kann er die Produktion wesentlich billiger und vorteilhafter gestalten als derjenige Unternehmer, der diese Fabrikation als einen vielleicht nebensächlichen Teil seines Betriebes führen muß. Er hat auch den Vorteil, daß er gleichzeitig für eine größere Anzahl von Fabrikanten der übrigen Teile arbeiten und dadurch den für die Herstellung eines besonderen Teiles zugeschnittenen Betrieb größer und somit lohnender gestalten kann.

Wir sehen also, daß der Kampf ums Dasein der Entwickelung der Maschinen gerade die entgegengesetzte Richtung vorschreibt, wie der der Menschen. Während diese sich beständig despezialisieren müssen, um sich den Forderungen des modernen Lebens anzupassen, müssen die Maschinen immer mehr und mehr spezialisiert werden. Und eben dadurch, daß sie spezialisiert werden, gewähren sie auf der anderen Seite den Arbeitern die Möglichkeit, sich zu despezialisieren. Vor vierzig Jahren mußte ein Arbeiter notgedrungen ein geschulter Dreher sein, wenn er in einer Maschinenfabrik Dreherei-Artikel anfertigen wollte, heute kann jeder aufgeweckte Junge drei bis vier selbsttätige Revolverbänke überwachen und findet seinen Unterhalt, auch wenn er kein eigentliches Handwerk gelernt hat, wenn er nur die einzige erforderliche Qualität in genügend hohem Grade besitzt, Anstelligkeit. So also ist die Wirkung der Herrschaft der Erfindung eine doppelte, einmal in negativem Sinne durch Abtötung der zu starren Elemente unter der Bevölkerung, und zweitens in positivem Sinne durch Gewährung der Möglichkeit des Lebens an alle diejenigen, welche ein offenes Auge und guten Willen haben.

Eine ethische Bewertung dieser Veränderung ist nicht ganz leicht. Es scheint, daß die Wirkung des so vervollkommneten maschinellen Fabrikbetriebes das Menschenmaterial nach zwei einander entgegengesetzten Richtungen umbildet, und es hängt wohl hauptsächlich von der natürlichen Veranlagung des einzelnen ab, ob er sich nach der einen oder der anderen Richtung entwickeln wird. Auf der einen Seite sinkt der Mensch selbst zur Maschine herab, indem er ohne jedes eigene Verständnis durch die langen Arbeitsstunden immer dieselbe Verrichtung wiederholt. Diese Klasse von Arbeitern ist bei uns noch häufig, weil die Arbeitslöhne niedrig sind, aber in den Vereinigten Staaten und auch in England ist man in höherem Grade als bei uns darauf bedacht, alle Verrichtungen, die rein mechanischer Natur sind, auch wirklich durch Maschinen ausführen zu lassen, und je konsequenter diese Entwickelung durchgeführt wird, um so mehr wird damit jene wenig menschenwürdige Art der Ausnutzung der Arbeiter verschwinden müssen. Für die Vereinigten Staaten ist die andere Klasse schon jetzt typisch, fehlt aber auch bei uns keineswegs ganz. Die richtige Bedienung einer Maschine erfordert nämlich verhältnismäßig hohe intellektuelle Funktionen, sie verlangt im allgemeinen ein Wissen und Nachdenken, welches über das bei den gewöhnlicheren Handwerken angewendete oft wesentlich hinausgeht. Sie fordert aber weniger Können im Sinne von angelernter Handgeschicklichkeit. Der Arbeiter, der den Gang einer solchen Maschine überwacht, erhebt sich also durch diesen Dienst geistig über den gewöhnlichen Handwerker, dem er es allerdings körperlich, das heißt in der Handproduktion, nicht mehr gleichtun könnte. Während ein Handsetzer jahrelang üben mußte, ehe er den Rang eines Gehilfen behaupten konnte, kann sich der Maschinensetzer, der ja nur eine der Schreibmaschine ähnliche Klaviatur zu bedienen braucht, in wenigen Wochen ausbilden. Aber wenn er den verwickelten Mechanismus nicht verstehen lernt, den bei diesen Maschinen zum Beispiel die Forderung der Zeilenausschließung bedingt, so wird er bei jedem Versehen ratlos sein, und die resultierenden Fehler können leicht mehr Zeitverlust veranlassen, als die Benutzung der Maschine erspart hat.

Gerade für das geistige Verständnis der Maschinen leisten diese nun selbst der Despezialisierung des Arbeiters Vorschub, denn die Zahl der elementaren Mechanismen, aus denen sich auch die verwickeltesten Maschinen aufbauen, ist verhältnismäßig beschränkt. Viele verschiedene Handhabungen aber, deren richtige Ausführung langjährige Übung erfordert, kann ein einzelner nicht lernen.

Daraus folgt natürlich nicht, daß auch unter dem modernen Regime nicht derjenige Arbeiter vor den anderen Vorteil gewinnen kann, der sich trotzdem zu spezialisieren vermag. Er wird eben die Maschinen, die in seinem Arbeitsfeld gebraucht werden, um so vollständiger verstehen und die verarbeiteten Rohstoffe um so gründlicher kennen lernen. Aber wenn er geringe persönliche Fähigkeiten besitzt, wird er in beständiger Gefahr schweben, durch das Aussterben oder die Umgestaltung der Betriebe, die ihn beschäftigen, brotlos zu werden, und ist er ein begabter Mensch, so wird er eben dadurch, daß er den höheren intellektuellen Forderungen des Maschinenbetriebes gerecht zu werden imstande ist, sich bald über den Stand des einfachen Arbeiters erheben.

Und diese Tendenz zur Despezialisierung erstreckt sich nicht nur auf die Arbeiter, sondern auch auf den Handel. Das grundsätzlich despezialisierte Warenhaus oder Exportgeschäft ist ein charakteristisches Erzeugnis der Neuzeit und verdankt seinen Vorsprung vor dem kleinen Spezialgeschäft zum großen Teil dieser modernen Produktionsart, welche durch die Hegemonie der Erfindung ausgebildet worden ist. Solange nämlich das Verkaufsgeschäft seine Waren von dem einzelnen Handwerker bezieht, wird deren Qualität hauptsächlich von der größeren oder geringeren Geschicklichkeit abhängen, mit welcher der Inhaber seine Quellen aufzusuchen und seine Verbindungen zu pflegen weiß, und diese individuellen Eigenschaften des einzelnen Kaufmanns werden auf der einen Seite die bloß zahlenmäßig wirkenden Vorteile des größeren Betriebes gegenüber dem kleineren aufwiegen. Auf der anderen Seite aber wird er nicht imstande sein, mit vielen verschiedenen Produzenten erfolgreich gute Verbindungen aufrechtzuerhalten, weil dazu vor allen Dingen auch eine genaue persönliche Kenntnis der betreffenden Produkte gehört, die eben Spezialisierung erfordert. Ist aber die Produktion derart organisiert, daß die Qualität der Ware nicht mehr von dem Geschick des Arbeiters, sondern nur noch von der Art der verwendeten Maschinen abhängt, und ist die Erzeugung der Produktionsmaschinen selbst durch die geschilderte Organisation des Maschinenbaues und durch die nivellierende Wirkung der Publikationsmittel und die dadurch verschärfte Konkurrenz fast vollständig uniformiert, so verschwinden dementsprechend die qualitativen Unterschiede der Ware, und die Tätigkeit des Händlers ist nicht mehr eine auswählende, sondern nur noch eine verbreitende. Besitzt er daher gegenüber seiner Konkurrenz hervorragende persönliche Eigenschaften, so werden sich diese jetzt darin äußern, daß er die veraltete Spezialisierung aufgibt, und sich im Gegenteil darauf verlegt, seinen Betrieb derart zu despezialisieren, daß er möglichst jedem Käufer gerade das bieten kann, was er haben will, und sich andererseits selbst davor sichert, daß er durch die Entwertung einer einzelnen Ware infolge von neuen Erfindungen je einen größeren Schaden erleiden kann.

Da es nun, wie wir gesehen haben, das Ziel jedes Erfinders ist, neue Märkte zu schaffen oder, wenn er sich dieses Zieles nicht bewußt sein sollte, jedenfalls immer die

Wirkung seiner erfinderischen Arbeit, so ergibt sich ganz von selbst, daß er sich nicht damit begnügt, die Erfindung im eigenen Lande zu verbreiten, sondern den Versuch macht, sie nach Möglichkeit in allen Ländern einzuführen, in denen eine Nachfrage danach besteht, oder in denen er eine solche Nachfrage erwecken zu können hofft. Dazu gehört vor allen Dingen, wie schon im ersten Kapitel erörtert worden ist, daß die erste gewerbliche Entwickelung der neuen Erfindung durch Patente geschützt werde. Die Patentgesetzgebungen aber haben sich überall zunächst auf nationalem Boden entwickelt und tragen daher auch heute noch zum Teil dieser über die politischen Grenzen hinausreichenden Tendenz der Erfindertätigkeit wenig Rechnung. Sie begünstigen durch allerhand Bestimmungen einseitig den Inländer gegenüber dem Ausländer. Bei uns hat dieser Nationalismus theoretisierender Politiker, unterstützt durch die geschäftliche Kurzsichtigkeit solcher Industrieller, die es bequem fanden, von der geistigen Arbeit des Auslandes zu leben, sogar lange Zeit hindurch überhaupt die gesetzmäßige Anerkennung des Erfinderrechts zurückgehalten, so daß noch vor dreißig Jahren Werner Siemens Anlaß fand, über diesen schreienden Mangel an einfacher Moral und Gerechtigkeit laute Klagen zu äußern. Aber dem Druck der realen Verhältnisse gegenüber halten, wie auf allen anderen Gebieten, so auch hier die politischen Maßnahmen nicht stand, und so sehen wir denn, daß alle Patentgesetze im Laufe der Jahre eine Entwickelung in dem Sinne durchmachen, daß allmählich die Bestimmungen abgestoßen werden, die darauf abzielten, den Ausländern die Einbürgerung ihrer Erfindungen unter dem Schutze der nationalen Gesetze zu erschweren. Einzelne rückschrittliche Bewegungen, die sich hier und da zeigen, wie neuerdings in England, können die wesentliche Tendenz dieser Bewegung nicht dauernd beeinflussen. Sie verfehlen entweder die Wirkung, die man von ihnen erwartet, oder sie bringen dem Lande, das sie einführt, mehr Schaden als Nutzen und müssen daher bald wieder verschwinden.

Werner Siemens über Mangel an geschäftlicher Moral, Anhang (49).
Rückschrittliche Gesetzgebung in England, Anhang (50).

Ein großer Schritt vorwärts in dieser Richtung ist der Abschluß des Unionsvertrages gewesen, dessen Hauptbestimmung ist, daß dem Erfinder ein Jahr lang die Priorität seiner Erfindung in allen Unions-Ländern gehört, nachdem er sie im Heimatlande zur Patentierung angemeldet hat. Ihn herbeigeführt zu haben, wird noch in den spätesten Zeiten einen Ruhmestitel der französischen Nation bilden, der dadurch nicht geschmälert, sondern eher vergrößert wird, daß die Völker dafür noch nicht reif waren. Denn das Mißtrauen, das der große Krieg zwischen den Nachbarn gesät hatte, hat noch fünfundzwanzig Jahre hindurch Deutschland abgehalten, beizutreten, und die Lücke, die das Fehlen des drittgrößten Industriestaates in dem neuen System offen gelassen hatte, hat dessen praktische Bedeutung zunächst fast vollständig aufgehoben. Aber vor der stetig wachsenden Macht des Erfindungswesens zerbröckeln allmählich die willkürlichen nationalen Schranken, und vor drei Jahren hat sich endlich auch Deutschlands Beitritt vollzogen. Von dem großen Publikum, das durch die glänzenderen Vorgänge der Tagespolitik in Atem gehalten wurde, ist dies Ereignis kaum beachtet worden, aber in der Schätzung späterer Geschlechter wird es alle politischen Kämpfe und Umwälzungen unserer Tage überdauern.

Da nun die Erzeugung der Waren heute schon fast ausschließlich durch die Maschinen charakterisiert wird, die dabei verwendet werden, gerade die Produktionsmaschinen aber noch weit mehr als andere Erzeugnisse der Industrie von dem Prinzip der Erfindung beherrscht werden, und dieses Prinzip, wie wir sehen, dazu führt, daß jede Neuerung unter dem Schutze der internationalen Patentgesetzgebung fast gleichzeitig in allen Kulturländern angeboten wird, so folgt eine allgemeine internationale Uniformierung aller Bedarfsgegenstände. Schon heute kann man durch die ganze Welt reisen und wird mit der Laterne suchen müssen, um hier und da noch eine Ware zu finden, die als spezifisches Landesprodukt gelten kann, wenigstens als ein solches, das man nicht in besserer Qualität und größerer Auswahl in den Warenhäusern der Hauptstädte kaufen kann.

Mit der Uniformierung der Waren geht eine entsprechende

Uniformierung der Bedürfnisse Hand in Hand, denn die Lebensbedürfnisse richten sich nach ihrer Erfüllungsmöglichkeit. Die leitenden Industrievölker, die einander schon durch nahe Rassenverwandtschaft an und für sich sehr ähnlich sind, nehmen daher in steigendem Maße gleiche Lebensgewohnheiten an und entwickeln immer engere Beziehungen zu einander, und in alle Länder, die sie kolonisieren, tragen sie ihre so uniformierten Sitten und Gewohnheiten hinein. Die Völker aber, welche dieser Entwickelung passiv gegenüberstehen, zerfallen in zwei deutlich verschiedene Kategorien. Die einen, wie die Inder und die Chinesen, sind Epigonen einer Kultur, die viel älter ist, als die europäische, die aber fast vollständig stagniert. Die anderen sind die Barbarenvölker, deren selbständige Kulturentwickelung auf einer ganz niedrigen Stufe stehen geblieben ist, wie die afrikanischen und australischen Wilden und andere. Die ersteren widerstehen hartnäckig und fast überall mit Erfolg den Einflüssen der europäischen Kultur, die sie höchstens äußerlich beleckt; aber sie müssen es sich gefallen lassen, in eine abhängige und unselbstständige Stellung gedrängt zu werden. Die Barbarenrassen sterben reißend schnell aus, wo sie nicht künstlich aus sentimentalen Beweggründen erhalten werden, wie die Rothäute in Nordamerika.

Und aussterben müssen auch viele Tierarten vor dem Siegeszuge der Erfindung. Der Bison Nordamerikas, der noch vor fünfzig Jahren in vielen Millionen die Steppen Nordamerikas bevölkerte, ist bis auf eine kleine künstlich erhaltene Herde im Yellowstone Park dem Hinterlader zum Opfer gefallen, und das Quagga ist in derselben Zeit vollständig vom Erdboden verschwunden. Die großen Waltiere verdanken ihre vorläufige Rettung nur der Auffindung der Petroleumlager, die ihren Fang unwirtschaftlich gemacht hat, und die Elefanten wären in kurzer Zeit dem Untergange geweiht, wenn ihnen nicht rechtzeitig strenge Schutzgesetze zu Hilfe kämen. Ebenso schwinden die Urwälder immer mehr dahin, wo man irgend hofft, durch Abholzung kultivierbares Land zu gewinnen, und jede Generation arbeitet fleißig und mit wachsendem Erfolge daran, ihren Kindern die Erdoberfläche in einem materiell ergiebigeren Zustande, aber der meisten ihrer natürlichen Schönheiten entkleidet, zu hinterlassen. Was tauschen wir dagegen ein? Die Möglichkeit, eine von Jahr zu Jahr steigende Zahl von „Kulturmenschen" am Leben zu erhalten. Die Menschheit kann von Glück sagen, daß das Klima und die Bodenbeschaffenheit eines großen Teiles der Erdoberfläche diesem unaufhaltsamen Wachstum erfolgreich widersteht, sonst würden unsere Nachkommen statt der Bäume nur noch Schlote und Telegraphenstangen kennen, statt der Flüsse nur noch Frachtkanäle und statt der Berge nur noch die Halden der Hüttenabfälle. Und auch so noch dürfte die Zeit nicht allzufern sein, in der auf dem Inlandeis von Grönland der großstädtische Sommergast sein Zelt aufschlagen und der Negerfürst seinen Hofstaat von dem Einkommen bestreiten wird, das er aus dem Verkaufe von Konzessionen für Sanatorien an amerikanische Gesellschaften zieht.

Anhang.

Randbemerkungen und Quellennachweis.

———

(1) Seite 2.

So berichten die meisten Lehrbücher über den Vorgang. Vergl. Matschoss, Geschichte der Dampfmaschine. Berlin, Julius Springer, 1901. Tatsächlich muß er sich wesentlich anders zugetragen haben.

Patents for Inventions. Abridgments of Specifications relating to the Steam-Engine. Part. I, A. D. 1618—1859. Seite 69 u. ff.

Nach dieser amtlichen Publikation scheint es sich weniger um die bloße Umsetzung der oszillatorischen in die rotierende Bewegung gehandelt zu haben, als vielmehr um die Aufgabe, diese Umsetzung ohne Benutzung eines Schwungrades durchzuführen. Watt erklärt in Briefen an Boulton und an seinen Sohn, die dort abgedruckt sind, daß er selbst zuerst das Kurbelgetriebe für diesen Zweck angewendet habe und daß einer seiner Arbeiter, ein gewisser Cartwright, von dem er mit Genugtuung mitteilt, daß er später gehängt worden sei, sein Geheimnis an einen Mühlenbesitzer namens Wasbrough verraten habe. Der Ingenieur jener Mühle, ein gewisser Steed, habe darauf sofort ein Patent auf das Kurbelgetriebe angemeldet und erhalten, und er, Watt, habe es nicht für angezeigt gehalten, gerichtlich gegen ihn vorzugehen, weil ein erfolgreicher Einspruch nur die Wirkung gehabt haben würde, daß die Erfindung Allgemeingut geworden wäre. Er bemerkt ausdrücklich, daß die Modifikationen des Kurbelgetriebes, die er selbst anmeldete, um das Steedsche Patent zu umgehen, auf demselben mechanischen Princip beruhten, daß es aber seinen Konkurrenten nie eingefallen wäre, sie anzufechten. Übrigens meint er, der wahre Erfinder des Kurbelgetriebes sei derjenige gewesen, der zuerst die Fußdrehbank damit ausgestattet habe, nur leider habe man es damals versäumt, ihn unter die Götter zu versetzen.

Als merkwürdig wird ferner erwähnt, daß eine sorgfältige Durchforschung der Register des Britischen Patentamts ergeben habe, daß es überhaupt kein Patent gibt, das auf den Namen Steed angemeldet oder erteilt worden ist.

Dagegen existiert aus dem Jahre 1780 ein Patent von einem gewissen Pickard, einem Knopfmacher in Birmingham, in dem das Kurbelgetriebe in Verbindung mit einem Zahnräderpaar beschrieben und beansprucht ist. Das größere Zahnrad soll vermittelst der Kurbel von einer Dampfmaschine angetrieben werden. Die Zähnezahl des zweiten Zahnrades, welches in das erste eingreift, ist nur halb so groß, wie die des ersten und sein Umfang ist mit einem Gewicht ausgestattet, das dazu dienen soll, der Dampfmaschine über die toten Punkte wegzuhelfen. Pickard zielt also auch offenbar nur darauf ab, das Schwungrad zu vermeiden.

(2) Seite 6.

Edmunds, Lewis, *The Law and Practice of Letters Patent for Inventions*. London 1890, Stevens & Son. Seite 7.

(3) Seite 8.

Dr. R. Wirth, Das Maß der Erfindungshöhe, Zeitschrift des Deutschen Vereins für den Schutz des gewerblichen Eigentums. Berlin, Carl Heymann, 1906, No. 3.

Der Verfasser hat sich die Erörterung gerade der hier berührten Unklarheiten der Rechtsprechung zur Aufgabe gemacht und behandelt sie mit der ihm eigenen, musterhaften Schärfe und Gründlichkeit.

(4) Seite 9.

Die Stahlfeder ist hier nur als Illustration einer allgemeinen Regel gewählt, die sich durch konkrete, historische Beispiele schwer belegen läßt, weil man nachträglich nicht wissen kann, wie sich eine Erfindung in einem Lande ohne Patentschutz entwickelt haben würde, wenn sie geschützt gewesen wäre. Auf der anderen Seite kann man auch nicht wissen, ob eine Erfindung, die unter einem Schutzsystem groß geworden ist, sich nicht möglicherweise auch ohne Patente Bahn gebrochen haben würde.

Tatsächlich ist die Entwickelung der Stahlfeder ein viel langsamerer und mühsamerer Prozeß gewesen. Im South Kensington Museum in London sind drei bis vier verschiedene Entwickelungsformen ausgestellt, und aus der begleitenden Erklärung ist zu ersehen, daß die älteste Form bis auf das Jahr 1780 und einen gewissen Harrison in Birmingham zurückgeht. Er bog Stahlblechstreifen zu einem Rohr zusammen und bildete so den Schlitz. Noch 1803 wurden solche Federn in London für fünf Shilling das Stück verkauft, aber der Preis ging bald auf Sixpence zurück. In größerem Maßstabe in Aufnahme gekommen ist die Stahlfeder erst infolge weiterer Verbesserungen, die Perry im Jahre 1830 patentiert wurden.

(5) Seite 14.

Recueil Général de la Législation et des Traités concernant la Propriété Industrielle, Berne, Bureau international de la propriété industrielle, 1896.

France, Seite 262 u. ff.

(6) Seite 23.

In den Kommentaren aus dem Jahre 1877 findet sich bei Rosenthal und bei Dambach diese Dreiteilung, Klostermann vermeidet

sie, aber bei Berger tritt sie noch 1884 und bei Davidson gar
1898 auf.

Dr. J. Rosenthal, Das Deutsche Patentgesetz vom 25. Mai
1877. Erlangen, Palm & Enke 1877, S. 41.

Dambach, Das Patentgesetz für das Deutsche Reich. Berlin,
Enslin, 1877, S. 2.

T. Ph. Berger, Patentgesetz. Berlin und Leipzig, J. Gutten-
tag, 1884, S. 1.

Davidson, Die Reichsgesetze zum Schutze von Industrie, Handel
und Gewerbe. Gießen, Rickersche Verlagsbuchhandlung, 1898
(Zweite Auflage), S. 95.

Dr. R. Klostermann, Das Patentgesetz für das deutsche Reich
vom 25. Mai 1877. Berlin, Franz Vahlen, 1877.

(7) Seite 25.

H. Robolski, Theorie und Praxis des deutschen Patentrechtes.
Berlin, Walther & Apolant, 1890. Seite 5.

„Nur wenn es sich um eine Kombination von Naturkräften zu
einem technischen Resultate handelt, um ein konkretes technisches Gebilde, welches mit bestimmten äußeren Mitteln einem
bestimmten technischen Zwecke dient, ist dies Erfordernis erfüllt.
Es scheiden also aus Anmeldungen, welche Entdeckungen, Lehr-
sätze, neue Methoden des Ackerbaus oder des Bergbaus, Pläne
für Unternehmungen auf dem Gebiete des Handels, medizinische
oder chirurgische Heilverfahren, dem Gesetze vom 11. Januar
1876 unterstehende Muster und Modelle betreffen usw.“

(8) Seite 27.

Diese Art der Analyse des Anmeldungsgegenstandes ist übrigens
nicht nur sachlich unhaltbar, sondern auch mit der sonstigen
Rechtspraxis im Erteilungsverfahren im Widerspruch, die ausdrücklich bloße Summierungen von bekannten Summanden von
der Patentierung ausschließt.

Robolski, Theorie und Praxis des deutschen Patentrechtes,
Seite 9.

„Schließlich ist auch nicht patentfähig die Summierung zweier
oder mehrerer Organe oder Prozesse zu einer Gesamtheit, sofern das Ganze lediglich die Arbeit der Einzelteile wiederholt.“

Die Amerikaner haben für die Unterscheidung zwischen bloßer
Summierung und organischer Verbindung der Elemente einer
Erfindung den Kunstausdruck *Aggregation* im Gegensatz zur
Combination eingeführt.

(9) Seite 28.

Robolski, Theorie und Praxis des deutschen Patentrechtes,
Seite 28:

„Zunächst soll eine Erfindung nicht als neu gelten, wenn sie
zur Zeit der Anmeldung in öffentlichen Druckschriften beschrieben war.“

Derselbe, Das Patentgesetz vom 7. April 1891. Berlin, Carl
Heymann, 1893.

Seite 3. Unter der Überschrift „Inhalt des Gesetzes“:

„Patente werden erteilt für neue Erfindungen, welche eine gewerbliche Verwertung gestatten. Ob eine Erfindung im Sinne des Gesetzes vorliegt, entscheidet das Patentamt. Neu ist die Erfindung, wenn sie zur Zeit der Anmeldung weder in öffentlichen Druckschriften aus den letzten hundert Jahren beschrieben, noch im Inlande offenkundig benutzt ist."

In der zweiten Auflage des Kommentars (1901) hat er dann statt der Worte: „Ob eine Erfindung im Sinne des Gesetzes vorliegt . . ." die Worte gesetzt: „Ob eine patentfähige Erfindung im Sinne des Gesetzes vorliegt . . .", dagegen die Erweiterung des Nichtneuheitsbegriffs beibehalten.

Auf seine Auffassung dieses Punktes wirft eine andere Stelle in „Theorie und Praxis des Patentrechtes", Seite 35, einiges Licht. Dort wird der Begriff der Offenkundigkeit im Sinne des Paragraphen 2 des Patentgesetzes erläutert und ausgeführt:

„§ 2 des Patentgesetzes verlangt ferner, daß die Benutzung eine derartige ist, daß der Sachverständige imstande ist, die Erfindung weiter zu benutzen. Was die Deutlichkeit und Vollständigkeit der Beschreibung und Zeichnung in der Druckschrift, das ist die Offensichtlichkeit und Übersichtlichkeit der Mechanismen, Konstruktionen, des Arbeitsganges, der Prozeduren und der verwendeten Materialien bei der Benutzung. Die Benutzung einer Maschine ist offenkundig, wenn niemand der Zutritt zu derselben verwehrt wird; dagegen fehlt das Moment der Möglichkeit der Weiterbenutzung, wenn die Maschine so schnell rotiert, daß das Auge die besonderen Eigentümlichkeiten derselben nicht fassen und festhalten kann."

Hiernach scheint Robolski zwischen zwei Fällen zu unterscheiden, nämlich einmal dem Fall, daß die vorveröffentlichte Beschreibung zwar an und für sich so klar und verständlich ist, daß ein Sachverständiger danach den beschriebenen Gegenstand benutzen könnte, daß aber der beschriebene Gegenstand sich nicht genau mit dem Gegenstand der Anmeldung deckt, und zweitens dem Fall, daß der Verfasser der veröffentlichten Druckschrift zwar den Gegenstand der Anmeldung kannte und beschreiben wollte, daß er sich aber aus irgend einem Grunde nicht so verständlich ausgedrückt hat, daß ein Sachverständiger beim Lesen der Beschreibung den Anmeldungsgegenstand erkennen kann. Er bezieht die Worte des § 2 „derart beschrieben, daß danach die Benutzung durch andere Sachverständige möglich erscheint", nur auf den zweiten Fall und denkt sich den ersten Fall durch das Wort „Erfindung" im § 1 umfaßt. Daher erscheint es ihm zulässig, in dieser absichtlich skizzenhaften Inhaltsangabe die Relativitätsklausel aus dem Nichtneuheitsbegriff wegzulassen, weil erfahrungsgemäß das Vorkommen des zweiten Falles zu den seltenen Ausnahmen gehört. Andererseits empfindet er das Bedürfnis, dem Wort „Erfindung" das Epitheton „patentfähige" hinzuzufügen, das für alle Fälle jede mögliche Auslegung der Relativitätsklausel des § 2 deckt.

Dagegen wäre vom Standpunkte der logischen Strenge nichts

einzuwenden. Robolski scheint aber zu übersehen, daß auch dem
Gesetzgeber, wenigstens dem von 1891, gegenwärtig gewesen sein
muß, daß der zweite Fall eine seltene Ausnahme, der erste dagegen die fast ausnahmslose Regel darstellt und daß daher eine
solche Auslegung der Relativitätsklausel des § 2 zum mindesten
gezwungen erscheint.

(10) Seite 31.

Hier ist nur die der Beobachtung leicht zugängliche Erschei-
nung berücksichtigt, daß die Judikatur des Patentamts von der
Stimmung der beteiligten Kreise des Publikums beeinflußt wird.
(Vergl. unter anderem die Verhandlungen des Kongresses für
gewerblichen Rechtsschutz in Frankfurt am Main. 14. bis 16.
Mai 1900, Seite 9 u. ff.)

Es ist aber sehr wahrscheinlich, daß auch die Stimmung des
Publikums durch die Judikatur des Patentamts beeinflußt wird,
und wenn das der Fall ist, wäre es möglich, daß sich zwischen
diesen Faktoren überhaupt kein Gleichgewichtszustand von selbst
einstellt. Es würde dann eine Erscheinung entstehen ähnlich
dem Gang einer Dampfmaschine mit astatischem Regulator.

Alsdann wäre es Aufgabe des Patentamts, den Einfluß der
öffentlichen Stimmung auf die Judikatur im einen oder anderen
Sinne allmählich soweit einzuschränken, daß ein Gleichgewichtszustand erzielt wird. In den Vereinigten Staaten, wo die Praxis
des Prüfungsverfahrens viel älter ist als bei uns, ist ein solcher
Zustand erreicht. Der Prozentsatz der Erteilungen bewegt sich
dort mit ganz kleinen Schwankungen um den Wert 60 herum.

(11) Seite 35.

Bericht der Enquête-Kommission zur Revision des Patentgesetzes und Stenographische Berichte über die Verhandlungen
in Betreff der Revision des Patentgesetzes vom 27. Mai 1877.
Berlin 1887, R. v. Decker.

(12) Seite 37.

Reichsgerichtsentscheidung vom 20. März 1889 betreffend die
Nichtigkeit des Patents 28753, abgedruckt im Patentblatt 1889,
Seite 209 u. ff.

(13) Seite 38.

Robolski, Theorie und Praxis des Patentrechts. Seite 27.

„In Wirklichkeit lautet, sofern der Gegenstand der Anmeldung
überhaupt unter Patentschutz gestellt werden kann, die Frage
nicht, ob eine Erfindung vorhanden, und sodann ob diese Erfindung neu sei, sondern, ob die Anmeldung eine ‚neue Erfindung‘
zum Gegenstand habe.

„Die Prüfung auf das ‚objektive Unbekanntsein‘ und das ‚An-
derssein‘ erfolgt also *uno actu*.“

(14) Seite 39.

Dr. Carl Gareis, Das Deutsche Patentgesetz vom 25. Mai 1877,
Berlin, Carl Heymann 1877, Seite 27.

(15) Seite 40.

Dr. Hermann Staub, „Was ist Erfindung?" Patentblatt 1888, No. 3, Seite 35 u. ff.

(16) Seite 43.

Oscar Schanze, Das Recht der Erfindungen und der Muster. Leipzig, Roßbergsche Hofbuchhandlung, 1899.

Derselbe, Beiträge zur Lehre der Patentfähigkeit. Glasers Annalen 1903.

Schanzes Einwand gegen die von Kohler und anderen vertretene Theorie von der subjektiven und objektiven Neuheit erscheint nur verständlich, wenn man voraussetzt, daß er von der Annahme ausgeht, daß Anmelder und Erfinder immer dieselbe Person seien. Da dies aber in Deutschland wenigstens nicht der Fall ist, so kann man offenbar auch aus der Tatsache, daß ein Gegenstand patentiert wird, ohne daß er für den Anmelder subjektiv neu ist, nicht schließen, daß er auch für den Erfinder zur Zeit des Erfindungsakts nicht subjektiv neu gewesen sei. Schanze spricht hypothetisch von der Möglichkeit, daß eine Erfindung auch fertig vom Himmel gefallen sein könnte, aber wenn man diese Möglichkeit mit Rücksicht auf die Seltenheit eines solchen Vorkommnisses aus der Diskussion ausscheiden will, ist in der Tat nicht recht einzusehen, wie eine Erfindung ohne subjektive Neuheit für den Erfinder zu stande kommen soll. Wenn also Kohler damit zufrieden ist, seinen Erfindungsbegriff mit bloß subjektiver Neuheit auszustatten, so entfernt er allerdings mit Erfolg die scheinbare Tautologie aus dem Gesetz. Eine andere Frage ist es, ob Kohler wirklich ausschließlich an subjektive Neuheit denkt, wenn er davon spricht, daß die Geistesschöpfung der Natur eine neue Seite abgewinnt. Wenn er das meinte, hätte er doch wohl gesagt: „eine dem Erfinder neue Seite".

(17) Seite 43.

Schanze, Das Recht der Erfindungen und Muster, Seite 327 wird der Neuheitsbegriff eingeteilt in: 1. Eigenartigkeit, 2. Ursprünglichkeit, 3. Neuheit, 4. Jugend.

(18) Seite 44.

Robinson, William C., *The Law of Patents for Useful Inventions*. Boston, Little, Brown & Co., 1890. Vorwort, Seite IV.

(19) Seite 72.

Zuntz und Hagemann, Untersuchungen über den Stoffwechsel des Pferdes bei Ruhe und Arbeit. Berlin 1899. S. 414:

„Für die Theorie der Stoffwechselvorgänge im Muskel ist das aus unseren Arbeitsversuchen im Verein mit der Messung der Herz- und Atemarbeit abgeleitete Ergebnis von Bedeutung, daß $38,3\,\%$ der umgesetzten chemischen Energie als mechanische Arbeit auftreten können."

. . . .

„Wegen der Herz- und Atemarbeit, welche mit jeder Muskelarbeit ihrer Größe entsprechend wächst, kommen beim ganzen Tier im günstigsten Falle nur etwa $34\,\%$ zum Vorschein."

Hier ist also der ganze Betrag als Nutzarbeit mitgezählt, den man bei einem mechanischen Motor unter Leerlaufarbeit verrechnen würde. Die tatsächliche Nutzleistung wird śich demnach selbst unter günstigen Umständen wesentlich niedriger stellen.

(20) Seite 79.

Die angegebene Bedingung ist auch für die Ebene und den Zylinder erfüllt, aber die Ebene kann als ein Grenzfall der Kugelfläche angesehen werden und der Zylinder spielt in der praktischen Optik nur eine untergeordnete Rolle. Zylinderflächen werden bei Brillengläsern zur Korrektion astigmatischer Augen verwendet, bei denen übrigens die verlangte Genauigkeit sehr viel geringer ist als bei Objektiven optischer Instrumente. Tiefe gläserne Parabolspiegel werden seit einer Reihe von Jahren von der Firma Schuckert & Co. in Nürnberg für Scheinwerfer nach einem geheimen Verfahren hergestellt, aber auch hier ist die geforderte Genauigkeit sehr gering, weil die Lichtquelle nicht punktförmig ist, sondern eine recht erhebliche Größe hat.

Neuerdings hat man mehrfach die ganz großen Objektive astronomischer Fernrohre, zum Beispiel das in Potsdam, durch strichweise angewendete Handpolitur empirisch korrigiert, so daß die Fläche tatsächlich von Zone zu Zone verschiedene Radien aufweist, aber ein solches Verfahren läßt sich nur bei außerordentlich kleinen Abweichungen von der Kugelgestalt anwenden und ist auch nur bei den allergrößten Instrumenten ausführbar, bei denen die Fläche des Polierwerkzeuges im Vergleich zum Radius der Linse klein ist.

(21) Seite 96.

Wallace, *The Malay Archipelago*, London, Macmillan & Co.

(22) Seite 98.

Bei allen bisherigen Versuchen, den Begriff der Erfindung zu definieren, und zwar sowohl bei allen denen, die im ersten Kapitel besonders besprochen worden sind, wie auch bei der nicht ganz geringen Zahl von denen, die übergangen werden mußten, fällt eins auf. Diese Versuche entspringen fast ohne Ausnahme dem Wunsch, eine Formel zu schaffen, die es ermöglichen würde, sicherer als an der Hand des bloßen Gesetzes das Vorhandensein einer Erfindung zu erkennen oder doch wenigstens dem Leser einen deutlicheren Begriff von dem Wesen der Erfindung zu verschaffen, als es der bloße Wortlaut des Gesetzes vermag. Es wäre also doch naheliegend gewesen, versuchsweise die gefundene Formel an Stelle des Wortes „Erfindung" in das Gesetz einzufügen, denn wenn die Formel etwas taugt, so darf man füglich erwarten, daß dadurch das Gesetz verständlicher werden müßte. Dieser Versuch ist aber niemals gemacht worden.

Die Methode, die hier gewählt worden ist, um zu einer Begriffsbestimmung zu gelangen, geht ausdrücklich von dem Verzicht aus, eine solche Formel aufzustellen, und befaßt sich mit Vorbedacht ausschließlich mit demjenigen, was an den vorhandenen, uns im Leben umgebenden, konkreten Erfindungen beobachtet werden kann. Die Rechtsprechung aber, das ist die lebendige Handhabung des Gesetzes, hat es auch nur mit den konkreten Erfindungen und mit den sie begleitenden Erscheinungen des wirklichen Lebens zu tun. Ist also unsere Formel richtig aus dem Leben abgeleitet worden, so muß sie auch der Bedingung genügen, daß sie in das Gesetz oder in das System der praktischen Rechtsprechung ungezwungen eingefügt werden kann, und wenn von einem solchen Versuch auch kein wesentlicher Nutzen für die Rechtsprechung zu erwarten ist, so ist er doch als eine Probe auf das Exempel anzusehen, das heißt die Möglichkeit, die Formel in das Gesetz einzufügen, ohne mit der Rechtsprechung in Widerspruch zu geraten, würde ein Indicium für die Richtigkeit ihrer Ableitung darstellen. In diesem Sinne ist der Versuch lehrreich.

Das Wort Erfindung umfaßt mehrere Begriffe, nämlich den Begriff „Tätigkeit des Erfindens" und den Begriff „Resultat des Erfindens". Wir haben noch einen dritten Unterbegriff hinzugefügt, das Objekt des Erfindens. Dieses „Umfassen" kann aber unmöglich so verstanden werden, als ob das Wort Erfindung an jeder Stelle, wo es angewendet wird, immer alle drei Begriffe gleichzeitig ausdrückte. Vielmehr hat das Volk beim Entwickeln des Wortes die drei Begriffe überhaupt nicht unterschieden, sondern wenn es irgend einen der drei Begriffe vor sich hatte, einfach das Wort angewendet, ohne sich darum zu kümmern, welcher Unterbegriff zu bezeichnen sei.

Wenn wir sagen: Er ist durch Erfindung reich geworden, meinen wir in der hier eingeführten Kunstsprache: Er ist durch Invention reich geworden.

Wenn wir sagen: Die Lokomotive ist eine Erfindung, so meinen wir ein Inventat.

Wenn wir sagen: Der moderne Kulturzustand beruht auf den technischen Erfindungen, so meinen wir auf den Resultaten des Erfindens, das heißt auf der Kenntnis von Inventaten.

Also auch im Gesetz bedeutet das Wort Erfindung nicht dreierlei verschiedene Begriffe, sondern entweder den ersten oder den zweiten oder den dritten. Den zweiten Begriff, den des Inventats, können wir nun ohne weiteres an Stelle von „Erfindung" einsetzen und finden, daß einerseits der Sinn des Gesetzes, wie ihn die Praxis ausgebildet hat, um kein Haar geändert wird und daß außerdem der scheinbare Zwiespalt, den es enthielt, alsdann verschwindet.

Patente werden erteilt für neue Inventate, welche eine gewerbliche Verwertung gestatten — oder wenn wir für das Kunstwort wieder die Formel einführen:

Patente werden erteilt für neue Koinzidenzen zwischen natürlichen Möglichkeiten und menschlichen Postulaten, welche eine gewerbliche Verwertung gestatten.

Hierbei fällt nur das Wort „neu" auf, dessen Gebrauch in diesem Zusammenhang ungenau sein würde, weil die objektive Neuheit der Koinzidenz vom Gesetz nicht gefordert wird, sondern nur deren Unbekanntsein. Das Wort „neu" muß also durch die Worte „bisher unbekannte" ersetzt werden, und man erhält:

Patente werden erteilt für bisher unbekannte Koinzidenzen zwischen natürlichen Möglichkeiten und menschlichen Postulaten, welche eine gewerbliche Verwertung gestatten.

Wie man sieht, ist die Tautologie eliminiert, die soviel Kopfzerbrechen gemacht hat, denn das Inventat ist von der Zeit unabhängig und der Begriff der Invention, von dem schon Schanze mit vollem Recht lehrt, daß sein Vorhandensein kein Postulat der Patentfähigkeit sei, ist samt dem ihm inhärenten Neuheitsbegriff ausgeschieden.

Die Aufgabe des Vorprüfers im Patentamt ist dadurch natürlich nicht gelöst, aber immerhin geklärt. Er hat nicht, wie Robolski noch will, *uno actu* auf Erfindungscharakter und auf Neuheit zu prüfen, sondern, ob ein Inventat vorliegt oder nicht, wird er fast ausnahmslos ohne weiteres erkennen, und seine Prüfung hat sich auf die Frage zu beschränken, ob das vorliegende Inventat vor dem Tage der Anmeldung unbekannt war oder nicht.

Demgemäß können wir ebenfalls im Paragraph 2 das mehrdeutige Wort „Erfindung“ durch das eindeutige Wort „Inventat“ ersetzen:

„Ein Inventat gilt als unbekannt, wenn es vor dem Tage der auf Grund dieses Gesetzes erfolgten Anmeldung u. s. f.“

Die Aufgabe, die sich die Enquête-Kommission von 1886 gestellt hatte, wäre somit auf die viel engere Aufgabe der näheren Bestimmung des Unbekanntseins zurückgeführt, und da diese Aufgabe in der Zwischenzeit durch die praktische Rechtsprechung wenn nicht vollständig gelöst, so doch ihrer Lösung wesentlich näher gebracht worden ist, kann es nur noch interessieren, auch die von der Praxis auf diesem Gebiete aufgestellten Regeln an der Hand unserer Formel zu analysieren.

Es gilt heute ohne weiteres als unbekannt jedes Inventat, dessen technische Möglichkeit oder dessen menschliches Postulat vor dem Anmeldungstage nicht bekannt war. Als unbekannt gilt aber auch das Inventat, wenn zwar die technische Möglichkeit und das menschliche Postulat bekannt waren, aber durch die Anwendung dieser Möglichkeit auf dieses Postulat eine vollkommenere Befriedigung des letzteren erhalten wird, als durch die bisher darauf angewendeten Möglichkeiten. Ist dagegen eine Möglichkeit bekannt, die einen Teil eines bekannten Postulats befriedigt und eine andere Möglichkeit ebenfalls bekannt, die einen anderen Teil desselben Postulats befriedigt, so gilt die Zusammenstellung beider Möglichkeiten dann nicht als unbekannt, wenn sie nichts weiter zur Folge hat, als eben die Befriedigung jener beiden Teile des Postulats. Sie gilt aber als unbekannt, wenn durch die gleichzeitige oder auch die konsekutive Befriedigung der beiden Teile des Postulats beide oder ein Teil vollkommener befriedigt wird, als im Fall der getrennten Befriedigung.

(23) Seite 100.

Hermann von Helmholtz, Erinnerungen, Tischrede gehalten bei der Feier des 70. Geburtstages, Vorträge und Reden. Braunschweig, Vieweg & Sohn, 1896.

(24) Seite 100.

Max Eyth, Lebendige Kräfte. Berlin, Julius Springer, 1905. „Zur Philosophie des Erfindens", S. 255 und 262 ff.

(25) Seite 112.

Max Eyth, Lebendige Kräfte. „Poesie und Technik."

(26) Seite 115.

Schon Ludwig Roß hat darauf hingewiesen, daß angesichts der tatsächlichen Befunde die Annahme einer zeitlichen Aufeinander-folge von polygonalem und rechtwinkligem Quaderbau nicht haltbar sei. So sagt er zum Beispiel (Reisen auf den griechischen Inseln, Cotta 1840, Bd. I, Seite 60):

„Eines dieser Mauerstücke — wie es scheint der Unterbau eines öffentlichen Gebäudes — zeigt wieder den öfter bemerkten schroffen Übergang von polygonischer zu völlig rechtwinkliger Konstruktion, in der Weise, welche keinem Zweifel Raum läßt, daß derselbe Baumeister hier in einem und demselben Monument beide Konstruktionsarten gleichzeitig anwandte."

Nachdem die neuesten Entdeckungen, besonders in Knossos, gelehrt haben, daß die hoch entwickelte kretische Kultur und Baukunst jedenfalls durch Jahrtausende auf demselben Boden geblüht hatte und untergegangen war, auf dem später die grie-chischen Bauwerke entstanden sind, kann man um so weniger an der Vorstellung festhalten, daß ein wirklicher Entwickelungs-übergang zwischen diesen verschiedenen elementaren Mauerkon-struktionen erst von den Griechen durchgeführt worden sein könnte. Und auch noch heutigentags kann man gerade in Griechenland die verschiedenen Konstruktionsformen nebenein-ander sehen. Die Weinbergsmauer ist eine Masse von roh auf-einander geschichteten unbehauenen Steinen, bei der nur die Seiten vertikal sind und der Scheitel horizontal. An Bahnhofs-gebäuden und Scheunen kommt besonders häufig die polygonische Form vor, bei der allerdings im Gegensatz zu den antiken Resten jetzt stets Mörtel verwendet ist, und die Kirchen und modernen Prachtbauten zeigen rechtwinklige Quader.

Das beweist aber nur, daß die älteren Formen sich für Zwecke, für die sie auch heute noch die besten Lösungen darstellen, neben den vollkommeneren gehalten haben, während gerade die rohe Weinbergsmauer sich so deutlich als das Prototyp der Mauer über-haupt darstellt und anderseits der Schritt von dieser zur poly-gonischen ein so naheliegender ist, daß im allgemeinen die Ord-nung der drei Konstruktionen in eine chronologische Entwicke-lungsreihe trotzdem ihre Berechtigung behält. Wir müssen diese Entwickelung nur eben nicht in die Anfänge der griechischen Kultur, sondern etwa in die Anfänge der ägyptischen oder baby-lonischen verlegen.

(27) Seite 116.

The Scientific Works of C. William Siemens. London, John Murray, 1889, Vol. III., p. 366.

Eröffnungsrede an die *Society of Arts* im Jahre 1882. Siemens sagt auf Seite 378:

„*The extension of a district beyond the quarter of a square mile limit, would necessitate an establishment of unwieldy dimensions, and the total cost of electric conductors per unit area would be materially increased; but independently of the consideration of cost, great public inconvenience would arise in consequence of the number and dimensions of the electric conductors, which would no longer be accommodated in narrow channels placed below the kerbstones, but would necessitate the construction of costly subways — veritable cava electrica.*"

(28) Seite 130.

James Nasmyth, London, John Murray, 1883, Seite 241 enthält ein Facsimile der Skizze des ersten Dampfhammers aus dem Jahre 1839. Das Original dieses Blattes ist im South Kensington Museum in London ausgestellt.

(29) Seite 133.

W. Berg, R. du Bois-Reymond und L. Zuntz; Über die Arbeitsleistung beim Radfahren; Arch. f. Anatomie und Physiologie Suppl. S. 47.

(30) Seite 143.

Daß trotz der fast allgemeinen Aufnahme des neuen Verschlusses eine gewisse Zahl von Korkziehern in der Küche und in der Weinstube noch ihr Leben fristet, ist im wesentlichen dadurch begründet, daß gerade bei dem Vertrieb von Lebensmitteln die Aufmachung in viel höherem Grade der Sitte unterworfen ist als der Zweckmäßigkeit. Es würde uns ja als ein nicht geringes Sakrileg erscheinen, wenn ein Wirt es wagen wollte, uns einen guten Wein in einer Flasche von anderer als der durch die Überlieferung geheiligten Form vorzusetzen.

(31) Seite 152.

Alexander Moszkowski geißelt diese Form der Reklame sehr treffend in den Lustigen Blättern (1903 No. 39) mit folgendem scherzhaften Interview.

Thomas A. Edison.

Kaum war es bekannt geworden, daß Edison kürzlich die Eigenschaften der X-Strahlen — trotz Röntgen — entdeckt hatte, als wir unseren Berichterstatter beauftragten, den Zauberer von Menloe Park über seine neusten Wundertaten zu befragen.

Edison erklärte, es sei ihm gelungen, nicht nur in den X-Strahlen, sondern in den Strahlen überhaupt zwei sehr wichtige Elemente nachzuweisen, nämlich Wärme und Licht. Und dies — so fuhr er fort — hat mich sofort zu praktischen Folgerungen angeregt. Ich bin nämlich auf die Idee gekommen, allerhand Strahlungen für die innere Einrichtung menschlicher Wohnhäuser zu benutzen. Stellen Sie sich vor, daß ich ein Mittel gefunden habe, die einzelnen Wohnräume selbst im härtesten Winter automatisch zu erwärmen!

Der Journalist: Wie machen Sie das?

Edison: Sehr ingeniös, ich errichte in einer Ecke des Zimmers ein kleines Bauwerk aus Kacheln, das inwendig geheizt werden kann. Sobald dies geschehen, verbreitet sich eine angenehme Temperatur durch den ganzen Raum.

Der Journalist: Aber das ist ja ein Ofen!

Edison: Der Name tut nichts zur Sache, obschon ich die Erfindung wahrscheinlich den Edisonschen Wärme-Akkumulator nennen werde. Nun habe ich mir gesagt: wo Wärme ist, muß auch Licht sein. Sie werden zugeben, daß ein aus Steinen hergestelltes Haus inwendig finster ist. Wie überlistet man die Natur? wie bewirkt man es, daß die Stuben hell werden?

Der Journalist: Vielleicht durch Fenster.

Edison: Nennen Sie es, wie Sie wollen. Auf die Idee kommt alles an: ich lasse in den Mauern viereckige Öffnungen, die ich mit Holzrahmen verkleide, und das Problem ist gelöst. Um den Zutritt des Windes zu verhindern, verschließe ich diese Rahmen —

Der Journalist: Mit Glas!

Edison: Ah, davon haben Sie schon gehört? Wie schnell doch meine Neuerungen bekannt werden! Ja, mit Glas, das ich eigens hierzu erfunden habe. Natürlich lasse ich es patentieren, damit meine mühevoll errungenen Resultate nicht von der Konkurrenz fortgeschnappt werden.

(32) Seite 154.

Lyell, *Antiquity of Man*, London, John Murray, 1863, p. 377 u. f.

„*To a European who looks down from a great eminence on the products of the humble arts of the aborigines of all times and countries, the knives and arrows of the Red Indian of North America, the hatchets of the native Australian, the tools found in the ancient Swiss lake-dwellings, or those of the Danish kitchen-middens and of St. Acheul, seem nearly all alike in rudeness, and very uniform in general character. The slowness of the progress of the arts of savage life is manifested by the fact, that the earlier instruments of bronze were modelled on the exact plan of the stone tools of the preceding age, although such shapes would never have been chosen, had metals been known from the first. The reluctance or incapacity of savage tribes to adopt new inventions, has been shown in the East, by their continuing to this day to use the same stone implements as their ancestors, after that mighty empires, where the use of metals in the arts was well known, had flourished for three thousand years in their neighbourhood.*

„*We see in our own times, that the rate of progress in the arts and sciences proceeds in a geometrical ratio as knowledge increases, and so, when we carry back our retrospect into the past, we must be prepared to find the signs of retardation augmenting in a like geometrical ratio; so that the progress of a thousand years at a remote period, may correspond to that of a century in modern times, and in ages still more remote Man would more and more resemble the brutes in that attribute which causes one generation exactly to imitate in all its ways the generation which preceded it.*

„*The extent to which even a considerably advanced state of civilisation may become fixed and stereotyped for ages, is the wonder of Europeans who travel in the East. One of my friends declared to me, that whenever the natives expressed to him a wish ‚that he might live a thousand years‘, the idea struck him as by no means extravagant, seeing that if he were doomed to sojourn for ever among them, he could only hope to exchange in ten centuries as many ideas, and to witness as much progress, as he could do at home in half a century."*

(33) Seite 155.

Max von Eyth, Wort und Werkzeug, Deutsche Monatsschrift für das gesamte Leben der Gegenwart, Mai—Juli 1905. Berlin, Alexander Duncker.

Derselbe, Lebendige Kräfte, „Zur Philosophie des Erfindens". Berlin, Julius Springer, 1905.

(34) Seite 161.

Die Geschäftstätigkeit des Kaiserlichen Patentamts, Ergänzungsband zum Blatt für Patent-, Muster- und Zeichenwesen. Berlin, Carl Heymann, 1902.

(35) Seite 171.

Comptes Rendues, Tome 118, 1904, p. 501.
Bullier, D. R. P. 77 168.
Willson, Patentanmeldung, W. 10662.

(36) Seite 178.

D. R. P. 104872.

(37) Seite 179.

Der praktische Erfolg des Auerlichts beruht auf der Verwendung von Thoroxyd, dem eine kleine Menge Ceroxyd beigemischt ist. Reines Thoroxyd glüht bei der Temperatur der gewöhnlichen Gasflamme nur dunkelrot und die Leuchtkraft nimmt mit der Menge des beigemischten Ceroxyds schnell zu und erreicht ein Maximum wenn ein Mischungsverhältnis von einem Teil Ceroxyd auf 99 Teile Thoroxyd angenähert wird. Auer hatte diese Beobachtung einer Patentanmeldung zugrunde gelegt, ließ aber den wesentlichen Anspruch fallen, nachdem seine Anmeldung von dem Vorprüfer des Patentamts beanstandet worden war. Er erhielt dagegen ein Patent auf einen Glühstrumpf aus „Thoroxyd" kurzweg, und dies Patent wurde von der Konkurrenz auf dem Wege der Nichtigkeitsklage angefochten, weil er selbst unter anderen nachgewiesen ‚hatte, daß reines Thoroxyd keine brauchbaren Glühkörper liefert. Gleichzeitig war ein Prozeß anhängig, den er gegen seine Konkurrenz wegen Verletzung jenes Patents angestrengt hatte.

Das Reichsgericht fällte ein wahrhaft salomonisches Urteil. Auf der einen Seite wurde die Nichtigkeitsklage abgewiesen, weil zur Zeit der Anmeldung des Patents die Darstellung von reinem Thoroxyd noch nicht gelungen war, sondern der Körper, den man damals als „Thoroxyd" bezeichnet hatte, stets Beimengungen von Ceroxyd enthielt. Auf der anderen Seite wurde aber auch die Verletzungsklage abgewiesen, weil jene Substanz, die man damals als Thoroxyd bezeichnet hatte, nur bis zu ungefähr 0,08 % Ceroxyd enthalten hatte, die technisch wertvollen Eigenschaften der einprozentigen Mischung aber ganz andere seien, so daß auch die Mischung selbst vom patentrechtlichen Standpunkt aus als eine andere Mischung anzusehen sei. Auer von Welsbach behielt also sein Patent, aber die Konkurrenz durfte fortfahren, seine Glühkörper nachzumachen.

Reichsgericht I. Ziv.-Sen., Entscheidungen vom 7. November 1895, 14. Juli 1896 und 2. Juli 1898.

(38) Seite 183.

Man findet nicht selten in der Fachliteratur Klagen über diese Verschwendung wertvoller geistiger Arbeit, und es wird gewöhnlich den Einrichtungen der Patentämter die Schuld an dem Untergang oder der Verkümmerung der großen Mehrzahl der Erfindungsideen beigemessen. Wenn wir uns aber der vielen auffallenden Ähnlichkeiten zwischen der Entwickelung der Erfindungen und der natürlichen Organismen erinnern, auf die im dritten Kapitel hingewiesen worden ist, werden wir vielmehr geneigt sein, in dieser Erscheinung einen weiteren Fall einer solchen Analogie zu erblicken. Die Patentämter dürften dabei im wesentlichen nur die Wirkung haben, die Erscheinung der Beobachtung zugänglich zu machen. Das Bild der natürlichen Befruchtung ist hier nicht bloß gewählt worden, um die Erscheinung zu schildern, sondern mit der Absicht, die Aufmerksamkeit des Lesers auf die bestehende Analogie mit der Materialverschwendung in der organischen Welt hinzulenken.

(39) Seite 198.

Die Zahlen der zweiten, dritten und achten Spalte sind nach den Angaben in Otto Hübners Geographisch-Statistischen Tabellen, 1902, Frankfurt a. M., Heinrich Keller, berechnet, die absoluten Produktivitäten der Vergleichsstaaten nach denen der Official Gazette für 1900 und dem Ergänzungsband zum Blatt für Patent-, Muster- und Zeichenwesen.

Die Zahlen der vierten Spalte verdanke ich größtenteils den liebenswürdigen Bemühungen der Herren E. Bede in Brüssel, Brandon in Paris, Alfred J. Bryn in Christiania, A. Clarke in Madrid, Max Georgii in Washington, Hofman-Bang in Kopenhagen, Oliver Imray in London, Victor Karmin in Wien, Kelemen in Budapest, A. Ritter in Basel, Ernst Svanquist in Stockholm und Secondo Torta in Turin.

Diejenigen Zahlen, die bisher in die amtlichen Veröffentlichungen nicht übergegangen sind, konnten nur durch persönliche Anfragen dieser Herren bei den betreffenden Behörden ermittelt werden. Ihnen allen spreche ich an dieser Stelle meinen Dank für ihre freundliche und erfolgreiche Hilfe aus.

Ich nehme diese Gelegenheit wahr, um mit Bedauern festzustellen, daß die statistischen Veröffentlichungen der Patentämter fast aller Länder äußerst lückenhaft sind. Besonders macht sich in denjenigen Ländern, die auf Grund einer amtlichen Prüfung der Neuheit des Anmeldungsgegenstandes Patente erteilen, die

Neigung bemerkbar, die Zahlenangaben auf erteilte Patente zu beschränken, anstatt sie systematisch auf Patentanmeldungen auszudehnen. Solche Angaben sind daher mit denen anderer Länder überhaupt nicht zu vergleichen. Man ist darauf angewiesen, das subjektive Element der Neuheitsprüfung auf Grund allgemeiner Angaben über das Verhältnis der Erteilungen zu den Anmeldungen zu eliminieren, eine Methode, die natürlich unter Umständen zu erheblichen Irrtümern führen kann. Außerdem werden in vielen Ländern die Anmeldungen, die von Inländern und von Ausländern stammen, nicht getrennt aufgeführt.

(40) Seite 211.

Carl Fischer, Denkwürdigkeiten und Erinnerungen eines Arbeiters. Jena, Eugen Diederichs, 1903.

William Bromme, Lebensgeschichte eines modernen Fabrikarbeiters. Jena, Eugen Diederichs, 1905.

Hugo Münsterberg, Die Amerikaner. Berlin, Mittler & Sohn, 1904.

Jul. H. West, Hie Europa, hie Amerika! Berlin, F. Siemenroth, 1904.

Vergl. auch:

Werner Sombart, Studien zur Entwickelungsgeschichte des nordamerikanischen Proletariats. Archiv für Sozialwissenschaft und Sozialpolitik, XXI. Tübingen, J. C. B. Mohr, 1905.

(41) Seite 215.

Die Kilometerzahl des schwedischen Eisenbahnnetzes im Vergleich zur Volkszahl ist die größte in Europa, die Kilometerzahl der Telephonleitungen mit der Volkszahl verglichen übertrifft überhaupt diejenigen aller Länder der Welt, das Telegraphen- und Postwesen ist mustergiltig. Sveriges land och folk, herausgegeben von Gustav Sundbärg. Stockholm 1901.

(42) Seite 216.

L. Darmstaedter und R. du Bois-Reymond, 4000 Jahre Pionier-Arbeit in den exakten Wissenschaften, Berlin, J. A. Stargardt, 1904.

Herr Dr. Darmstaedter hat sich in der liebenswürdigsten Weise der großen Mühe unterzogen, für mich die Zählungen auszuführen, die in dieser Tabelle zusammengestellt sind.

(43) Seite 226.

Nach welchen Gesichtspunkten die Bevölkerung für die Zeit der Landung der „Mayflower" geschätzt ist, entzieht sich der Nachprüfung des Verfassers. Für 1900 gibt Hübners Tabelle die Zahl der Indianer auf 270000 an. Denkt man sich diese gleichmäßig über das Land verteilt, so würde auf jeden Menschen ein Gebiet von rund sechs Kilometer im Geviert kommen und in einem Gebiet von der Größe der Mark Brandenburg würde ein Stamm von rund 1100 Seelen leben. Für eine Bevölkerung, die sich ausschließlich von der Jagd nährt, dürfte eine solche Dichtigkeit ungefähr angemessen sein.

(44) Seite 232.

Denselben Gedanken spricht der englische Gelehrte und Politiker Lyon Playfair sehr treffend in einer Rede aus, die er an seine Wähler in Leeds um das Jahr 1870 gehalten hat: Wemyss Reid, *Memoirs and Correspondence of Lyon Playfair*, London, Cassel & Co., 1899, Seite 438:

„*The economical applications of science in the vast improvements of the telegraph, the railroads, and the steamships have changed the whole system of commerce. The effect of this has been to destroy local markets, and to consolidate all into one market — the world. If our landlords and farmers want to know the names of the three persons who have knocked out the bottom of our old agricultural system, I can tell them. Their names are Wheatstone, Sir Henry Bessemer, and Dr. Joule. The first, by telegraphy, has changed the whole system by which exchanges are made; the second, by his improvements in steel, has altered profoundly the transportation of commodities by sea and by land; and the third, by his discovery of the mechanical equivalent of heat, has led to great economy of coal in compound engines.*“

(45) Seite 234.

August Forel, Die sexuelle Frage. München, Ernst Reinhardt, 1905, Seite 520.

„Inwiefern die mongolische Rasse, eventuell auch die jüdische, den indogermanischen Kulturvölkern sich beimischen kann, ohne sie zugleich langsam und friedlich zu verdrängen und zu vernichten, ist eine weitere Frage, die ich zwar stellen kann, aber nicht zu beantworten im stande bin. Würde es sich nur um die Japaner handeln, so hätte es keine Schwierigkeit; besonders die Chinesen und einige andere Mongolen bilden aber für den Bestand unserer weißen Rasse eine Gefahr, die nur ein Blinder verkennen kann, indem sie mit zwei- oder dreimal geringerer Nahrung und geringerem Luftraum leben und vorlieb nehmen, dabei sogar mindestens doppelt soviel Nachkommenschaft und mehr Arbeit erzeugen als wir.“

(46) Seite 252.

Forel, Die sexuelle Frage, Seite 455.

„Mit Bezug auf die Bevölkerungsquantität stehen sich diametral entgegengesetzte Ansichten einander gegenüber. Gewisse Menschen sehen das Heil des Volkes in einer unbegrenzten Vermehrung und glauben mit Bebel, man könne durch richtige Ausnutzung aller Ecken und Enden der Erde noch eine ungemessene Zahl Menschen mit deren Produkten ernähren. Dieses sonderbare chinesische Ideal, das die ganze Erdoberfläche in ein mit Mist gedüngtes Kartoffel- und Getreidefeld umwandeln möchte, um darauf sozusagen eine Art menschlicher Kaninchenzucht anzulegen, will uns nicht einleuchten. Übrigens steht in hohem Grade zu befürchten, daß, wenn die Chinesen genügend zivilisiert sein werden, um sich den anderen Völkern beizumischen, sie ohne unsere Hilfe den Erdball in einen menschlichen Kaninchenstall

umwandeln werden, wenn wir uns nicht rechtzeitig dagegen vor-
sehen."

(47) Seite 253.
Paul Göhre, Drei Monate Fabrikarbeiter, Leipzig, Fr. Wilh.
Grunow, 1891, Seite 30.

(48) Seite 255.
William Siemens, Antrittsrede *Society of Arts*, 1882, siehe Anhang (27).
*„It should be born in mind, however, that any great technical
advance is necessarily the work of time and serious labour, and
that when accomplished, it is generally found that, so far from
injuring existing industries, it calls additional ones into existence,
to supply new demands, and thus gives rise to an increase in the
sum total of our resources. It is, therefore, reasonable to expect
that, side by side with the introduction of the new illuminant, gas
lighting will go on improving and extending, although the advantages
of electric light for many applications, such as the lighting of public
halls and warehouses, of our drawing-rooms and dining-rooms and
passenger steamers, our docks and harbours, are so evident, that its
advent may be looked upon as a matter of certainty."*

(49) Seite 264.
Werner Siemens, Wissenschaftliche und technische Arbeiten.
Berlin, Julius Springer, 1891, Band II. Denkschrift betreffend
die Notwendigkeit eines Patentgesetzes für das Deutsche Reich.
Seite 561 u. ff.

(50) Seite 264.
*An Act to amend the Law with reference to Applications for
patents and Compulsory Licences, and other matters connected
therewith. (18th December 1902.)*